學宮圖說譯注

学宮図説訳注

[明] 朱舜水 著
林曉明 譯注

上海古籍出版社

圖書在版編目（CIP）數據

學宮圖說譯注 /（明）朱舜水著；林曉明譯注. --上海：上海古籍出版社, 2015.3
ISBN 978-7-5325-7573-2

Ⅰ.①學… Ⅱ.①朱… ②林… Ⅲ.①古建築—建築藝術—中國②《學宮圖》—譯文③《學宮圖》—注釋Ⅳ.①TU-092.2

中國版本圖書館CIP資料核字（2015）第057311號

學宮圖說譯注

［明］朱舜水 著
林曉明 譯注

上海世紀出版股份有限公司
上海古籍出版社 出版發行
（上海瑞金二路272號 郵政編碼 200020）
（1）網址：www.guji.com.cn
（2）E-mail:guji1@guji.com.cn
（3）易文網網址：www.ewen.co

發行經銷 上海世紀出版股份有限公司發行中心
製版印刷 上海麗佳製版印刷有限公司
開 本 889×1194 1/18
印 張 24 4/18
插 頁 1 6/18
字 數 300,000
印 數 1-1,300
版 次 2015年3月第1版
2015年3月第1次印刷
ISBN 978-7-5325-7573-2/G・602
定 價 168.00圓

朱舜水木像（德川博物館藏）
朱舜水木像（徳川ミュージアム藏）

德川光國像（水户常磐神社義烈館藏）
徳川光圀像（水戸常磐神社義烈館藏）

《舜水朱氏談綺》（福岡縣傳習館高等學校藏）
『舜水朱氏談綺』（福岡県伝習館高等学校藏）

《舜水朱氏談綺》（柳川古文書館藏）
『舜水朱氏談綺』（柳川古文書館藏）

《舜水朱氏談綺》（柳川古文書館藏）
『舜水朱氏談綺』（柳川古文書館藏）

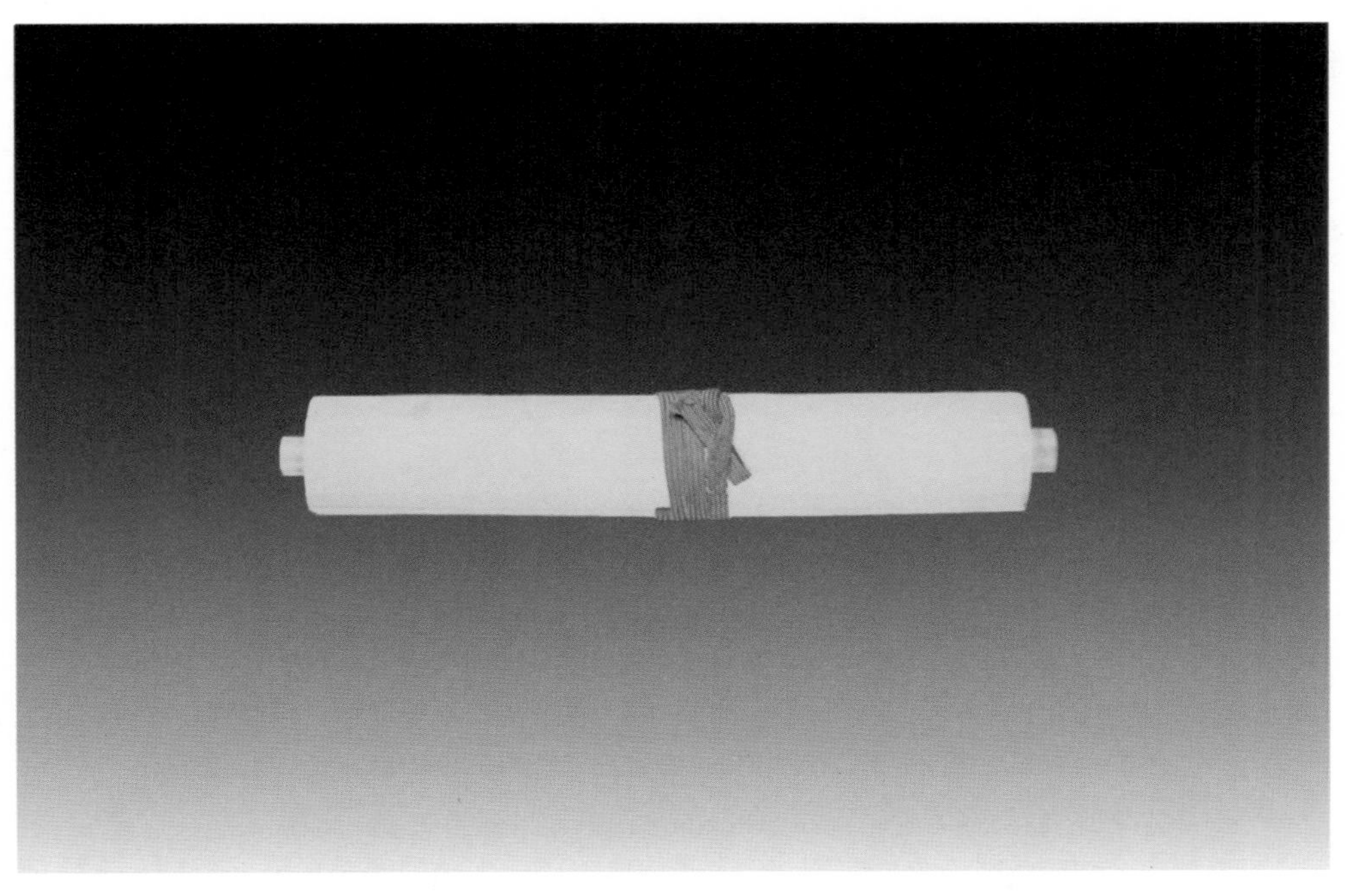

《朱舜水規划孔子廟樣圖》卷（玉川大學教育博物館藏）
『朱舜水計画孔子廟指図』卷（玉川大学教育博物館藏）

由朱舜水指導製作的大成殿模型（《至聖文宣王》中刊載的圖片）
朱舜水の指導によって作つた大成殿模型（『至聖文宣王』の中に掲載された写真)

學宮圖說譯注序

張立文

「日就月將，學有緝熙于光明。」長期堅持不懈地學習，就能積漸廣博而達光明境界。林曉明君立志於學，為研究朱舜水，他曾十渡日本，收集有關資料。若志不立，雖細微之事，猶無可成之理，況為之大事。一方面他以知命之年，刻苦學習日語；另一方面實地考察以體認朱舜水的事蹟和精神。故取得豐碩成果。

「身實學之，身實習之」。曉明君以其參加與主持松江地區古建築的調查、保護、修復工作和豐富經驗，以及其為古建築高級工程師的廣博知識，勇敢地擔當起當代舜水學界一般不敢涉及的《學宮圖說》詮釋工作。他以甚得天獨厚的松江地區的工作環境，與朱舜水曾在松江府學習二十年的經歷，加之明代末期，松江府學宮是中國東南一帶最具有特色的學宮，朱舜水在學宮的建築修理過程中，虛心向建築師請教，積累了高深的建築學宮的知識。古今兩人雖相隔三百多年，但舜水與曉明工作學習的地方相同，又其對古建築的濃厚興趣相同，因此兩人心有靈犀一點通。這是促使曉明君詮釋朱舜水《學宮圖說》的因緣。

《學宮圖說》體現了朱舜水以儒學為主旨的建築思想。學宮作為建築物，是設計師主體的智慧創造，通過建築師和工匠的實踐而物件化的物。主體的智慧創造並非憑空虛擬，一方面是對傳統建築學宮原理、規矩、範式的傳承；另一方面是根據不同的客觀環境的實際而予以創造；再一方面是把中國學校與孔子廟建築法式與日本建築相結合。從而有《學宮圖說》之作。

朱舜水熟諳宋代和明代的營造法式或《魯班經》等。《學宮圖說》中不僅有宋代和明代建築專業詞彙，而且建築寸尺的表述方法與《魯班經》同。然而《魯班經》為一般營造方法、建築風水學、室內傢具的製作方法，《學宮圖說》是闡述中國明代州府學宮建築制度、營造方法的書，這是兩者之異。

「賢者處實而效功，亦非徒陳空文而已。」《學宮圖說》是學以致用的典範。亦是嚴遵儀禮制度的建築學的著作。《左傳·隱公十一年》記載：「禮，經國家，定社稷，序民人，利後嗣者也。」禮是管理國家，穩定社稷，使人民遵守秩序，有利於後來子孫。它要求人按照不同的等級的規定，而各安其位，各行其事，各盡其責，而不得僭越。

禮不僅要求人的一切行為活動符合禮，而且國家制度，百姓日用也要符合禮的規定。如季氏作為大夫，卻僭用天子八佾舞於庭之禮，孔子說「是可忍，孰不可忍也」。李覯說：「飲食、衣服、宮室、器皿、夫婦、父子、長幼、君臣、上下、師友、賓客、死喪、祭祀，禮之本也。」（《禮論》，《李覯集》卷一）。朱舜水《學宮圖說》規定：「大門。中門平時不可通行，僅限於祭孔子的牲口引入時可通行，平時通行之事限於東角與西角門。」學宮的建築物配置是按「左廟右學」制度，《周禮》尚左，明代中期以降，全國各地學宮左部配置大成殿。又重要建築的丹墀尺寸規定亦按禮的規定：「本堂丹墀深三尺，明倫堂丹墀二尺，啟聖宮一尺五寸。」表示三者等級高低之別。體現了禮的根本。

終身不脫依賴模仿，便斷然不能創新。朱舜水根據日本地震多發的實際，在《學宮圖說》中發明了專用於防震的「平震枋」。這在宋代《營造法式》中無，日本語中亦無。其製作方法是「穿臍入違」。即「防震枋」在安裝時，在建築的柱子中間從左右兩方穿入防震枋，以起防震作用，為保障生命財產的安全。

朱舜水的《學宮圖說》在日本產生了一定影響。建設學宮雖為水戶藩主德川光國的理想，但由於物力人力的限制而未實現，但德川光國要求朱舜水指導工匠製作大成殿、兩廡、門的模型。模型完成後，德川光國向朱舜水請教祭禮，即釋奠之禮。林曉明實地考察了八座日本古代學校（孔廟）。其中栃木足利學校，岡山閑谷學校、長崎中島聖堂建造年代較《學宮圖說》出版年代要早，唯東京湯堂聖堂，德川家齊於寬政十一年（一七九九）建造，設計時參考了朱舜水為德川光國製作的大成殿、兩廡、門的模型。另日新館、弘道館的大成殿是模仿《學宮圖說》的，是符合禮的。

《學宮圖說》譯詮的完成，恢復了明代學宮建築的法式，呈現了古代學宮建築所蘊涵的禮儀制度、審美情趣、學宮精神、舜水智慧，加深了對學宮在培養人的道德品質、精神修養、文化知識中的功能的體認，對現代學宮建築有參照和啟迪的價值。

是為序。

二〇一四年五月廿八日

於中國人民大學孔子研究院

学宮図説訳注序

張立文

「日に就き月に将み、学びて光明に緝熙あり」とは「長期に渡るたゆまぬ勉強により、高い見識が養われ、光明の境界に達することができる」という意味である。林暁明氏は学問に志し、朱舜水を研究するために、十回も日本に行き、資料調査を行った。もし志がなければ、たとい小事であっても、成し遂げることはできない。まして大事なことだから、なおさらである。彼は天命を知るという年齢で、日本語の勉強に励んだ。また、現地調査を通して、朱舜水に関する事跡と思想を調べ、実り多い成果を収めた。

地道に学びながらその業務を実践する林暁明氏は古建築の調査、保護、修復を担当してそこから得た豊かな経験を基に、更に、古建築高級エンジニアとしての広い知識を持ち、これまで学界ではあまり触れられていなかった『学宮図説』の訳注に取り掛かった。

林暁明氏の仕事先は上海市松江区である。朱舜水もそこで二〇年間勉強していた。明の末期において、松江府学宮は中国南東一帯で最も特色のある学宮である。朱舜水は学宮の建築と修理の過程で、謙虚に建築家に教えを請い、深い学宮建築の知識を積み重ねた。二人の間には三百年間の隔たりがあるとはいえ、同じ場所で勉強し、同じ場所で働き、また古建築に同じく深い興味を持っている二人の心は相互に通じると言っても過言ではないだろう。それは林暁明氏に『学宮図説訳注』の着手を促したきっかけである。

『学宮図説』は朱舜水が儒学を旨とする建築思想の現れである。学宮は建築物として、設計者の知的創造であり、建築者と職人の実践により作り出されたものである。主体による知的創造は仮説・虚構ではなく、それは伝統建築学宮の原理、しきたり、範式への伝承であり、客観的環境に応じた創造でもある。そして、中国古代学校、孔子廟の建築方法と日本建築との融合でもある。これもまた『学宮図説』という作品の縁起である。

朱舜水は宋代と明代の営造方式あるいは『魯班經』などに熟知している。『学宮図説』には宋代と明代の建築用語があるばかりでなく、建築寸法の表示も『魯班經』と同じである。しかし、『魯班經』は一般の営造方法、建築風水学、室内家具の制作方法であるのに対して、『学宮図説』は中国の明の時代の州府学宮の建築制度、営造方法を論述する本である。これはまた両者の違いである。

「賢者たるものは空文ではなく、実務に励み、その効果を重視しなければならない。」『学宮図説』は学んで実際に役立てる本の模範であり、儀礼制度に厳しく遵守した建築学の著作である。『左伝・隠公十一年』には「礼は国家を経し、社稷を定め、民人を序し、後嗣を利する者なり。」という一節がある。つまり、礼は国を治め、社稷を安定させ、人民に秩序を従わせ、子孫の益になるものである。また、礼は各階層の規定に従い、各自がその位に安じ、その仕事をし、その職務を全うし、それぞれの職責を超えてはいけないと人々に説いた。礼の規定では、人間活動が礼に合致しなければならないうえに、国家制度、百姓の日用も礼に合致しなければならないと説いた。例えば、季孫氏は大夫の身分でありながら、天子のまねをして八列の舞を行った。孔子は怒って「是れをしも忍ぶ可くんば、孰れをか忍ぶ可からざらん。」と批評した。また、李覯は「飲食、着物、宮室、器皿、夫婦、父子、長幼、君臣、上下、師友、賓客、葬儀、祭祀、これらは礼の本である」と語った（『礼論』，『李覯集』巻一）。朱舜水の『学宮図説』では、「大門、中門は普段通行できない。孔子に祭る牛を連れて入る時に限り、通行可能である。普段の通行は東の角門か西の角門に限る。」と規定している。学宮の建築物の配置は「左側に廟、右側に学堂」の規定に従った。「周礼」が左側をよいとし、明の時代以降、全国各地の学宮は本殿を配置するようになった。また、重要建築の丹墀の寸法は「本堂丹墀の深さ三尺、明倫堂丹墀二尺、啓聖宮一尺五寸」という規定に従った。

模倣追従ばかりでは、創造は到底できない。朱舜水は地震多発という日本の実情に応じ、『学宮図説』の中で、専ら防震用の「平震枋」を考え出した。この単語は宋代の「営造法式」にもなければ、日本語にもない。その制作方法は「臍を通し、違に入る」である。つまり、「平震枋」を据えつける時、建築用の柱の真ん中に左右両側から「平震枋」を入れ、防震の役割を果たし、生命及び財産の安全を守る。

朱舜水の『学宮図説』は日本で一定の影響力を持っている。学宮の建築は水戸藩主である徳川光圀の宿願で、物力、人力の制限により実現できなかったが、徳川光圀は朱舜水に職人たちを指導させ、本堂、両廡、門の模型を完成させた。模型が完成後、徳川光圀は朱舜水に祭礼、つまり釈奠の儀式を習った。暁明君は実地調査を行い、日本の八つの古代学校（孔子廟）を考察した。そのうち、栃木の足利学校、岡山の閑谷学校、長崎の中島聖堂の建築年代は『学宮図説』の出版より早く、東京の湯島聖堂だけは、徳川家斉が一七九九年に建築したもので、設計の時、朱舜水が徳川光圀のために作った本堂、両廡、門の模型を参考にした。他に日新館、弘道館の大成殿は『学宮図説』を模倣したもので、礼に合致したものである。

『学宮図説訳注』の完成は、明代学宮建築の法式を再現し、古代学宮建築に内含された儀礼制度、審美趣味、学宮精神、舜水の知恵を呈し、人間の道徳品質、精神修養、文化知識の育成における学宮の働きへの認識を深め、現代の学宮建築に参照と啓発の価値がある。

これをもって序といたす。

中国人民大学孔子研究院にて

二〇一四年五月廿八日

學宮圖說譯注序

福岡大學教授　石田和夫

朱舜水（一六〇〇—一六八二），名之瑜，字楚嶼，晚號舜水，浙江余姚人。作為松江府諸生，舜水師事松江名儒朱永祐、張肯堂，工讀勤勉，舉為恩貢生。崇禎十一年（一六三八），以「文武全才第一名」薦於禮部。先後十二次授官，其均不受。崇禎十七年，清兵入關，次年南下江蘇、浙江，明朝滅亡。後長期從事抗清復明活動，隨鄭成功大軍北伐，欲收復大明失地。

北伐失敗後，一六五九年，舜水亡命日本。其在日本，初期居住長崎，又到過柳川。後水戶藩主德川光國聘其為賓師，移居東京（江戶）。德川光國開設彰考館，編纂《大日本史》時，主導該事業的就是以舜水以及安積覺為中心的弟子們。舜水在日本居住二十三年，對「水戶學」的形成有很大的影響，此外在各方面對日本社會也有很大的影響。還有，辛亥革命前後，康有為、梁啟超等學者赴日留學，獲悉了朱舜水的事蹟，他們歸國後將其廣為頌揚。被日本人讚譽為「勝國的賓師」的朱舜水，才終於被中國本土所了解。

作為約四百年前的日中兩國人民的深入交流的一個方面，朱舜水不但在思想、學術、文物、制度諸領域發揮了其傑出的才能。而且，在建築領域也留下了很大功績，《學宮圖說》就是其中之一。舜水向德川光國、藩儒，進而對建築技師（木工作頭）傳授中國學宮建造的技術、竅門、方法，繼而編輯成書，被運用於以湯島聖堂為首的日本各地的學宮建造中。

在今天談文理結合，從《學宮圖說》可以窺見朱舜水非常多彩的才能。遺憾的是，此書有一個很大的欠缺，即日中兩國的學者在解讀時都覺得極為困難。以江戶時代初期的古語寫成的建築學專著，事實上迄今為止，在日中兩國還沒有能具備完全閱讀、詮釋此書的研究者。雖然在關於朱舜水的思想、學術研究方面積累了相當的成果，而在這一部分，尚處於空白狀態。那位來到這兒填補空白的人才終於登場了，那重要的人才正是林曉明。所著《學宮圖說譯注》踏出了值得紀念的第一步，用以打開朱舜水研究的新局面。這次有幸出版此書，喜悅至極。

安東省庵在柳川迎接過朱舜水。福岡大學人文學部位於離柳川相當近的福岡市中心，迎接了作為訪問研究員的林曉明，那是二〇一三年四月的事。從那時開始，大約一年間，他一心一意、專心致志的研究，激發了周圍的許多人。學宮這樣的精密的設計圖之原本是如何完成的？我對於建築全然是外行，對林君什麼貢獻也沒有，每次對他的指導，都讓我大开眼界。

在《學宮圖說譯注》中《朱舜水〈學宮圖說〉譯注餘論》以及《經考察的日本古學校與孔廟》兩篇論述也包含在內。這是現在日本各地八座古學校（孔廟）附屬博物館等設施，基於他自己在日本境內行旅中收集資料而完成的論證考述。

據稱在書中，承蒙水德川博物館、玉川大學教育博物館和柳川古文書館三所機構，特別賜贈了重要的研究資料。從這個意義上來說，《學宮圖說譯注》出版是日中兩國人民協同努力的成果。

本書的出版，不僅僅對日中兩國舜水學的發展作出貢獻。世界各地殘存的孔廟是無可爭議的世界之文化遺產。此書的出版，對於闡明孔廟的歷史意義，以及解決今後在維護、管理方面可能出現的問題，將無疑給予很大的啓迪。

二〇一四年八月十日

学宮図説訳注序

福岡大學教授　石田和夫

朱舜水（一六〇〇―一六八二）、名は之瑜、字は楚興、舜水は晩年の号、浙江余姚の人。松江府の諸生として松江の儒者朱永祐や張肯堂に師事した舜水は苦学の末に科挙及第、崇禎十一年（一六三八）第一位で礼部に推挙されるも、これを辞退。以後十二回に及ぶ招請もすべて拒否。崇禎十七年満州兵が中原に侵攻、翌年江蘇・浙江へと南下して明王朝は滅亡する。後長期にわたって抗清活動に携わり、鄭成功の北伐に従って明王朝の失地回復を図るもついに叶わなかった。

北伐失敗ののち、一六五九年に舜水は日本に亡命する。日本ではまじめ長崎、ついで柳川。その後水戸藩主徳川光圀に賓師として迎えられて東京（江戸）に移る。光圀は彰考館を開き『大日本史』の編纂に取り掛かるが、その際事業を主導したのが舜水及び安積覚を中心としたその弟子たち。日本に居留した二十三年、水戸学の成立に大きな影響を与え、その他様々な面で日本社会に多大な影響を及ぼした。ちなみに勝国の賓師と日本中の人が讃えたこの朱舜水の存在が中国本土でやっと知られるようになったのは、辛亥革命前後、康有為・梁啓超等の学者が日本留学で舜水のことを知り、帰国後に彼の名を顕彰してからのこと。

約四百年前の国を超えた日中両国人民の厚い交流の一こまであるが、思想・学術、文物・制度あらゆる分野ですぐれた能力を発揮した舜水は、実は建築の分野でも大きな功績を残していた。『学宮図説』がそれである。徳川光圀や水戸藩士、さらには建築技術師等に中国における学宮建設のノウハウを伝授すべく編まれたこの書は、湯島の聖堂をはじめとして日本各地の学宮建設に活用されたのである。

今でいうなら文理融合、朱舜水の才能がいかに多彩であったかをうかがわせる『学宮図説』であるが、残念ながらこの書物には一つの重大な欠点があった。日中両国の学者にとってそれは解讀が極めて困難な代物であったのである。江戸時代初期の古語で書かれた建築学の専門書、正直なところこれまでこの書を十分に読み解く能力を備えた研究者は日中両国には存在しなかった。思想・学術の面では今日かなりの成果が蓄積されたが、この部分に関してはほとんど白紙の状態。それがここに来てその人材が白紙を埋めるべくやっと登場した。その貴重な人材こそが林暁明氏であり、その著『学宮図説訳注』は朱舜水研究の新たな局面を切り開くべく踏み出された記念すべき第一歩なのである。このたびこの書がめでたく出版の運びとなったことは。まことに悦ばしいかぎり。

安東省庵が朱舜水を迎えたのが柳川。その柳川からほど近い福岡に位置する福岡大学人文学部が訪問研究員として林暁明氏を迎えたのは二〇一三年四月のこと。それからおよそ一年間、ひたすら研究に打ち込む彼の姿には周辺のおおくの人々におおきな刺激を与えた。学宮がこんな綿密な設計図のもとに建てられていたのか。建築には全くの素人、林氏に何も貢献できない私も、読み合わせの度にどれだけ目を見開かされたことか。

『学宮図説訳注』の中には『朱舜水「学宮図説」を論ずる』および『調査済日本の古学校と聖堂』の二本の論考がふくまれているが、これは今日日本各地に点在する八か所の孔廟とそれに付随する博物館等の施設を自分の足で日本中を尋ね歩いて手にした資料に基づいて成った論考である。中でも水戸市徳川ミュージアム・玉川大学教育博物館・柳川古文書館の三つの施設には各別の配慮を頂いたと聞く。『学宮図説訳注』はそういう意味では日中両国人民の協力の賜物でもあった。

日中両国における舜水学の発展に貢献するだけではない。世界各地に残された孔廟は紛れもない世界の文化遺産。孔廟の歴史的意義の解明、さらには今から大きな問題となることが予想されるその維持管理の問題解決に、本書の出版が貴重な示唆をあたえてくれることは間違いない。

二〇一四年八月十日

學宫圖説譯注序

陶秀璈

由林曉明先生從日文翻譯並加以注釋的朱舜水的《學宫圖説》一書出版了，這是一件很有意義的事情。朱舜水其名為朱之瑜，字楚璵，復字魯璵，又號舜水，浙江余姚人，是明清之際的思想家，他被梁啟超譽為「清初五大師」之一。但他的事蹟和思想鮮為人知，在以往出版的各種《中國哲學史》著作中，對他竟隻字不提。一九六二年，北京大學教授朱謙之先生把日本出版的《朱舜水全集》的全部内容重新加以編排整理，翻譯出版了《朱舜水集》，使學界對朱舜水的研究有了文本的依據。但當時的歷史語境使學界對朱舜水的研究沒有得以開展。直到改革開放後，中日關係得以正常化，中日文化交流得以順利開展，於是對朱舜水的研究也就成為順理成章之事。通過中日兩國學者的學術活動和有關研究著作的出版，朱舜水的歷史形象在國人面前慢慢清晰了起來，朱舜水至少有兩個歷史形象，其一，他是明末清初一位情操高潔，具有極強民族氣節的儒學大家。朱舜水生於明末階級鬥爭和民族矛盾的狂風暴雨之中，少年便有經世濟民之志，成年後見國是日非，世道日壞，便決定棄絕仕進。明朝滅亡後，他誓死不食清粟，亡命日本。在日本期間，懷着對清廷的切齒之恨，對大明江山傾覆的錐心之痛，反思明朝以及中國文化敗亡的原因，尋求救國救民、復興中華的道路，他的整個思想和理論，貫穿着一條主線，這條主線可以用他的一句話來概括：「知中國之所以亡，則知聖教之所以興矣。」（《朱舜水集》第一八三頁，中華書局，一九八一年版）由此，朱舜水提出了「聖教復興論」。其二，朱舜水可以説是中國第一位向海外傳播中華文化的儒學大師。中華文化博大精深，光輝燦爛，吸引了海外各國人士，四方來朝仰拜學習，而中國卻沒有主動向海外傳播中華文化的傳統。歷史上有不少人物出關海外，都並非以傳播中華文化為宗旨，春秋時老子西出函谷關，不知所向；漢有張騫出塞，意在外交；唐有玄奘西遊，旨在取經；鑒真和尚東渡日本，以傳佛教為主；明有鄭和下西洋，重在貿易。而朱舜水六十歲到日本，到逝世共二十三年，一直以傳播儒家文化作為他的事業。他先在日本的長崎講學，後得到水戶藩主德川光國的支持，移居江戶（今東京），開辦學堂，招收學生，在當時佛教盛行于日本之時，他力立國學，傳授「聖人之學」，同時還介紹了中國的服制、官制、科舉制度等，為日本培養出一批學者和人才，為日本後來的「明治維新」奠定了一定的思想基礎。可以説，朱舜水是「孔子學院」的先驅。

這就是《朱舜水集》的翻譯出版給我們展示的朱舜水的兩個歷史形象，但我們不免仍有一些遺憾。因為我們在《朱舜水集》的出版説明和前言中看到，一六七〇年，朱舜水應源光國之請，作《學宮圖説》，並按《圖説》監造了大成殿模型。因為《學宮圖説》為我們展示了朱舜水不同于一般儒家學者的另一種形象，因而我們十分期待《學宮圖説》的翻譯出版，今天，我們的這個心願終於得以實現。在該書中，我們看到了朱舜水的第三個形象，一個偉大的工程師的形象，其學宮的設計精巧縝密，整體佈局層次分明、井然有序，尺寸大小十分精確，建築風格莊重雅致，既展現了中國古代高超的建築技術，又展示了中國特有的審美趣味，是科學與藝術的有機結合，正是這座儒雅恢弘的學宮的結構組成體現了儒家的禮儀制度，映射出一種禮教的精神。由此可見，這是一個凝結著中國文化理念的歷史文物。更為令人讚歎的是，朱舜水依據日本地震多發的情況，創造發明了專門防地震的「平震枋」，由此我們不得不説，朱舜水是一位具有科學創造精神的工程師。朱舜水的這一形象使他的前兩個形象更加飽滿、更加完整。作為儒學大師，他的「實理實學」的學説與宋明理學的「實學」有着根本的區別。宋明理學的實學只是落實于社會人文倫理，從而批判佛學和老莊的「玄虛」學説。而朱舜水則認為孔子之道的實質是「實功，實利」，因而他的「實學」不僅包括關於治國安邦的社會科學，還特別包括自然科學和技術。正是這一點使他成為前所未有的巨儒鴻士，他認為，真正的大儒，不是那種皓首窮經、空談心性的書生，而是身懷經邦宏化之學和康濟艱難之才，是治國安邦、利國福民、開物成務、窮經致用的的精英。朱舜水正是用「實功、實利」的標準，幾乎顛覆了孔子之後的儒學大師。他的所謂「聖教復興」，是那種建立於「實功、實利」基礎上的文化復興，是使中華民族民富國強的文化復興。作為中華文化海外傳播的先驅，他創造了「以藝傳教」的傳播方式，即以科學技術和工藝來傳播觀念文化的方式。他在日本一方面虛心學習日本文化，另一方面把中國的工程設計、建築技術、農藝、生物地理知識、衣冠裁制等技藝傳播到日本，通過這種方式來使日本人民理解中國的觀念文化，朱舜水的這種文化傳播方式，對於我們今天的中國文化的海外傳播，有着重要的啟發意義。

從一九八一年出版《朱舜水集》到今天《學宮圖說譯注》的出版，相距有三十多年，人們不禁要問，既然《學宮圖說》有着如此重要的意義，為什麽《學宮圖說》的翻譯出版拖遲至今日呢？答案是，因為《朱舜水集》的譯作者只需要兩個條件，一是對中國哲學和朱舜水的學說有所研究，二是閱讀古文獻的能力。而《學宮圖說》的譯作者需要四個條件，除了以上兩個條件外，須要有另外兩個條件，就是必須要有古建築學的專業知識以及對日文有較好的的掌握和修養。事情的困難就在這裏，研究朱舜水思想的學者本來就少，既研究朱舜水學說又掌握日文的學者更是鳳毛麟角，這些學者中沒有一個是掌握古建築學知識的，因為古建築學是一門專業，隔行如隔山。而在古建築學的專家隊伍中，有可能有些專家是掌握日文的，但要說古建築學專家去研究朱舜水的思想學說，這種可能性幾乎等於零。除非出現一個有心人，沒想到，這個有心人真的出現了，他就是林曉明先生。我認識林曉明先生是在十年前，當時只知道他是一個文博學者，實際上他是一位古建築學的專家，那時候他對朱舜水所知甚少，對日文也毫無掌握。在後來的接觸中我發現他在堅持做兩件事情，一是一直堅持參加東亞學者的學術研討會，特別是研究朱舜水的學術研討會，每次會議他都發表關於朱舜水的論文；另一件事是他在堅持學日語，每次與他赴日本參加學術會議，發現他的日語進步迅速，以至於能和日本人用日語打交道。我和林曉明先生多次接觸後，發現他是一個勤學好問、用心鑽研、執著追求的人，但我畢竟有些迷惑，林先生畢竟是文博學者，為什麽對朱舜水如此感興趣，如此執着地不斷研究朱舜水呢？就在四年前，他終於向我吐露了他的心願：他想到日本作為訪問學者，把朱舜水的《學宮圖說》翻譯過來。我明白了林先生的一片苦心，他多次到北京來，和我一起拜訪張立文先生，向他虛心求教、請求指導。皇天不負有心人，今天，林曉明先生終於修成了正果，翻譯出版了《學宮圖說譯注》，這件事情了卻了中國哲學研究學術界的心願，在此對林曉明先生表示祝賀，也對他的十年所下的功夫表示敬佩，對他的工作表示感謝。

於北京外國語大學

二〇一四年五月四日

学宮図説訳注序

陶秀璬

林暁明先生が日本語から翻訳し、訳注を加えた朱舜水の『学宮図説』の出版は、誠に有意義なことである。朱舜水その諱は朱之瑜、字は楚嶼、または魯璵、号は舜水、浙江省餘姚の出身で、明朝末から清朝の始めにかけて、思想家として知られ、梁啓超に清朝初期の五代師匠の一人と仰がれた。にもかかわらず、その事跡と思想はあまり知られていない。今まで出版された各種の『中国哲学史』の中で彼のことについて一言も触れなかった。一九六二年、北京大学の朱謙之教授は日本で出版された『朱舜水全集』を再アレンジされ、『朱舜水集』を出版された。それにより、朱舜水の研究は初めてテキストを根拠とすることができた。しかし、当時の社会情勢で朱舜水に対する学界の研究は展開されなかった。改革開放後、日中国交正常化のおかげで、中日交流は順調に進み、朱舜水への研究も当然順調に展開された。中日両国の学者たちの研究活動と研究書の出版により、人々にとって、朱舜水の歴史像はだんだん浮き彫りになってきた。少なくとも以下二つの歴史像がある。まず、彼は高い豊かな情操と民族の気骨を兼ね備えた明末清初の儒学大家である。明末の階級闘争と民族闘争の嵐の中で生まれ、少年にして経世濟民の大志を抱いた。大人になって、国事が日に非なり、世道が日に悪くなるのを見て、仕官への道を諦めた。明が滅び、清朝の食べ物を口にしないことを誓い、日本に亡命した。日本にいた間、清朝に対する千秋の恨みと明王朝の滅亡に対する心の痛みを抱えながら、国を救い、民を救い、中華を復興させる道を模索した。彼の思想と理論が一本の中心線で貫かれ、彼の言葉でいうとこうなる。「知中国之所以亡，則知圣教之所以興矣」（『朱舜水集』第一八三頁，中華書局，一九八一年版），したがって、朱舜水は「聖教復興論」を唱えた。其のニ、朱舜水が中国ではじめて海外に中華文化を伝えた儒学大家と言ってもいい。中華文化は奥ゆかしく、光輝き、燦爛で、海外各国の人々を惹きつけた。彼らは中国に来て勉強した。中国は自ずから外に出て中華文化を伝える伝統がない。歴史上、数少ない人物が海外に出たが中華文化を伝えるためではなかった。春秋の時、老子が函谷関を出たが行き先が分からなかった。漢の時代、張騫が西域行きの目的は外交のためである。唐の時代、三蔵法師は西遊したが、真経を求めるのが目的である。また、鑑真は日本に渡り、仏教を伝えるのが目的である。鄭和西洋の西洋行は、貿易に力点を置いている。彼らに引き替え、朱舜水は六十歳で日本に渡り、亡くなるまでの二十三年間、一筋に儒家文化の宣伝を事業とした。彼はまず長崎で教え、後ほど水戸藩藩主である徳川光圀の支持を得て、江戸に移り、学堂を開き、学生の募集をした。当時、仏教が盛んだった日本で、彼は国学の普及に腐心し、「聖人の学」を伝授した。と同時に中国の冠服制度、官吏制度、科挙制度などを紹介し、日本で多くの学者と人材を育成し、後ほどの日本の明治維新の土台作りに貢献した。

『朱舜水集』の出版は朱舜水の二つの歴史像を呈してくれた。我々が『朱舜水集』の出版説明と前書きで見たとおりに、一六七〇年、朱舜水は徳川光圀の招きに応じ、『学宮図説』を作成した。湯島聖堂の建築はそれに基づいたものである。『学宮図説』の出版は普通の儒学者と違った一面を呈してくれるから、より一層その出版を期待していた。本日、私たちの宿願が叶った。この本で、私たちは第三の朱舜水像、つまり、偉大なるエンジニア像を見た。学宮の設計は巧みで、全体のバランスが取れていて、配置の秩序が整然で、寸法が精確で、建築風格が厳かで雅やかで、中国古代の高い建築技術を表しているばかりでなく、中国特有の審美趣味を表し、科学と技術の融合である。この上品で立派な学宮の構造は儒家の儀礼制度を体現し、礼教の精神が映り出された。これは中国文化理念を凝結させた歴史的文物である。また、驚いたことに、朱舜水は地震多発という日本の実情に応じ、防震用の「平震枋」を発明した。朱舜水は創造性のあるエンジニアだと言わなければならない。この歴史像は前述した二つの朱舜水の歴史像を更に充実させた。儒家の大家として、彼の「実理実学」の学説は宋明理学の実学と根本的な違いがある。宋明理学の実学は社会、人文、論理を中核とし、仏教と老庄の玄虚学術を批判した。それに対して、朱舜水は孔子の道の実質を「実功、実利」と考えた。したがって、朱舜水の実学は国を治める社会学を含めるばかりでなく、自然科学と技術をも含める。またそれをもって、彼は前代未聞の立派な学者となった。彼は、本当の大儒とは終生経典に没頭し、心性を空談する書生ではなく、経邦広化の学と弱きを助ける才を備え、国を治め、天下を鎮め、国と国民のために働き、万物を開発してあらゆる事業を完成させ、経世致用のエースのことだと考えている。朱舜水の「実功、実利」の思想は、孔子以後の儒学大家を凌駕するほどだった。彼のいわゆる「聖教復興」は、「実功、実利」に基づいた文化の復興であり、中華民族を強くする文化の復興である。中華文化を海外に伝えた先駆者として、彼は「芸をもって教を伝える」という教え方を考え出し、科学技術と工芸を通して、文化を普及させた。彼は日本文化を謙虚に学びながら、中国の工程設計、建築技術、農芸、生物地理、衣冠裁縫などの技術を日本に伝えた。このような賢明なやり方で日本の国民に中国の文化を知らしめた。朱舜水のこういう文化伝播の方法は、今日の中華文化を海外に伝播するうえで、大きな啓発の意味がある。

一九八一年『朱舜水集』の出版から、今日『学宮図説訳注』の上梓まで、三十年間が経った。『学宮図説』はこれほどの意義があるにもかかわらず、なぜ今日になってはじめて出版されたのかと人々は問わずにはおかないだろう。『朱舜水集』の編集者は二つの条件を兼ね備えなければならない。その一は中国の哲学と朱舜水の学説に詳しいこと。その二は古典中国語に熟練であること。『学宮図説』の訳者に至っては四つの条件が揃わなければならない。上記二つの条件以外、古代建築学の専門知識と日本語の知識が必要なのである。難関はここである。朱舜水の研究者が少ない上に、朱舜水を研究し、日本語のできる学者はなおさら少ない。また朱舜水の研究者には古代建築学の分かる人がいない。古代建築は一種の専門で商売が違えば勝手が全く違うようなものである。古建築学の専門家の中で、日本語のできる専門家がいるにしても、もしその志向がなければ、彼らが朱舜水の思想学説を研究する可能性はゼローに近い。しかし、そのような人が本当に現れた。彼は林暁明先生である。林暁明と知り合ったのは十年前である。当時、彼が文化博物学者だと知っていたが実は彼は古代建築学の専門家である。その時、彼は朱舜水について詳しくなかったし、日本語もできなかった。付き合うにつれて、彼がずっと二つのことに精励していることに気づいた。その一は、彼は東アジアの研究会に参加し続けていること。特に朱舜水の研究に関する学術研究会。毎回、彼は朱舜水に関する論文を発表する。その二は彼は日本語を引き続き勉強していること。彼と共に日本の学会に参加するたびに、彼の日本語が急速に上達し、日本人と日本語で話すようになった。付き合いを重ねる内に、彼は勤勉で、研究心が強く、夢に一筋な人だと分かったが、文化博物学者の林先生がなぜ朱舜水にこれほど夢中なのか、私にはよく理解できなかった。四年程前、彼は胸の内を明かしてくれた。彼は訪問研究員として日本へ渡り、朱舜水の『学宮図説』を翻訳したいと語ってくれた。彼の苦心がよく分かった。彼は何回も北京へ来て、私と共に、張立文先生を訪ね、謙虚に教えを請い、指導をお願いした。その努力が報われ、林先生の研究が実り、『学宮図説訳注』は出版される運びとなった。この出版により、中国哲学研究会の宿願が叶った。ここで林先生に祝賀の意を申し上げる。彼の十年間の努力に敬意を表すると同時に、彼の仕事に感謝する。

北京外国語大学にて
二〇一四年五月四日

目録

中卷　原書與原圖

下卷　附録

目次

上卷　學宫圖説譯注

上卷　学宫図説訳注

學宮圖説譯注（一）
学宮図説訳注

大成殿本堂

總シテ尺ハ日本大工尺〔二〕ヲ用、下皆此例ナリ。

【譯文】

大成殿，即為本堂。

全部尺寸用日本木匠尺，以下皆按此例。

一、表〔三〕長八丈。

此ヲ五軒〔四〕割、一軒一丈六尺間ツヽ〔五〕ナリ。

【譯文】

一、面寛八丈。

此分為五間，毎間一丈六尺。

一、脇〔六〕四丈九尺五分。

此ヲ拾一架割、但脇角一架、九尺間。此「表縁カハ通」ト云フ〔七〕、同中間三丈一尺五寸ヲ八架割合、但一架三尺九寸三分七厘五毛間ツヽナリ。殘テ二架四尺五寸間ツヽナリ。此ヲ「裏縁カハ」ト云フ。

【譯文】

一、進深四丈九尺五分。

此分為十一架，而側角一架，九尺之間。此稱為：「看面側通」。中間側面三丈一尺五寸，應當分為八架，而每一架三尺九寸三分七厘五毛。剩餘二架，每間四尺五寸。此稱為：「裏面側通」。

一、堂總高五丈六尺四寸。古老錢〔八〕ノ上ハヨリ、伏蓮華〔九〕ノ下ハマテ。但丸桁〔一〇〕上バヨリ總臺〔一一〕下バマテノ高サハ二丈五尺八寸ナリ。

【譯文】

一、堂總高五丈六尺四寸。從古老錢之上，到覆蓮華之下。而從檐桁上到石礩下的高度為二丈五尺八寸。

一、總臺丸シ、指亘柱ノ太サニテ裏メニ定ム〔一二〕、同ク高サ柱ノ太サニテ九分トリ、其高サノ内分ハ伏蓮華ノ高サヲ用ユ、同五分ハ總臺高、四サニ用上方丸柱〔一三〕ノ太サ、一面ニ合セ四方ヘ、其ヨリ少ツヽフクラミ、絵様ハ伏蓮華ヲ見合取合ヨキ程刻ムヘシ〔一四〕。

【譯文】

一、全部石礩都是圓的，以檐柱之直徑確定石礩面尺寸，取柱子直徑的九份，確定石礩與覆蓮華的高度，那高度之內，四份為覆蓮華之高度；五份為石礩高度。石礩面上的尺寸用檐柱的直徑，每個面向四面一致，從那面上稍稍隆起，紋樣為覆蓮華，應該雕刻至預想的合適程度。

一、居石〔一五〕四角ナリ。居石間緣石、外廻同入カワ、總廻リ居石ノ高サニ切合ス、但シ居石ノ高サハ、地形ヨリ八寸見ニ居ルナリ。

【譯文】

一、柱礎石為四方形。柱礎石與邊沿石外側邊緣相同，全部柱礎石的四邊之高度拼合適當。而柱礎石之高度，安裝時比地形高出八寸。

一、柱太サ木口ノ亘、一尺九寸貳分丸柱ナリ。但シ両ツマ外カハノ柱太サ一尺六寸貳分、柱上ノ方貳分。ゴキチマクヘシ。

總シテ柱、桁、垂木〔二六〕等皆丸シ、木口ノ亘リニテ寸尺ヲ定ム，末々皆此例ナリ。

【譯文】

一、柱子斷面直徑一尺九寸二分，圓柱。而兩邊外側的柱子，直徑為一尺六寸二分。古書記載，柱子的上面二份，必須作精細卷刹。

全部柱、桁、椽子為圓形，以木材斷面來確定周長尺寸，後人皆按此例。

一、地覆〔二七〕高サ柱太サニテ九分トリ、同厚サ四分トリ、腰貫、ヒヌキノハヾ柱ノ太サニテ七分トリ、同厚サ三分トリ。柱貫ハヾ柱ニテ八分トリ、同厚サヒチ木〔二八〕ノセヒホトナリ。

【譯文】

一、地栿高度取柱子直徑的九份，地栿厚度取四份。腰枋、檐枋的寬度取柱子直徑的七份，腰枋子厚度取三份。柱頭枋寬度取柱子直徑的八份，柱頭枋厚度一定是檐下襻間的大小。

一、同高サハ定様ハ柱貫下バニ柱太サ程小壁〔二九〕アリ。小壁ハ土ニテハナシ板バメナリ。大工言葉ニ、小壁ト云フ。末々マテ此例ニ倣ヘシ。同其下ニヒヌキアリ。同腰貫有。其下ニ小壁。同腰貫上小壁、二箇所ノ高サトリ、ソノ高サヲ十二割四ツ、地覆ト腰貫ノ間小壁ニ用ユ同六ツ腰貫トヒ貫〔二〇〕ノ間、小壁ニ用ヘシ。同小壁厚サハ腰貫厚サ三ツニ割リ、一ツヲ用ナリ。

【譯文】

一、確定高度樣式，柱子額枋下有柱子直徑大小板壁。板壁不是用土夯築的，為木板壁。在木匠語言中稱「板壁」，後人以此例效法之。其下有檐枋，有腰枋。地栿與腰枋下有板壁。地栿與腰枋之上板壁，取兩部分之高度，那個高度為十分之四，地栿與腰枋之間應該使用板壁。六根腰枋與檐枋之間使用板壁，板壁厚度是腰枋厚度的三分之一。

一、平桁厚サハ柱太サ半分、ハゞノ柱程。ハナ組合ナリ、ハナノ長サ柱太サホト出シ、繪樣キテウメンアリ。

【譯文】

一、平桁厚度為柱子直徑的一半，寬度是柱子之大小。有霸王拳搭配，霸王拳突出之長度為柱子直徑大小，圖樣有規定。

一、組物出組〔二一〕割樣ハ大斗指渡柱ホトニシテ、五ツ半ニ割リ一ツ、ツヽ斗ジリ両方ヨリクリ。同高サハ五ツ半ヲ三ツ用ヒ、ソレヲ五ツニ割リ、二ツクリ、一ツハ敷メン、二ツハヒチ木ヲクヽム。

【譯文】

一、五鋪作枓栱的樣式，大枓用廊柱直徑大小，五份半為一份，每個枓底部從兩面挖去。大枓高度五份半用三份，那五份的分配，二份挖去、一份鋪面、二份嵌入肘木。

一、巻斗〔二二〕ノ割様ハ、垂木ノ太サ三本合巻斗ノ指亘ニ定メ。ソレヲ五ツ半ニ割リ、一ツツ、両方ヨリ斗ジリクリ、其五ツ半ヲ三ツ用ヒ。巻斗ノ高サニ定ム、ソレヲ五ツニ割リ、貳ツクリ、一ツハ敷メン、貳ハヒチ木ヲククムナリ。

【譯文】

一、小料的樣式，以三根椽子的直徑確定小料的斷面。那五份半的分配，每個料底從兩面挖去，那五份半用三份。確定小料的高度，那五份的分配，二份挖去、一份鋪面，二份嵌入肘木。

一、ワクヒチ木太サハ、大斗三ツニ割リ其一ツ分トリ、高サハ下バニ貳分增シ、實ヒチ木ハ下バ四方共ニ、其太サハホト鼻出シ、繪様拳バナ〔二三〕有リ。

【譯文】

一、區別襻間木的大小，取大料三份的一份，高度為下部增加二份，實襻間木下四面大小相同，那斷面大小突出，圖樣有要頭。

一、組物〔二四〕間ガウシ壁ニ牡丹、カラ草〔二五〕、桐、カラ草、鳳凰ヲ兩面ニ彩色ニ画ク。但シヒ貫ト柱貫ノ間小壁ニ、牡丹、カラクサニ孔雀ヲ彩色ニ兩面ニ畫ク。

【譯文】

一、料栱之間的栱墊板，兩面畫牡丹、唐草、梧桐以及唐草、鳳凰圖案彩繪。而檐枋與柱頭枋之間的板壁，兩面畫牡丹、唐草、孔雀彩繪。

一、入カワ外方上小壁、裝束貫ノ上ニ、臺輪〔二六〕ヲ置キ、組物ト臺輪ノ上小壁ニ桐、カラクサニ鳳凰ノ彫モノ有。

【譯文】

一、前面側旁外面上之板壁，裝飾枋之上，間隔以額枋，枓栱與額枋上之栱墊板，有梧桐、唐草、鳳凰的雕刻物。

一、丸桁太サ七分トリ、同丸桁下ノサ子ヒチ木ヲ通、ヒチキニシテ桁ヘ丸ミ仕合チキリ〔二七〕ホゾニテ堅メ。同ヒ千木ノ鼻角く許ニ繪様キサムヘシ。

【譯文】

一、檐桁直徑取七份，檐桁下有貫通的襻間木，襻間木與檐桁結合處做成凹圓，用比毛泡桐稍硬的木榫頭，襻間之端角應該允許繪紋様雕刻。

一、垂木丸シ、但太サハ柱ヲ六ツニ割リ一ツ分ノ太サ也。常ニハ垂木ノ小間貳分ノ仕方、ナレ𪜈〔二八〕此ハ丸キ垂木。故ニ小間ヲモ垂木ノ太サニ致スナリ。ソレユヘニ巻斗サシ亘、垂木三本ニ定ムルナリ、同角木〔二九〕下バ柱太サニテ六分トリ。同木負〔三〇〕下バノ高サトモニ、垂木ノ太サ一ツ半、四方同萱負〔三一〕下バ垂木ノ太サ一ツ半、同高サ垂木ノ太サ貳ツヲ用ヒ萱負ノ太サニ定ム、角ニ貳分増シソリカヤヲヒノ太サ四本半ソルナリ。但シ前フリワケニカクヘシ、同裏カワ厚垂木ノ太サニ貳分増、同出バ垂木貳本出ル。

【譯文】

一、椽子是圓的，而直徑尺寸是柱子的六分之一。一般是椽子之間分隔二份的做法，雖然這是圓作椽子。因此，間隔也按椽子的直徑做。那越過枓栱的樣子，選定三根圓椽子，老角梁取下面柱子直徑六份。椽子下面小連檐之高度總共為椽子直徑之一份半，椽子四周大連檐為下面椽子直徑之一份半，高度用椽子的直徑二份確定大連檐的大小，角上增加二份起翹，比之四根半直徑彎曲，而前面必須各自分開。同樣，裏面側旁的厚是椽子的大小增加二份，出椽同樣是二根椽子（底椽、飛椽）。

一、軒〔三二〕ノ長サ、但シ地ノ軒ハ垂木六本、飛遠ハ垂木五本打積リ、此ハ扇垂木、故軒ノ垂木數ハ不入事ナカラ、軒ノ長ヲ知ルユヘニ、垂木數ヲ此ニ書スルナリ。同飛遠垂木ハ太サ、先ノ方貳分ゴキ、但シ地垂木カウバイ三寸ト同ク、飛遠垂木高配貳寸五分。

【譯文】

一、出檐之長度，而翼角檐之底椽六根、飛椽五根錘釘重疊，此為翼角椽子。因此，一方面翼角檐的椽子數量不統計在內；另外，可知道出檐之長度，椽子數量就此記錄。翼角檐飛椽的大小，古人記前端卷刹二分，而與底椽子增加彎曲三寸，飛椽眷顧二寸五分。

一、垂木打樣ハ前ノ間五軒ハ貳拾貳本ツヽ、兩脇一架ツヽハ六本ツヽ、以上貳拾八本ニテ間ノ中央ヨリ、角ノ方バカリ扇垂木ニスルナリ、同後ノ間モ同斷、總垂木數八拾六本ナリ。但シ扇垂木ノ仕方ハ、兩脇九尺ツヽノ間、垂木拾九本ニテ割合打ヘシ。

【譯文】

一、椽子放樣，前之五間每間二十二根，兩側每一架六根，以上二十八根從開間的中心，大約依照翼角之方向做角檐椽。後之間椽子也一樣斷定，全部椽子數八十六根。而翼角椽的做法是，兩側每間九尺，應該分別釘十九根椽子。

一、入カハ兩妻中通關柱〔三三〕、總臺上バヨリ頂上棟マテ、立ノホセナリ。其ハ柱ノ高サハ貳丈八尺貳寸。總臺上ハヨリ。

一、外入カ内一丈七尺贰寸贰分ハ總臺上バヨリ裝束貫〔三四〕下マテ。

一、同一尺五寸三分裝束貫幅。

一、同一尺八寸裝束貫上バヨリ平震〔三五〕マテ。

一、同四尺八寸平震幅。

一、同二尺八寸五分平震上バヨリ柱ノ頭マテ。

一、同柱ノ上ニ出組ノ組物ヲ居ヘ、同梁丸シ太サ一尺五寸ワク肱木ヲ直ニ梁下マテ持送ノ如ク繪様取付ルナリ。同内室ノヤ子裏高配ハ六寸、桁打越〔三六〕七通リ、但シ丸シ太サ一尺五分、梁丸シ太サ一尺五分、但シ軒ノ桁ハ下ノ梁トセイ、違ニ置モセノ桁二通リツヽハ、梁ト組合ス、何モ桁下ニケイ肱木ノ如ク、太サ四寸五分、四方ニシテ桁ノ丸ミニ仕合チキリアリニテ取付ル。同桁ノ上ゼンクワ厚サ三寸六分、高サハ垂木ノセイ程ニシテ、桁ニアリホゾ立、右ノセンクワニ穴ホリテ、取付上ヨリ返リクサビ打ヘシ。

一、同小屋短丸シ、太サ一尺五寸、下ノ方細メ但シ椎實ナリ。

一、同平震棟下ニ一通リ、幅一尺五分厚四寸五分。

一、同下ヨリ第一ノモセノ桁下ニモ平震一通リ幅一尺贰寸厚四寸五分、但シ右ノ椎實ナリノ小屋短ニ貫ノ如クニ通ス、同右ノモヤノ桁兩カワニテ四通リ、同棟ノ桁共ニ五通リ、錦卷〔三七〕ノ繪花、輪違、龜甲、電麻花打込ミ、電菱、牡丹、カラクサ、ウスカラ草ヲ畫ク、同繪ノサカイハス筋違ハセ、繪ノ界筋二筋ツヽ有リ。同垂木丸シ太サ三寸六分宛、同垂木ノ小間モ三寸六分宛ナリ。右ノ桁ノ上ゼンクワニ垂木アリカケニレテ裏板アリ。右ノ平震貫ノ厚サニテ幅廣ク有之、故ニ柱穴平震貫其儘通シ用ユレハ柱ノ弱リニ成ルヲ以テ平震貫、又木細ニ付ケ柱穴二所ニ、穿臍入違〔三八〕テ付柱キワニコミセン竪サスヘシ。但シ地震ノユソヲ止ムル、ユヘニ云フ也。

【譯文】

一、兩山墻中通關柱，從柱礎上之方到頂部正檁，豎立後再修整。那柱之高度二丈八尺二寸。從柱礎上裏面從柱礎上到額枋下，一丈七尺二寸二分。

額枋寬度，一尺五寸三分。

從額枋上到平震枋，一尺八寸。

平震枋寬度，四尺八寸。

平震枋上到柱端，二尺八寸五分。

柱之上面五鋪作枓栱。梁圓之直徑一尺五寸，分別將襻間木直接運送至梁下，如圖様安裝。內室之背面小裏脊顧六寸，越過七根桁，而桁圓之直徑一尺五分，梁圓之直徑一尺五分。而軒之下桁與梁的構成，反面另置脊之桁二通與梁一起組裝。桁下面襻間木之形制全都一様，大小四寸五分。四面桁之圓的做法有線軸。首先，桁之上增加厚度三寸六分，高度與椽子的大小相同。桁上豎立有榫頭，右面的先在上面鑿榫眼，然後安裝，再往上面打入銷子。

梁架瓜柱，直徑一尺五寸，下面尖細而椎實。

平震枋，檩下一通，闊一尺五分，厚四寸五分。

下面依照第一正桁之桁下，平震枋一根，寬一尺二寸，厚四寸五分。而右之椎實形的瓜柱上枋依様穿過。右面之正桁，兩側的桁用四通。正桁一共五通，包袱錦的彩繪圖案，按順序繪輪達草、龜甲、雹麻花，並繪雹菱、牡丹、唐草、淡唐草圖案，同時繪邊界斜交叉線，還繪二條界線。圓形椽子，直徑三寸六分，彎曲相同，椽子之間隔三寸六分，彎曲。右面之桁之上都有椽子，背後有裏板。右面之平震桁之厚度稍寬，那柱子榫眼僅僅用於串連平震枋。因為搖晃是柱子之弱點，所以木結構有平震枋。另外，添加細木柱子上榫眼二處，用穿臍交錯法從柱子兩側穿入平震枋使其豎立牢固。而地震的開始到停止，比喻稱「平震」。

一、四方縁ガハ組物出組、同入カバ外方組物外縁ガハ組物ノ如ク、片フフニ組入カハ柱へ指合取付、同梁丸シ太サ一尺弐寸、軒ノ桁太サ下バ七寸八分、高サ九寸六分、モャノ桁、同梁短共ニ丸シ、太サ七寸五分、棟ハ無シ、屋子裏垂木、但シ輪垂木ノ間三ツニ割合スケイ、同ゼンクワ、垂木裏板ノ仕方、本屋ノ如ク、同入カハ外ノ方、總廻裝束貫ノ上ニ、臺輪有リ。臺輪ノ上組物ノ間ニガウジ壁ニ、牡丹、カラ草、キリ、カラ草ノホリ、物ニ鳳凰飛入ニ、ホリ取付ルナリ。

【譯文】

一、四周側面五鋪作枓栱，前部裏邊看面枓栱與外邊側面枓栱相同，五鋪作枓栱安裝固定與柱子連為一體。梁為圓形，直徑一尺二寸。軒之下桁直徑七寸八分，高度九寸六分，正間之桁，與短梁同圓，直徑七寸五分，沒有正檁。軒裏面的椽子，而彎椽之間分為三段，與圖樣相同。添加椽子、望板的做法，和殿堂一樣。裏面看面，全部四周額枋之上面有平板枋。平板枋的上面，枓栱之間的栱墊板上，雕刻牡丹、唐草、梧桐、唐草圖案，這些植物上有鳳凰飛入，雕刻後安裝。

一、後ノ方缘カハノ内ニ孔子ノ御座、兩脇ハメ前ノ頬上ノ方唐破風〔三九〕ノ如ク繪様アリ、其上裝束貫ノ間小壁ハメニシテ、下ハ戸、帳懸クルナリ。

【譯文】

一、後方邊側之內孔子的御座，兩側面前臉上方有如同圖樣的中式博風板。其上額枋之間有板壁，下面是門，懸掛有帷帳。

一、總入カハ缘ガハ共ニ瓦ヲ敷ク次第ハ、先下ニ一通リ宛、其上ニ茶碗ヲ伏セ置ク如ク短ヲ立其上ニ四半瓦ノ高サ、缘石ト同シ高サニ敷クナリ。但瓦ノ厚サ一寸八分程、瀬戸焼〔四〇〕ノ如ク焼ヘシ。

【譯文】

一、全部看面和邊側同時鋪設屋面瓦的順序是，首先鋪設每一行底瓦，上面像扣置茶碗一樣覆蓋瓦，高於底瓦四半瓦之高度，與階沿石同樣高度鋪墊。而瓦之厚度一寸八分大小，像瀬戸燒一樣燒制。

一、前ガハ五軒、總唐戸〔四一〕、但一軒ニ六本宛ニ付。地覆取リ置ニシテ先後。總臺ノ居石ニ穴ヲホリ、地覆仕合兩脇方立シテ上下猫座〔四二〕ノ繪様ヲシテ取付ルナリ。同唐戸サン八本、中ニ竪サン一通リ十文字ニ組合、不殘サン頭内ノ方、中高ニ削リ、組合ナゲシ合ニシテ木長面五カトル、但内方凸削ニ面ハ竹ノ内ノ如ク、窪ヘシワタノ板入、唐戸内ノ方下ノ小壁〔四三〕ニテツセンカラ草ホリ付、同中ノ小壁ハガウシ、組入裏板ハ青貝〔四四〕カ、又ハ白ダンノ裏板ヲ當ル事ナリ。同上ノ小壁、黄連カラ草兩面ホリ入ル。何茂扉〔四五〕ニ金物アリ。錠前内ノ方下ノサンニ三ツ坪打同ムソウノセン取付、地覆内面ニ二重ハシカミ、右ノ三坪ヘ取合ムソウノセンヲサシ置ナリ。但扉ノ立合様唐戸ノ頭上下ノツノ鴨居〔四六〕ト地覆トヘ切入、立合扉外面ト地覆ノ外面ト一面ニ合スル様ニ立合スルナリ。

【譯文】

一、前看面五開間，全部為中式門，而一間六扇，平均附着地栿，先後取置使用。柱礎之座石雕鑿榫眼（用於固定貓座），做法是地栿兩側上下向豎以貓座，依圖樣安裝。前面中式門閂八根，中間豎門閂一通，十字形組合，不要殘留門閂頭之方棱，鑿削成中部略高之形，組合門閂用木的長度等於看面五間（寬度）。而裏面凸削兩面，如竹子的裏面一樣，放入如窪海形狀之木塊。中式隔扇門内下方之裙板上淺雕鐵線蓮、唐草圖案，隔扇中部變化之，裏板可嵌螺鈿，或素裏板亦適用。隔扇上之板壁，兩面淺雕黄連、唐草圖案。隔扇上有華麗的五金飾件。鎖前裏邊之方向下安裝三坪内外相同的格欞，地栿内側隔扇面上糊二層底紙，右之三坪組合内外相同逐漸地裱糊。而隔扇之豎立樣式，中式門門楣與地栿之間都應當豎立上下貫通的門框，隔扇外面與地栿外面之平面相同，為立面相平樣式。

一、右ノ唐戸三拾本也、内ノ方ヨリ錠ヲロシ出ルニ付。左ノ脇ニ貳枚、ヒラキノ門、幅四尺貳寸、高サハ地覆ノ上バヨリ腰貫ノ下バマテ、兩脇方立タテテ、扉サン五本、内ノ方ニ上下、猫座付ケ内へヒラク立合様、右ノ表唐戸ノ如ク同ク、外ノ貫木栊様ノ次第ハ兩腰方立ニ貫木サシ置ク、木ニ繪様致シ取付。扉ニ二重ハシカミ一鍍ツヽ打、同貫木表ノ方ニアダ坪二ツ打、右ノハシカミ一ツハ貫木ノ上ノ方ヨリカケ、一ツハ貫木ノ下ヨリカケ、錠ヲロシ置クナリ。但シ貫木長サハ兩方柱へ押シ通シ、取置ニ致ス物ナリ。

【譯文】

一、右之隔扇三十扇，從室内上鎖。左側附有兩扇能開啟供進出的門，寬四尺二寸，高度是從地栿之上到額枋之下。兩側面安裝五扇隔扇，内之面上下附着門臼，是豎立向内開啟的樣式，右之隔扇則相同。外面之抹頭樣式的順序是，確立兩腰部位抹頭，按圖樣安裝設置。每扇隔扇上面釘兩重鍍金獅面，隔扇抹頭表面的平整處釘兩個，右之獅面，一個懸掛在抹頭之上方；一個在懸掛抹頭之下，設置鎖環。而門閂長度是往兩邊柱子方向一直推壓，是取放必用物。

一、唐戸ハ仕様ハ柱ノ太サヲ以テ定事ナリ。

柱太サ定様前後中柱共ニ太サ，前ノ間一丈六尺間ニテ一寸貳分取リ，同兩妻中柱太サ寸取ニ致へシ。唐戸ハ柱太サニテ三分ノ方立タテ同厚サハ戸ノ頭程サテ又方立横内法取リ、一丈貳尺九寸貳分四厘有ルヲ六ツニ割リ、一ツヲ唐戸幅トス。又其戸一枚ノ幅ヲ、又六ツニ割リ一ツヲ頭〔四七〕ノ太サトス、但シ三寸五分九厘ナリ。同高サハ地覆上ハヨリ鴨居内法ヲ取リ、一丈三尺五寸九分有ルヲ、十二割リ、六ツヲ中サンノ上バニ定ム。但シ八尺一寸五分四厘ナリ，同其中サンノ上五尺四寸三分六厘ナリ。但シ唐戸ノ上方ヨリ次第上ニ三寸五分九厘ノサン有、同小壁一尺八寸八分七厘貳毛、同三寸五分九厘ノサン〔四八〕有、同小壁二尺八寸三分八毛、同三寸五分九厘ノサン有、同小壁〔四九〕四寸一分八毛、同三寸五分九厘ノサン有、同小壁二尺三寸八分三厘八毛、同三寸五分九厘サン有、同小壁四寸一分八毛、同三寸五分九厘ノサン有、同小壁二尺三寸八分三厘八毛、同三寸五分九厘ノサン有、同小壁四寸一分八毛、同三寸五分九厘ノサン有。右ノ唐戸上ノ方ヨリ第一ノ間、黄連カラ草両面ニホリ入ル、第二ノ間ガウシ組入、第三ノ間小壁入、第四ノ間小壁入、第五ノ間小壁入。右三箇所小壁ノ所中ノ竪サン組合有、第六ノ間ニ小壁入、同ク唐戸内方ニテツセンカラ草ホリ付ル、第七ノ間ニ小壁入。同扉ツリノシユク頭外ノ方ニ丸クサクリ付ニ致スヘシ。但シ總廻リ平桁上㙇ヨリ飛遠垂木端マテ銅罘罳〔五〇〕張ル。

【譯文】

一、中式門尺寸作法，以柱子之直徑來確定。

柱子直徑定樣，前、後、中柱直徑相同，前間一丈六尺之間，取一寸二分。同樣兩山墻中柱直徑所取尺寸相一致。隔扇是以柱子直徑三份之面確立樣式，隔扇厚度，以門之頂端範圍另一面確立横向尺寸。取一丈二尺九寸二分四厘，所有六份分出一份，為隔扇寬的數值。另外，那一扇門之寬，分為六份，一份為邊挺之直徑數值，而為三寸五分九厘。隔扇高度從地栿上到門楣内取之，有一丈三尺五寸九分，分成十二份，確定中部抹頭之上面為六份，而八尺一寸五分四厘。隔扇那中部抹頭之下五尺四寸三分六厘。而從隔扇之上面依次有三寸五分九厘之抹頭，隔扇裙板一尺八寸八分七厘二毛，隔扇有三寸五分九厘之抹頭，隔扇裙板二尺八寸三分八毛，隔扇有三寸五分九厘之抹頭，隔扇條環板四寸一分八毛，隔扇有三寸五分九厘之抹頭，隔扇裙板二尺三寸八分三厘八毛，隔扇有三寸五分九厘之抹頭，隔扇條環板四寸一分八毛，隔扇有三寸五分九厘之抹頭，隔扇裙板二尺三寸八分三厘八毛，隔扇有三寸五分九厘之抹頭，隔扇條環板四寸一分八毛，隔扇有三寸五分九厘之抹頭。右之隔扇從上方第一格，兩面刻入淺黄連唐草圖案，第二格裝入門閂，第三格鑲入條環板，第四格鑲入裙板，第五格鑲入條環板。右三處裙板用豎板拼合。第六格同樣鑲入裙板，從裏面雕刻淺唐草圖案。第七格鑲入條環板。中式門隔扇豎木軸頭外之面應當加以刨削圓滑。而從平桁上部到飛椽頭四周全部張以銅網。

一、小屋組土居木十子木如常、但シ小屋短ニ段タニ指梁ニイタシノ桁ヲリ置ナリ。其外如常。兩妻破風、丸桁中墨ヨリ外ヘ立入母屋[五一]ル、但作リ、シカイ垂木數破風共ニ七本、前包ミ、長サニテ五分半、幅ハ大斗程、組物三ツ斗、二重梁、繪樣蛙胯[五二]、同棟下ハ太平短[五三]繪樣有リ。破風ノ幅下留ニテ寸取、厚サハ垂木ノ太サ貳分增シ、幅ハ上ニ三分增シ、下ニ少增有リ、前ハ七ツ半マヘニ欠ヘシ。同懸魚幅破風ノ腰ニ枚一分下リハ懸魚ニテ八分半下リ桁隱シ。懸魚ハ陰陽ニ欠ヘシ。同釘隱シカラ花六曜形。同野垂木、角木、裏板、土居フキ如常。屋上瓦フキ。但シ瓦一通リニ釘三所宛指ス、同下リ棟八箇所ノ内、四箇所ハ棟ヨリ軒ヘ下ル四箇所者右ノ下リ棟ヘ取付ケ、角ヘ下ル。此モ如常瓦ニテ致スナリ。右八箇所ノ下リ棟ニ鬼龍子[五四]ヲ居ユ其形ハ猫ニ似リ、胸蛇腹毛筋ホリ付ケロハ開クト不開ト牙有リ、前足ハ立テ後足ハ折ル、瓦ニテ焼物ニ造ルナリ，高配七寸五分。但屋子タルミ一尺四寸五分ノ長サ内ニテ一寸タルメニ致ヘシ。

【譯文】

一、梁架、墻壁木、細木如常規，而梁架瓜柱順序確定梁上承托桁的設置，其外如常規。兩山墻博風，圓桁中心墨線由外懸立。而歇山頂結構四界椽子數量，博風一共七根，前端包裹，長度用五份半，寬如大枓，指定四鋪作枓栱，二重梁，圖樣有駝峰。歇山頂正檁下是太平短梁，有圖樣。破風之闊，下面留以寸，厚度是椽子之直徑二份增加之，上面闊增加三份，下面有增加一點，前面七份半可以少些。歇山頂懸魚寬度是博風的中段二塊寬的一份，下面懸魚用八份半，其下桁隱之，懸魚陰陽相缺。歇山頂唐六曜形花將釘子隱藏。歇山頂屋頂板、角梁、裏板、墻壁防風如同常規。屋面瓦之防風，而一壟瓦釘三處，每處須丈量。歇山頂下八條垂脊之內，四條是從正脊下往屋檐方向，四條者右之下，從正脊安裝往戧角下垂，此也用常規瓦做。右八條脊之上神獸蹲坐，其形與貓相似，胸為蛇腹，雕刻附着毛髮，口有開與不開，有牙，前足站立，後足屈膝。瓦採用燒造的陶瓦，脊顧七寸五分。而屋脊下垂彎曲，一尺四寸五分之長度內，應當做一寸彎勢。

一、箱棟古老錢高サ三尺四寸五分、兩妻ガンギノ如ク箱棟疊ミ上ケ、上ノ方ヲ破风葺瓦ヨリモ、箱棟ノ上ノ方ヲ疊ミ出シ、下ヨリガンギ見ユル様ニ致スナリ。箱棟ノ下地ヲハ木ニテ致シ、上包ハ元来銕ニテ包事、ナレトモ瓦ニテモ不苦事也。同兩妻ニ鬼狄頭〔五五〕ヲ居ユ、其形ハ龍ニ似タリ、胸蛇腹鱗ホリ付、髮毛ソウニタチ毛筋ホリ付背同、尾ノサキ鱼ノ如ク、手前ヘ一ツ、後ヘ一ツ出ス。小角アリ、銕或瓦ニテモ造ル、但シ耳ハ無シ。角ニテ物ヲ聞ト云フ。頭ニ鳥威ノ角二本、銕ニテ、長サ九尺、上ノ方曲ラセ、枝ニ股宛付ケ、鳥ノトマリ得サル様ニ劔ノ刃ノ如クニ致スナリ。右箱棟ノ上兩妻ヘ狄頭ヲ望カセ居置ナリ。

【譯文】

一、正脊古老錢高度三尺四寸五分，兩山墻雁木相同，正脊疊其上面，上方又因博風而重疊瓦片，在正脊之上面重疊而出，因下面能看見雁木而樣式一致。正脊之下部用木一致，而上面用鐵包裹之法，雖然用瓦也並不難。正脊上兩端坐有吻獸，其形狀與龍相似，胸部雕刻蛇腹鱗，附着髮毛、爪子，天生自然的髮毛凹凸附背，其尾之末梢如魚尾，爪子前一隻；後一隻，出有小角，用鐵或瓦製造，但沒有耳朵。相傳被稱作：「角用物」。頭上有驅鳥之角二根，用長度九尺的鐵，上方加上蜿蜒曲折二枝杈，有利於招致鳥之停留在如劍刃之上。右正脊之上两吻兽望风坐置。

一、右瓦葺屋上、總シテ繼目ニ桐油シツクイヲカヒ。箱棟包ミノ銕ヲハ全ク桐油シツクイニテ塗ルナリ、イツマテモ朽損スルヿナシ〔五六〕。

【譯文】

一、右用瓦蓋屋頂上，全部介面用桐油石灰裹補。正脊包裹以鐵，並全部塗抹桐油石灰，永久不會朽損，平安無事。

一、丸桁ヨリ上ハ釘打ズ〔五七〕、チキリ或ハアリ、臍ヲ立テ、其時ニ見合堅ムヘシ。但シ丸桁ヨリ下ハ釘ニテ、モ苦カラサルナリ。

【譯文】

一、從圓桁上面釘釘不費力，或是有木銷，如肚臍突起，那樣應該能互為堅固。而在圓桁下面用釘，因辛苦而避之。

一、總堂廻リ塗様、三遍布ヲ衣黑漆ニ塗ル。同廻リニカケ戸取置ニ寄カケ立置ナリ。

【譯文】

一、全堂四周油漆樣式，用布裹三層塗抹黑漆。全堂四周門取下並靠在背陰處豎立放置（油漆時）。

一、捲蓬事

此ハ常ニハ取置、祭ノ時許取付ル物ナリ。高サ貳丈六尺、石ノ口ヨリ桁ノ上バマテ。柱ノ太サ一尺貳寸、四角柱ナリ。桁行ハ本堂ノ如ク、梁ノ間一丈四尺五寸。二軒ニ割ル七尺貳寸間ツヽナリ。本堂取付ノ方梁鼻出シ本堂ノ平桁ノ上ニカヽル内ノ方梁下明ケハナシ、外折廻シ、三方内ノリ貫一通リツヽ貫ノ上ハハメ下ハ明ケハナシナリ。屋上丸シ桁四通リ、小屋短有垂木。何レモ桁上ニテ繼メ仕合アリガケナリ。トマノ仕様、ハナヨ竹〔五八〕ニテ網代ニ組、縁皮アテ〔五九〕、桐油ニテシツクイ致シ、兩面共ニ塗リ。縁カハニコゼ取付垂木ニ懸合ス〔六〇〕ルナリ。但上ハ黒ク、下ハ内方朱色ニ桐油塗ナリ。

【譯文】

一、卷蓬事宜

卷蓬是平常拆取存放，祭祀之時才准許安裝之物。高度二丈六尺，從石之沿口到桁之上面。柱之直徑一尺二寸，四角柱。桁距如本堂，梁之間一丈四尺五寸。分為二間，每間面寬七尺二寸。本堂安裝之方梁如鼻突出，遠離本堂之平桁之上。裏面之方梁下無明榫，其外折回，三個方向之中，寬枋一根，枋之上是板壁，下面無明榫。屋上圓桁四根，梁架有諸椽子。各桁上連接懸掛要經過試裝。

簾子的作法，用花節竹作材料，邊皮高雅，用桐油做灰漿，兩面一起塗抹。採用古制將簾子邊緣懸掛在椽子頭上。而上為黑紅，下方裏面塗抹朱色桐油。

以上本堂。

此末皆造作ノ仕様ハ、本堂ヲ以テ本トス。ソレ故末々ニハ譬ヘハ總臺ノ高サ本堂ノ如ク、ト書シテ委細ニハ不書。前ヲ以可考合也。

【譯文】

以上本堂。

此末尾皆營造之做法，用本堂訂綴原來的書籍。因此，後人比喻柱礎高度如同本堂，與記述詳細的就不記錄，前面（內容）可用以考證。

【注釋】

〔一〕朱舜水《學宮圖説》是古代中國人所編著的九部建築專業著作之一。九部著作為：①春秋戰國，齊國人著《考工記》（工程營造技術）。②北宋，李誡主編《營造法式》（宮廷建築營造法式，《營造法式注釋》（卷上）梁思成著）。③元代，薛景石編撰《梓人遺制》（建築木作技藝，原書已佚，僅見於《永樂大典》）。④明代中葉，午榮編《魯班營造正式》（建築營造規制）。⑤明代末年，計成著《園冶》（園林營造法則，陳植注）。⑥清代康熙，朱舜水著《學宮圖説》（學宮建築營造制度）。⑦清代雍正十二年，工部頒定《工程做法則例》七十六卷（宮廷建築法式，梁思成著為《清式營造則例》）。⑧清代乾隆，李斗編《工段營造錄》（清代建築法式）。⑨清末民國初，姚承祖編撰《營造法源》（晚清時期江南建築營造法式，張至剛增補，劉敦楨校核）。

〔二〕大工尺：日本木匠尺。

〔三〕表：表面。表長，指面寬。

〔四〕軒：間，屋檐。這裏指間。

〔五〕ツ、：古語的文字形式。現代日語為：ずつ（づつ）【宛】：表示固定數量的重複，每，每個，每間。

〔六〕脇：側面。側面即為進深。

〔七〕ト云フ：古語。現代日語為：という【と言う】：叫做，稱為。

〔八〕古老錢：用筒瓦砌築屋脊的一種形式，為明代鏤空脊的標準樣式。這種鏤空紋樣也用在磚瓦疊砌的漏窗之上，明代計成《園冶》稱「連錢」（《園冶注釋》陳植注釋，中國建築工業出版社，一九八八年五月第二版，一八八頁）。清代稱「套古錢」。

〔九〕伏蓮華：為唐宋以降之覆蓮紋，大型建築柱礎覆盆雕刻紋飾。北宋《營造法式》有仰覆蓮華、鋪地蓮華等。

〔一〇〕丸桁：圓桁，這裏指檐桁。

〔一一〕臺：現代日語為，ダイ【台】：座，底，承載物體的座子或基礎。這裏指官式學宮建築柱礎上的圓形石礩。至於民間普通建築的柱礎，朱舜水另有説法。《舜水朱氏談綺·卷之下》云：「磉墩，圓形白色的石礩。其下面又墊有石，稱磉盤。」松江石匠至今稱石礩為「磉墩」、「石磉子」。

〔一二〕定ム、さだむ【定む】：古語。現代日語為さだ・める【定める】，意為決定，確定，選定，規定，制定。這裏指確定。

〔一三〕丸柱：圓柱，檐柱。

〔一四〕へシ、へし【何し】：古語。在這裏指應該，必須。

〔一五〕居石：古語，現代日語中無此詞彙。キョ【居】：意為坐。這裏指柱礎石。松江石匠今稱柱礎為「磉盤」、「磉皮」。日語中柱礎為：いしずえ【礎】：柱脚，柱石（應該指石礩）。又有そせき【礎石】：基石，柱脚石（指柱礎）。

〔一六〕垂木：椽子。飛遠：飛子、飛椽。扇垂木：角檐椽。地垂木：底椽。輪垂木（わだるき）：（現代日語稱打越垂木）彎椽，軒椽。

〔一七〕地覆：即地栿，又稱地伏，地扶，北宋《營造法式》名，為兩柱之間緊貼地面條形木構。古代木結構建築中具有防地震功能的構件之一。有的大型建築還作藏於地面以下的暗地栿，這種結構縱横連接，以增加整體強度。日本京都江戶時代的清水寺本殿建築是最為典型的例子。

〔一八〕ヒ千木、ヒチキ、肱木。古語。現代日語：ひじき【肘木】。《營造法式》稱：欂間。又指建築枓栱上的栱木。

〔一九〕小壁：即板壁，為建築枋、門楣、地栿之間的墻壁，以木板或磚砌。而《學宫圖説》中説的板壁，都以木為材料。

〔二〇〕ヒ貫：檐枋；又作比貫、ヒヌキ，皆為檐枋。枋子，為連接建築柱子的横向木構件。《營造法式》中，建築各部位的枋子都有不同的名稱。而在江戶時代日語中，除個別有專門名稱如：柱貫，即柱頭枋；腰貫，即腰枋，日語原意為木構架中部枋子；裝束貫，即額枋。其餘無論部位、大小，皆通稱貫。

〔二一〕組物出組：類似二跳五鋪作枓栱。

〔二二〕卷斗：小枓。

〔二三〕拳バナ：拳鼻，古語。現代日語中稱：きばな【木鼻】：指建築柱頂横欅突出部分。這裏是指枓栱上的構件要頭。要頭前後兩端外露並有雕飾，外端為螞蚱頭，裏端為麻葉頭。又為霸王拳。

〔二四〕組物、くみもの【組（み）もの】：枓栱，日語又作斗組。《舜水朱氏談綺·卷之下》云：「枓栱、マスカタ。」ますがた

【枅形·升形】：枓栱。北宋《營造法式》名為鋪作，是古建築延展出檐並向柱子均勻傳遞屋面重力的木結構，也起到裝飾作用。

〔二五〕カラ草、からくさ【唐草】：「唐草模樣」的略語。からくさもよう【唐草模樣】：植物曼藤圖案的曲線花紋。如古羅馬的曼藤圖案，撒拉遜的阿拉伯曼藤圖案。南北朝時傳入中國，唐代時傳入日本，故名唐草。中日兩國歷代沿用之。

〔二六〕臺輪：建築額枋之上的平板枋。

〔二七〕キリ、きり【桐】：毛泡桐。最早產於中國，後傳日本。玄參科落葉喬木。五月開紫色花，材質輕，不透氣，是製作傢具的良材。

〔二八〕ナレ𪜈：原文トモ為合體片假名，為古語。現代日語沿用為なれども，意為雖然……但是，然而。

〔二九〕角木：《營造法式》稱老角梁，子角梁。

〔三〇〕木負、きおい【木負】。椽子上承負飛椽的條形木構，《營造法式》稱為小連檐。

〔三一〕萱負：古語，當時又寫作カヤヲヒ。指飛椽頭上承負檐口的條形木構，《營造法式》稱為大連檐。

〔三二〕軒：這裏指屋檐。

〔三三〕通關柱：古語。又稱山柱，梁架中間從柱礎直通正檩的柱子。

〔三四〕裝束貫：古語，現代日語中無此詞彙。額枋，連接柱與柱之間的主要横向木結構。

〔三五〕平震：防震枋。在《營造法式》、《工部工程做法則例》中皆無此名詞。應該是朱舜水結合日本多地震的地理特徵，吸納當地建築實例中的部分構造，專門設計了防震枋。

〔三六〕打越、うちごゆ【打ち越ゆ】：古語。翻過，越過。

〔三七〕錦卷：古語。意為包袱錦，明代建築梁架彩繪圖案形式之一。明代中晚期，江南地區的大殿、廳堂建築梁架上普遍繪製包袱錦彩繪。這種彩繪一般在正檩、月梁上見之，其餘木結構部位如桁、枋、椽上之還繪製有木紋彩繪。

〔三八〕穿臍入違：古語。中日兩國古代建築書籍中無此詞彙。本意為穿臍交錯，這裏指平震枋的榫頭從木柱中部兩側交錯穿入，使柱子豎立牢固。而現代日本語中有「入違」，其意思是從一方那邊過來時，另一方從這邊過去。穿臍入違，是在建築的柱子中間從左右兩方穿入平震枋，以起到建築的防震作用。

〔三九〕唐破風、からはふ【唐破風】：歇山頂式屋面博風，具有裝飾、遮雨功能的建築構造。這裏指中國式博風。

〔四〇〕瀨戸燒：日本古代六大名窑之一。江戸時代初期，愛知縣瀨戸燒掌握著獨特的釉陶器燒造絕技，因此，幾乎壟斷了當時全日本的高端釉陶器。朱舜水在擬定《學宫圖説》時，憑着已在日本十年的生活經歷，熟知日本的地方名物，所以提出採用像瀨戸名窑同樣的陶瓦。

〔四一〕唐戸：中國式隔扇門。北宋稱格門，格木門。明清時期稱隔扇。

〔四二〕貓座：古語。門觀音，門臼。固定承托隔扇門軸的木構件。

〔四三〕下ノ小壁：隔扇裙板。北宋稱障水板，意為擋水，故俗稱擋板；又稱障板，即障礙之板；另有素板之稱。清代稱裙板。明清時期，松江府城内建築的隔扇裙板有兩層，外面一層為素板，可以稱之為障水板；而裏面是雕有圖案的裙板，松江工匠稱之為圖板。

〔四四〕青貝：即螺鈿。『舜水朱氏談綺·卷之下』の「螺鈿アヲガヒ」。現代日本語：あおがい【青貝】。明清之際，浙江寧波一帶盛行在傢具上鑲嵌螺鈿，而建築上並不常用，在江南現存明末官式建築上也未見。而朱舜水所談，必定是親眼所見。這裏，還可以看到朱舜水對家鄉名物的偏愛。

〔四五〕茂扉：隔扇。

〔四六〕鴨居、かもい【鴨居】：門框上部横木，門楣。

〔四七〕頭：機警披。為隔扇兩旁豎立的邊梃。

〔四八〕サン、せん【川】：江南建築古語，這裏指隔扇上的横木。北宋隔門中部横木稱腰串。明清時期官式建築隔扇上的横木稱抹頭，有七抹頭、六抹頭、五抹頭之説，朱舜水説的隔扇即為七抹頭。而江南蘇松地區稱抹頭為川。

〔四九〕小壁：這裏指條環板。北宋稱腰華板，簡稱腰板。明清時期稱條環板，俗稱套環板。江南地區稱夾堂板。現代，蘇州、松江依然稱之為夾堂板。

〔五〇〕銅罘罳：銅網。用銅絲繩做成的網。這種網遮掩建築的檐下木結構，以防止鳥類築巢。

〔五一〕入母屋：歇山式屋頂。

〔五二〕蛙胯：古語。現代日語常用「蟇股」，かえるまた【蛙股·蟇股】：駝峰，梁架上的頂柱，形如蛙腿。

〔五三〕太平短：三架梁、太平梁、太平短梁。是歇山式梁架最上端的短梁，北宋《營造法式》稱扒梁。太平梁，見於清代雍正工部《工程做法則例》，此書收錄了明代至清初的宮廷建築詞彙，而明代松江府有衆多工匠供役朝廷，故太平梁一詞，應該出自江南。而朱舜水就讀於松江府學，又將太平梁這個詞彙在先於《工程做法則例》之前帶到日本。

〔五四〕鬼龍子：古語。脊獸，一般安裝在屋頂戧脊以及垂脊下端。現代日語：おにがわら【鬼瓦】：屋脊端首之鬼頭瓦。

〔五五〕鬼犾頭：古語。殿宇正脊兩端的吻獸，江南明代稱鳶爪。《舜水朱氏談綺·卷之下》云：「鳶爪，鴟吻之類。形如龍，有枝杈三四，角用鐵製作，插在頭上。明朝時用之。」這是一種魚龍吻。

〔五六〕ヿナシ：原文コト為古語文字的合體片假名。ことなし【事無し】，古語，意為什麼事也不會發生，平安無事。

〔五七〕打ズ、【打ちす】：古語，意為不費力地做事，輕鬆地應付。

〔五八〕ハナヨ竹：古語，花節竹。現代日語中無此詞彙。

〔五九〕アテ：古語。あて【貴】：高貴的，尊貴的，高雅的。

〔六〇〕垂木ニ懸合スル：意為懸掛於椽子。是中國古代懸掛竹簾子的一種法式。朱舜水《學宮圖說》是依照了古法。現代日本仍然有在傳統建築椽子上懸掛竹簾子的做法。

尊經閣〔六一〕本堂後。

【譯文】

尊經閣 位於本堂後。

一、表長八丈。

此ヲ五軒ニ割ル、但シ兩脇二軒ハ一丈九尺六寸間ツツ、中三軒ハ一丈三尺六寸間宛。

【譯文】

一、面寬八丈。

此分為五間，而兩側兩間，每間一丈九尺六寸，當中三間每間一丈三尺六寸。

一、脇長五丈貳尺八寸。

此ヲ三架ニ割ル、但シ脇二架ハ一丈九尺六寸間宛、中一架ハ一丈三尺六寸間也。

【譯文】

一、進深五丈二尺八寸。

此分為三架，而側兩架，每架一丈九尺六寸，當中一架一丈三尺六寸。

一、總高六丈四尺九寸五分。古老銭上バヨリ伏蓮華下バマテ。

但シ高サ四丈八寸九分ハ。丸桁上ハヨリ伏蓮華下バマテ。

【譯文】

一、總高六丈四尺九寸五分。從古老錢上到覆蓮華下。

而高度四丈八寸九分。從檐桁上到覆蓮華下。

一、居石四角、同緣石總廻リ中仕切、共ニ本堂ノ仕方ノ如クナリ。

【譯文】

一、柱礎石四方形。與全部周圍沿口石的間隔，皆與本堂做法相同。

一、總臺高サ柱太サニテ九分取リ、内四分ハ伏蓮華ノ高サ同五分總臺ノ高サナリ共ニ如本堂。

【譯文】

一、全部石礩高度，取柱子直徑九份，其中四份為覆蓮華之高度，五份為石礩之高度，形狀皆與本堂相同。

一、柱太緣ガハ並ニ二階持ノ柱共ニ一尺三寸五分、但シ入ガハ柱太サ一尺六寸貳分共ニ丸柱也。

【譯文】

一、外側看面柱和二層持柱直徑皆為一尺三寸五分，而裏面側柱直徑為一尺六寸二分，皆為圓柱。

一、地覆高サ柱太サニテ九分取、同厚四分取リ。腰貫ヒ貫幅柱太サニテ七分取、厚三分取リ、柱貫幅柱ノ太サニテ八分取、厚サハ肱木ノセイホト鼻出シ、繪樣スヘシ。

【譯文】

一、地栿高度取柱子直徑九份，地栿厚取四份。中部枋子闊取柱子直徑七份，厚取三份，柱頭枋闊取柱子之直徑八份，突出正確的厚度是襻間木之大小，應當依圖樣。

一、腰屋子〔六二〕高サ定樣、高サ一丈九尺三寸八分、丸桁上バヨリ、伏蓮華ノ下ハマテ。内一尺一寸五分ハ丸桁ノ高サ、同其下ニ一尺一寸五分ノ小壁有リ、其下ニ幅九寸五分ノヒ貫有リ、同ヒヌキノ下バヨリ地覆ノ下ハマテ一丈六尺一寸三分有ルヲ、十ニ割リ、六ツヒ貫下バヨリ、腰貫ノ中墨ヘ當ル、同四ツハ腰貫ノ中墨ヨリ、伏蓮華ノ下バ迄。

【譯文】

一、腰檐高度定樣，高度一丈九尺三寸八分，從檐桁上，到覆蓮華之下。其中一尺一寸五分是檐桁之高度，其下面有闊一尺一寸五分的板壁，其下面有闊九寸五分枋子，從枋子之下到地栿之下，有一丈六尺一寸三分。分為十份，六份從枋子下開始，到腰枋子之中線。四份從腰枋子中線，迄至覆蓮華之下。

一、腰屋子丸桁上バヨリ切目緣〔六三〕上バ迄、七尺八寸九分也。腰屋上垂木カウバイ三寸四分ノカウバイ、五寸二分、軒ノ出バナ三尺九寸、丸桁中墨ヨリ、萱負外マテ。同カヤヲヒノソリカヤヲヒセハ二本半ナリ。

【譯文】

一、腰屋子從檐桁上到檐廊地板上，七尺八寸九分也。腰屋上椽子支撐板三寸四分，支撐板五寸二分。出檐三尺九寸，從檐桁中線到大連檐外側。出檐大連檐之起翹為二根半。

一、高欄ノ幅四尺九寸五分、柱中墨ヨリ、高欄中スミマテ。同高サ五尺、鉾木〔六四〕上バヨリ地覆下バマテ。鉾木丸シ、太サ六寸。平桁厚三寸、幅六寸、地覆太サ六寸、四方。同上下ニ小壁アリ、仕様ハ總高ヲ十割リ六ツ、下ノ小壁四ツヲ。上ノ小壁トス、同欄幹ノ短柱ノ太サ八寸、但シ四方柱也、短ノ頭蓮花、上へ一ツ、下ノ方へ一ツ、繪様見合ヘシ。高欄下ノ小壁何レモ萬字形、隔子ノ太サ貳寸四方宛ニ、組合ノ所ハ、長押〔六五〕合ニ致スナリ。同上ノ小壁油煙形ノスカシ、同廻リ玉ブチホリ付ケ。同中ニ兩面ニ黄連カラ草ホリ物有リ。

【譯文】

一、高欄之宽四尺九寸五分，从柱中线到高欄中四角。高欄高度五尺，從扶手木上到地栿下。扶手木為圓形，直徑六寸。平桁厚三寸，寬六寸，地栿粗細六寸，四方形。高欄上下面有板壁，作法是總高十份分为為六份，下面板壁用四份，上之板壁突出。高欄欄干之短柱粗細八寸，而四方形柱，短頭蓮花上一朵、下面一朵，要對照圖樣。高欄下之板壁也是萬字形，隔子之粗細二寸，每四方形組合之處，有長壓木相推擠。高欄上板壁油煙形之鏤空。高欄周圍附以雕刻玉斑紋。高欄之中兩面有黄蓮、唐草雕刻物。

【譯文】

一、上ノ重高サ一丈三尺六寸二分、丸桁上バヨリ切目緣上バマテ。切目緣ノ上バニ、柱太サニテ六分取リノ長押有リ。同柱貫下ニ七分取リノ長押有リ。同柱貫幅八分取リ、厚サ肱木ノセイ程。同ハナ出シ、繪樣アリ。其上ニ出組物アリ。同丸桁太サ一尺、垂木カウハイ四寸、カウバイ七寸五分。屋上タルミ六分、軒ノ長サ五尺七寸、丸桁中墨ヨリ萱負外マテ。破風丸桁ノ中墨ニ立ル、懸魚、蛙胯、二重梁、組物、シカイ垂木共ニ如本堂ナリ。

【譯文】

一、上之重樓高度一丈三尺六寸二分，從檐桁上到檐廊地板上。檐廊地板之上面，有取柱直徑六份之長壓木。上之重樓柱枋下面有取七份之長壓木。上之重樓柱枋寬取八份，厚度為襻間大小突出，有圖樣。其上面有五鋪作枓栱。上之重樓檐桁直徑一尺，椽子支撑木板四寸，支撑木板七寸五分。屋面彎曲六分。檐長度五尺七寸，從檐桁中線到大連檐。博風豎立於圓桁之中線，懸魚、駝峰、二重梁、枓栱、椽子皆如同本堂。

一、小屋組、屋上、箱棟等總テ如本堂ナリ。

【譯文】

一、梁架、屋面、屋脊等全部如本堂。

一、四方ニ二階下共二門四箇所宛、唐戸アリ、仕方ハ如常、立合様如本堂唐戸。但右ノ内一箇所ニハ兩方方立ニ貫木カスカイ、打貫木押通シ、錠ヲロシ置クナリ。

右ノ外立地割平妻其外、內室指圖二枚、同二階下共ニ木口繪圖二枚、別ニ圖シ詳其寸法ヲ出ス。此段ト引合セ委細ニ書記ス相考合ヘシ。事詳『圖説』。

【譯文】

一、四面二層下共做門四處，有中式門，做法如常規，立面式樣如本堂中式門。而右之內一處，兩面立橫木門吊鉤，釘推押橫木，設置鎖圈。

右之外為硬山墻。室內樣圖二幅，室內二層下斷面相同，另外製圖二幅，列出其詳細尺寸法式。此段舉例與詳細記錄相互考證。詳見《圖説》。

兩廡東西

【譯文】

兩廡東西兩廡

一、表長拾八丈。

此ヲ拾二軒ニ割ル、但シ九軒ハ一丈六尺間宛、三軒ハ一丈二尺間宛。

【譯文】

一、面寬十八丈。

此分為十二間，而九間每間一丈六尺，三間每間一丈二尺。

一、脇長二丈四尺。

此ヲ三架ニ割ル、但前一架ハ六尺間、殘二架ハ九尺間宛。

【譯文】

一、側長二丈四尺。

此分為三架，而前一架六尺，剩餘二架每架九尺。

一、總高三丈四尺。箱棟上バヨリ伏蓮華下バマテ。

但シ高二丈二尺六寸五分ハ。丸桁上バヨリ伏蓮華下バマテ。

【譯文】

一、總高三丈四尺。從正脊上到覆蓮華下。

而高二丈二尺六寸五分。从檐桁上到覆蓮華下。

一、居石四角、同緣石中仕切共ニ本堂ノ如ク。

【譯文】

一、柱礎石四方形，與沿口石間隔皆如同本堂。

一、總臺高サニテ柱太九分取リ、内四分ハ伏蓮華ノ高サ、同五分ハ總臺ノ高サ、仕方本堂ノ如ク。

【譯文】

一、石礩高度取柱子直徑九份，其中四份是覆蓮華之高度，五份是石礩之高度，做法如同本堂。

一、柱ノ太サ一尺三寸二分、廡ノ柱太サ一尺、皆丸柱ナリ。

【譯文】

一、柱子之直徑一尺三寸二分，廡之柱子直徑一尺，皆為圓柱。

一、地覆ノ高サ、柱太サニテ九分取リ、同厚四分取リ。腰貫ノヒヌキノ幅、柱太サニテ七分取、厚三分取。柱貫ノ幅、柱太サニテ八分取、厚サ肱木ノセイ程。同柱貫下ニ、兩面柱太サニテ七分取ノ長押有リ。

【譯文】

一、地栿之高度，以柱子直徑取九份，地栿厚度取四份。中部枋子之寬度，以柱子直徑取七份，厚度取三份。柱頭枋之寬，以柱子直徑取八份，厚度是襻間木之一致程度。柱頭枋下面，兩面有取柱子七份之長壓木。

一、高サ定樣ノ次第、柱頭ニ柱太サニテ八分取ノ柱貫有リ、其下ニ柱太サニテ七分取ノ長押有リ、其外長押ノ下バヨリ地覆ノ上マテヲ取、其ヲ十二割リ、四ツ地覆ノ上バヨリ、腰貫上バマテ、ト定メ、六ツハ腰貫上バヨリ、長押ノ下バマテトス。同前ノカワ一間、通リハ三拾間ハ、明ケハナシ、上ニ落シカケノ如ク。貫入小壁有リ。同ク長押ノ下ニ柱太サ程ノ小壁有リ、其下ニ柱太サニテ七分取ノ貫有リ、同厚サ三分取。同前ノカワ總唐戸右ノ七分取ノ貫下ニ、鴨居方立、付ケ立合樣並唐戸ノ割樣本堂ノ如ク。

【譯文】

一、高度定樣之順序，柱頭上有取柱子直徑八份的柱頭枋，其下面有取柱子直徑七份的長壓木。其表面從長壓木之下到地栿之上，其分為十份，取四份從地栿之上到腰枋子上，規定六份從腰枋子上到長壓木之下。前之側面一間，相通三十間，沒有窗戶，上面掛落相同。有枋子、板壁。長壓木之下面，有柱子直徑大小之板壁，其下面有取柱子直徑七份的枋子，厚度取三份。前之看面全部為隔扇，右面取柱子七份之枋子，下面門框竪立的位置，附上竪立樣式，隔扇之樣式與本堂相同。

一、三斗組物割樣本堂ノ如ク。同前軒ノ長サ三尺六寸、丸桁中墨ヨリ萱負ノ外マテ。後軒長四尺二寸、丸桁中墨ヨリ、萱負ノ外迄。垂木カウバイ六寸五分ノカウハイ七寸、切リ妻作リ。餘ハ圖ノ所ニ詳ニ書ス、平妻木口等ノ分可合見。

【譯文】

一、四鋪作枓栱，樣式如同本堂。前出檐長度三尺六寸，檐桁中線到大連檐之外側。後出檐長四尺二寸，檐桁中線到大連檐之外側。椽子支撑增加六寸五分的支撑增加到七寸。硬山頂造法。其餘圖之中詳細記錄，硬山墻斷面等之分，可互為參見。

戟門

【譯文】

戟門

一、表長八丈。

此ヲ五軒ニ割ル、但シ一丈六尺間宛ナリ。

【譯文】

一、面寬八丈。

此分為五間，而每間為一丈六尺。

一、脇長一丈八尺。

此ヲ二架ニ割ル、九尺間宛也。右表五軒ノ内、三軒ハ門兩脇一軒ツヽ、廻リハメナリ、入口一箇所開戸ナリ。戸カマチ〔六六〕太サ四寸七分、サン太サ四寸ナリ、サン數八本ツヽ、二枚開キ、貫木堅樣兩方立ニカスカヒ鉄物打、貫木指シ通シ、中メシ合頭ニ二重折セワガ鉄物打テ、上下ヨリヲリカケ中ニ唐錠〔六七〕ヲロシ置クナリ。

【譯文】

一、進深一丈八尺。

此分為二架，每間九尺。右表五間之內，三間是門，兩側各一間，周圍是板壁。入口一處開門，門框直徑四寸七分，有門穿，直徑四寸，門川數八根，二扇開啟。枋子堅硬，兩面豎立打制的鐵吊鉤，枋子榫眼通透，中間接縫合頭上面安裝二重折協調的打制鐵，在上下中間的位置懸掛中式鎖的鎖環。

一、總高三丈四尺五寸。古老錢上バヨリ伏蓮華下バ迄。

但シ高二丈一尺五寸ハ。丸桁上バヨリ伏蓮華下バ迄。

【譯文】

一、總高三丈四尺五寸。從古老錢上到覆蓮華下。

而高二丈一尺五寸。從檐桁上到覆蓮華下。

一、居石四角、同緣石總廻リ中仕切共ニ如本堂。

【譯文】

一、柱礎石四方形，與沿口石之間做法皆如同本堂。

一、總臺高サ，柱太サニテ九分取、内四分ハ伏蓮華ノ高サ、五分ハ總臺ノ高サ也、仕方如本堂。

【譯文】

一、全部石礩高度，取柱子直徑九份，其中四份是覆蓮華之高度，五份是全部石礩之高度。做法如同本堂。

一、柱太サ定樣ハ、廻リノ柱太サ間ニテ寸ヲ取リ、中柱四本ハ、太サ間ニテ一寸二分取リ、但シ桁行ノ間ニテ太サ定ムヘシ何レモ丸柱也。

【譯文】

一、柱子直徑定樣，回廊之柱子直徑間用寸取，中柱四根，直徑間取（大於他柱）一寸二分。而桁行之間用直徑確定各檐柱。

一、地覆高サ、柱太サニテ九分取リ、同厚サ四分取。腰貫ヒ幅、柱太サニテ七分取、厚三分取ル。

【譯文】

一、地栿高度，取柱子直徑九份，地栿厚取四份。腰枋寬度，取柱子直徑七份，厚取三份。

一、高サ定樣ハ、丸桁下ニ柱太サ二本ノ小壁有リ。其下ニヒ貫有リ、右ヒ貫下ヨリ地覆下ヲ取テ十二割リ、四ツハ、地覆下バヨリ腰貫上ハ迄、六ツハ腰貫上バヨリ、ヒ貫下バ迄ナリ。門左右一軒ツヽノ所、圓法ノ窻〔六八〕アリ、隔子ノ子丸シ、貫二通ツ有リ、内方メシ合ニ戸ヲタツル也。

【譯文】

一、高度定樣，檐桁下有柱子直徑兩根之板壁，其下有檐枋。右下檐枋到地栿下，分為十份，四份是地栿下到腰枋上，六份是腰枋上到檐枋下。門左右一間之處，有圓作窗，隔子為圓形紋。有枋子二通，裏面會合接縫，豎立門户。

一、垂木カウバイ四寸六分ノカウバイ七寸。軒長五尺五寸五分、丸桁中墨ヨリ萓負ノ外マテ。萓負ノ反萓負セイ一本半也。

【譯文】

一、椽子增加彎曲四寸六分之增加彎曲七寸。出檐五尺五寸五分。從檐桁中線到大連檐之外。大連檐之反大連檐規定一根半也。

一、入母屋作リ、破風立所、丸桁中墨ヨリ三尺立出シ、破風ノツラナリ。同妻ニ前包ノ上三閂、梁太平短、拳ハナ有リ。同箱棟古老錢ノ高サ二尺一寸、但シ疊ミ上ケ樣如本堂。餘平妻同內室見樣、木口繪圖、委細ニ圖ノ所ニ記ス、此ヲ以テ引合、可考見也。

【譯文】

一、歇山頂作，博風板立處，從檐桁中線立出三尺，為博風板之面。歇山頂山花博脊之上，有四鋪作枓栱、太平短梁、霸王拳。歇山頂正脊古老錢之高度二尺一寸，而疊砌樣式如同本堂。其餘平山墻同內室樣式，斷面圖、詳圖之所記，用此可以互為參考。

【注釋】

〔六一〕尊經閣：學宮建制的一部分。為學宮藏書樓，藏六經、寶御書、集百家子史，供儒家弟子閱覽的場所。相當於現代學校的圖書館。明代崇禎《松江府誌》記松江府學宮有藏書閣。

〔六二〕腰屋子：建築的腰檐，樓閣底層屋檐。

〔六三〕切目緣、きりみえん【切（り）目緣】：日本建築中地板直鋪的套廊。這裏指重樓回廊的地板。

〔六四〕鉾木：古語。ボウ【鉾】：長矛。本意為長矛柄，這裏指欄杆扶手木。

〔六五〕長押、なげし【長押】：橫木板條，日本建築中柱與柱之間的橫木。

〔六六〕カマチ、かまち【框】：日本建築遮蓋地板廊邊的裝飾木條，門框，拉門和窗戶的邊緣木條。

〔六七〕唐錠：中國式門鎖。

〔六八〕圓法ノ窻：圓作窗。

大門　中門ハ常ニハ不通、孔子ノ牲ヲ引キ入ル時バカリ通ル也。總シテハ東角西角門バカリ通ル事ナリ。

【譯文】

大門　即中門，平時不能通行，只有在祭祀孔子的牲畜引入時可通行。日常皆從東南角、西南角門通行。

一、表長八丈。

此ヲ五軒ニ割ル、但シ一丈六尺間宛也。

【譯文】

一、面寬八丈。

此分為五間，而每間一丈六尺。

一、脇長三丈。
此ヲ二架ニ割ル、一丈五尺間宛也。右表五軒ノ内、三軒ハ門、左右一軒ツヽハ、廻リハメ、入口一箇所開戸有リ。如戟門。

【譯文】

一、進深三丈。
此分為兩架，每間一丈五尺。右立面五間之內，三間是門，左右各一間的周圍入口有一處窗戶。如同戟門。

一、總高サ四丈三尺五寸。古老錢上バヨリ伏蓮華下バ迄。
但シ高二丈四尺七寸五分八。丸桁上バヨリ伏蓮華下バ迄。

【譯文】

一、總高四丈三尺五寸。從古老錢上到覆蓮華下。
而高二丈四尺七寸五分。從檐桁上到覆蓮華下。

一、居石四角、仕方如戟門。

【譯文】

一、柱礎石四方形，做法如同戟門。

一、總臺高サ、仕方同上。

【譯文】

一、石礩高度、做法同上。

一、地覆高サ、仕方同上。

【譯文】

一、地栿高度、做法同上。

一、高サ定樣、丸桁ノ下、小壁割樣並門、圓法ノ窗等皆如軷門。

【譯文】

一、高度定樣，檐桁下板壁樣式，以及門、圓作之窗等皆如同軷門。

一、柱太サ定樣、廻リ柱ノ太サ一尺六寸八分、但シ中柱四本ハ、太サ一尺九寸二分、共ニ丸柱也。

【譯文】

一、柱子直徑定樣，周邊之柱子直徑一尺六寸八分，而中柱四根，直徑一尺九寸二分，皆為圓柱。

一、垂木カウバイ、五寸ノカウバイ七寸五分。軒ノ長サ五尺八寸五分、丸桁中墨ヨリ萱負ノ外マテ。同萱負ノ反萱負ノセイ一本八分也。

【譯文】

一、椽子支撐重疊，五寸之支撐重疊為七寸五分。出檐長度五尺八寸五分，從檐桁中線到大連檐外側。出檐大連檐之反大連檐規定一根八分。

一、入母屋作リ、破風立所、中墨ヨリ一尺二寸立出シハフノツラナリ。同シガイ垂木破風共二五本打、同妻二前包ノ上二三斗、梁太平短、拳バナ有。同箱棟古老錢ノ高サ三尺、但シ疊様ハ如本堂。餘平妻同内室ノ見様、木口等圖ニ詳ニ記ス、可合見。

【譯文】

一、歇山頂作，博風板豎立處，從圓桁中線立出一尺二寸，博風板之面。歇山頂椽子、博風板一共釘五根。歇山頂山花博脊之上，有四鋪作枓栱、太平短梁、霸王拳。歇山頂正脊古老錢之高度三尺，而疊砌様式如同本堂。

其餘平山墻同內室之様式，斷面等圖中詳細記錄，可以互相参考。

明倫堂

【譯文】

明倫堂

一、表長七丈一尺四寸。

此ヲ五軒ニ割ル、一丈四尺二寸八分間宛ナリ。

【譯文】

面寬七丈一尺四寸。

此分為五間，每間一丈四尺二寸八分。

一、脇三丈五尺七寸九分。

此ヲ五架ニ割ル、左右二架ハ七尺五寸間ツヽ、中三架ハ六尺九寸三分間ツヽ。

【譯文】

一、進深三丈五尺七寸九分。

此分為五架，左右兩架每架是七尺五寸，中間三架每架是六尺九寸三分。

一、總高サ四丈七尺七寸。古老錢上バヨリ伏蓮華下バマテ。

但高サ二丈三尺七寸八、丸桁上バヨリ伏蓮華下バマテ。

【譯文】

一、總高度四丈七尺七寸。從古老錢上到覆蓮華下。

而高度二丈三尺七寸。從檐桁上到覆蓮華下。

一、居石仕方如本堂。

【譯文】

一、柱礎石如本堂。

一、總臺高サ仕方如本堂。

【譯文】

一、全部石礩高度和做法如同本堂。

一、柱太サ、緣カハ入頬共ニ一尺六寸二分、何レモ丸柱也。

【譯文】

一、柱子直徑，邊側、看面皆一尺六寸二分，各檐柱。

一、地覆ノ高サ柱太サニテ九分取リ、厚サ四分取リ、腰貫ヒ貫幅、柱太サニテ七分取、厚三分取、柱貫幅太サニテ八分取リ、厚サハ肱木ノセイ程ハナ出シ、繪樣致スヘシ。

【譯文】

一、地栿高度取柱子直徑九份，厚度取四份，中部枋子寬度取柱子直徑七份，厚取三份，柱頭枋寬度取柱子直徑之八份，厚度是襻間木之大小正確突出，應當依圖樣。

一、高サ定樣、柱貫ノ下ニ柱太ミ程ノ小壁有リ。其下ニヒ貫有リ、同腰有リ。ヒ貫ノ下バヨリ地覆上バヲ十割リ、四ツハ地覆ト腰貫ノ間小壁ニ用ユ、六ツハ腰貫トヒ貫ノ間小壁ニ用ユ。同小壁ノ厚サ腰貫厚サヲ三ツニ割リ一ツ分也。

【譯文】

一、高度定樣，柱子額枋下有柱子直徑大小板壁。其下有檐枋。有腰枋，從檐枋之下到地栿之上分割，四份用於地栿與腰枋之間板壁；六份用於腰枋子與檐枋之間板壁。同樣，板壁的厚度是枋子的厚度的三分之一。

一、平桁ノ厚サ肱木ノセイ程、幅ハ柱ホト鼻出シ、繪樣如本堂。

【譯文】

一、平桁的厚度是襻間木的相同大小，寬度为柱子大小突出，圖樣如本堂。

一、組物出組割リ如本堂。

【譯文】

一、五鋪作枓栱配置如同本堂。

一、地ノ垂木カウバイ三寸六分、飛遠カウバイ貳寸五分。軒長サ六尺三寸、丸桁中墨ヨリ萱負外マテ。同萱負ノ反カヤヲヒノセイ貳本半ナリ、カウバイ七寸五分タルミ六分ナリ。

【譯文】

一、底之椽子交叉重疊三寸六分、飛椽交叉重疊二寸五分。出檐長度六尺三寸，從檐桁中線到大連檐外。同樣，大連檐之反大連檐有二根半。交叉重疊七寸五分，彎曲有六分。

一、入母屋作リ、破風立所、丸桁外ノツラ破風ノ外ト合スヘシ。シカヒ垂木數破風共ニ七本、同妻ニ前包ノ上ニ三ツ斗、梁太平短、拳バナ。箱棟古老錢ノ高サ三（尺）、仕方皆如本堂。餘同内室平妻見樣、木口等圖ニ詳ナリ、可合見。

【譯文】

一、歇山頂作，博風立處，圓桁外的貫通博風之外，與之匯合。華美椽子、博風數共七根。山花博脊之上四鋪作枓栱、太平短梁、霸王拳。正脊古老錢之高度三尺，做法皆如本堂。其餘同室内平山墻樣式、斷面等圖上詳細，可參見。

鐘樓

【譯文】

鐘樓

一、總間一丈八尺、四方、但シ二軒ニ割、九尺間宛。同入頬一丈二尺ヲ二間ニ割ル六尺間ツヽ也。

【譯文】

一、總面寬一丈八尺，四方，而分為二間，每間九尺。進深一丈二尺分為二間，每間六尺。

一、總高サ三丈六寸。古老錢上バヨリ伏蓮華下バマテ。但シ高サ貳丈一尺六寸ハ。地覆下バヨリ伏蓮華下バマテ。

【譯文】

一、總高度三丈六寸。從古老錢上到覆蓮華下。而高度二丈一尺六寸。從地栿下到覆蓮華下。

一、居石ノ仕方、總廻リ入頬、共ニ如本堂。

【譯文】

一、柱礎石之做法，全部周側面，皆如同本堂。

一、總臺ノ仕方如本堂。

【譯文】

一、全部石礩的做法如同本堂。

【譯文】

一、柱ノ太サ七寸五分、同入カハノ柱ハ九寸、共ニ丸柱也。

【譯文】

一、柱之直徑七寸五分，側面的柱子九寸，皆為圓柱。

一、地覆ノ高サ、取樣、皆如戟門。

【譯文】

一、地栿之高度、取樣皆如戟門。

一、腰屋上高サ定樣ハ、腰屋上高サ一丈一尺三寸、丸桁上バヨリ、伏蓮華下バマテ。丸桁下ニ太柱一本程ノ小壁有リ、其下ニ柱ニテ七分取ノ比貫有リ、其下ニ鴨居有リ。地覆下バヨリ鴨居下バヲ十ニ割リ、四ツハ鴨居下バヨリ敷居〔六九〕上バマテ、六ツハ地覆ノ下バヨリ閾〔七〇〕ノ下バ迄、閾ト地覆ノ間小壁有リ。

【譯文】

一、腰屋上高度定樣，腰屋上高度一丈一尺三寸。從檐桁上到覆蓮華下，檐桁下面有一根柱子大小的板壁，其下面有取柱之七份的檐枋。其下面有門楣。從地栿下到門楣下，是十份之四份，從門楣下到地板上，六份是從地栿之下到門檻下。門檻與地栿之間有板壁。

一、腰屋上垂木カウバイ四寸ノカウバイ五寸五分、軒ノ長サ三尺、丸桁中墨ヨリ萱負ノ外迄。

【譯文】

一、腰屋上椽子增加彎曲四寸的增加彎曲五寸五分。出檐的長度三尺，從檐桁中線到大連檐之外。

一、上ノ重高サ七尺二寸。丸桁上バヨリ、切目緣上バマテ。同丸桁ノ下ニ柱一本ノ小壁アリ、其下ニ鴨居有リ。切目緣上バニ柱ノ太サニテ五分取ノ長押アリ。垂木カウバイ六寸ノカウバイ七寸五分。軒長三尺三寸、丸桁中墨ヨリ萱負ノ外迄。同カヤヲヒノ反カヤヲヒセイ貳本也。

【譯文】

一、上之重樓高度七尺二寸。從檐桁上到套廊地板上。同樣，檐桁之下，有一根柱子直徑的板壁，其下面有門楣。套廊上面有取柱之直徑五分的横木。椽子增加彎曲六寸之增加彎曲七寸五分。出檐三尺三寸，從檐桁中線到大連檐之外。同樣，大連檐之反大連檐有二根。

一、高欄ノ幅二尺二寸五分、高欄ノ高サ割樣ハ如常。同短柱頭ノ刻樣、圖ニ詳ナリ。故ニ畧ス。

【譯文】

一、高欄之寬二尺二寸五分，高欄之高度樣式如同常規。欄杆短柱頭之雕刻樣子，圖中詳細，因此述略。

一、入母屋作リ、破風立所、丸桁中墨ヨリ一尺五寸、破风ノツラニ立出ス。但シシカイ垂木破風共ニ三本。同前包其上ニ木隔子ノ窻有リ。同箱棟ノ高サ一尺五寸、同古老錢疊ミ上ケ樣ハ如本堂。餘平妻木口割圖ニ詳ニ記ス。

【譯文】

一、歇山頂作，博風立處，從圓桁中線開始一尺五寸，博風之表面突出。而華美椽子、博風一共三根。歇山頂博脊上面，有木隔子窗。正脊之高度一尺五寸，正脊古老錢疊砌樣式如同本堂。

其餘山墻斷面樣式，圖中詳細記錄。

鼓樓

【譯文】

鼓樓

一、右總シテ高サ共サニ作リ、樣皆同鐘樓。但シ鐘樓ニハ屋上裏アリ、鼓樓ニハ天井アルマテナリ。圖ニテ可合見。

【譯文】

一、右總高度為相同做法，式樣皆與鐘樓相同。而鐘樓裏面有房間，鼓樓裏面只有天井。圖上可參見。

中軍廳 明倫堂ニテ事ヲ行フ時重キ官人ノ支度スル所ナリ。

【譯文】

中軍廳 明倫堂為舉行事宜時重要官員之準備之處。

一、表三丈六尺。

此ヲ四軒ニ割ル、但シ九尺間宛。

【譯文】

一、面寬三丈六尺。

此分為四間，而每間九尺。

一、脇一丈八尺。

此ヲ三架ニ割ル、六尺間宛也。

【譯文】

一、進深一丈八尺。

此分為三架，每架六尺。

一、總高サ三丈六寸。箱棟上バヨリ伏蓮華下バマテ。

但高サ一丈八尺九寸ハ。地覆下バヨリ丸桁上バマテ。

【譯文】

總高度三丈六寸。从正脊上到覆蓮華下。

而高度一丈八尺九寸。从地栿下到檐桁上。

一、居石四角、仕方如本堂。

【譯文】

一、柱礎石四方形，做法如同本堂。

一、總臺高サ仕方如同上。

【譯文】

一、全部石礩高度、做法如同上。

一、柱ノ太サ、總廻リ入頬共二一尺三寸五分、丸柱也。

【譯文】

一、柱之直徑，全部周側面皆為一尺三寸五分，圓柱。

一、地覆ノ高サ取様、柱太サニテ九分取リ、厚サ四分取リ、腰貫比貫ノ幅、柱ノ太サニテ七分取リ、厚サ三分取リ、柱貫幅柱太サニテ八分取、厚サハ肱木ノセイ程ハナ出シ、繪様アリ、但シ三ツ斗ノ組物割様如本堂。

【譯文】

一、地栿的高度取様，取用柱子直徑九份，厚度取四份。腰枋、檐枋之寬度，取柱子之直徑七份，厚取三份。柱枋寬取柱子直徑八份，厚度突出为襻間木的大小，有圖樣。而四鋪作枓栱式樣如同本堂。

一、高サ定様、一丈八尺九寸、柱貫ノ下ニ柱一本ノ小壁アリ。下ニ比貫アリ、比貫下バヨリ地覆上ハヲ十二割リ、四ツハ、地覆ノ上バヨリ腰貫ノ下バ迄、六ツハ腰貫ノ上バヨリ比貫ノ下バマテ、同垂木カウバイ六寸ノカウバイ七寸、但内室ノカウバイ四寸。軒ノ長サ五尺一寸、丸桁中墨ヨリ萱負ノ外迄。切リ妻〔七一〕作リ也。外ハ圖ニ詳ナリ。

【譯文】

一、高度定様，一丈八尺九寸，柱枋下面有一塊柱子直徑大小的板壁。下面有檐枋，從檐枋下到地栿上之分割，四份從地栿之上到腰枋下；六份是從腰枋之上到檐枋之下。同樣，椽子增加彎曲六寸之增加彎曲七寸。而內室增加彎曲四寸。出檐長度五尺一寸，從檐桁中線到大連檐外。為硬山墻作。其餘圖中有詳細。

旗鼓廳

【譯文】

旗鼓廳 同上右造樣丈尺、皆如中軍廳。

同上右造樣尺寸，皆如中軍廳。

學舍〔七二〕

學舍ハ學生ノ寮ナリ。第一依仁斎ト云、其次キヲ據德斎ト云、右二ツハ學問成就、身修タル人ノ寮ナリ、遊藝斎ハ諸藝ヲ習フ人ノ居所ナリ。初學ノ者ヲハ、志道斎ニ居クナリ。

【譯文】

学舍

學舍是學生的宿舍。第一稱「依仁齋」。其次稱「據德齋」。右二處「學問成就」是修身養性者的宿舍；「遊藝齋」是學習諸藝者的居所。初學者居住「志道齋」。

一、表長二丈。此ヲ二拾軒ニ割ル、但シ六尺間宛也。

【譯文】

一、面寬二丈。此分為二十間，而每間為六尺。

一、脇一丈八尺。此ヲ三架ニ割ル、但シ六尺間宛也。

【譯文】

一、側一丈八尺。此分割為三架，而每架六尺。

一、總高サ三丈一尺二寸。箱棟上バヨリ伏蓮華下バ迄。

但シ高サ一丈八尺七寸五分ハ。丸桁上バヨリ地覆下バ迄。

【譯文】

一、總高度三丈一尺二寸。從屋脊上到覆蓮華下。

而高度一丈八尺七寸五分。從檐桁上到地栿下。

一、居石ノ仕方。

【譯文】

一、柱礎石的做法。

一、總臺ノ高サ割様。

右仕方如本堂。

【譯文】

一、全部石磸之高度樣式。

右做法如本堂。

一、柱太サ一尺二寸、總廻リ中仕切共二、但丸柱ナリ。

【譯文】

一、柱直徑一尺二寸，全部範圍中間隔相同，而為圓柱。

一、地覆高サ割様並ニ三ツ斗組物如中軍廳。

【譯文】

一、地栿高度樣式和三料料栱如同中軍廳。

一、高サ定様、次第如前、但軒長サ五尺一寸、丸桁中墨ヨリ萱負ノ外迄。同萱負ノ反カヤヲヒノセイ一本ナリ。同垂木カウバイ三寸五分ノカウバイ七寸也。

【譯文】

一、高度定樣，順序同前。而出檐長度五尺一寸，從檐桁中線到大連檐之外。同樣，大連檐之反大連檐有一根。出檐椽子交叉重疊三寸五分的交叉重疊七寸。

一、妻入母屋作リ、前包有リ、其上ニ三ツ斗ノ組物、梁太平短、拳ハナ有リ。同破風立所、丸桁中墨ヨリ破風面迄、二尺二寸立出シ、同シカヒ垂木數、破風共二四本也。

餘平妻木口圖ト引合可見也。

【譯文】

一、山墻歇山頂作，有博脊，其上面有四鋪作枓栱、太平短梁、霸王拳。同樣，博風板立處，從圓桁中線到博風板面，二尺二寸立出。同樣，華美椽子數、博風共四根。

其餘平山墻斷面與圖可互相參見。

【注釋】

〔六九〕敷居、しきい【敷居】：草席、地板。門檻。

〔七〇〕閾：古語。イキ【閾】：門檻。

〔七一〕切り妻、きりづま【切り妻】：硬山頂式山墻。兩面坡屋頂建築的山墻。

〔七二〕學舍：一九八六年，南京市在維修學宮明德堂（大成殿）時，根據史籍記載修復了學舍「志道」、「據德」、「依仁」、「遊藝」四齋。而各地學宮學舍名稱不盡相同。如山西平遥文廟學舍稱：「日新齋」、「時習齋」等。

儀門

明倫堂ニテ事アル時ハ、東西門ヲ通ル。常ニハ儀門ヲ通ルナリ。

【譯文】

儀門　明倫堂舉行事宜時，從東西門通行。日常從儀門通行。

一、表七丈一尺四寸。

此ヲ五軒ニ割ル、但シ一丈四尺二寸八分間ツヽ。

【譯文】

面寬七丈一尺四寸。

此分為五間，而每間一丈四尺二寸八分。

一、脇一丈八尺。

此ヲ二架ニ割ル、但シ九尺間ツヽ。

【譯文】

進深一丈八尺。

此分為二架，而每間九尺。

一、高サ二丈七寸。丸桁上ハヨリ地覆下ハ迄。

【譯文】

一、高二丈七寸。從檐桁上到地覆下。

右何レモ造様ノ仕方如戟門也。

【譯文】

右各部份營造樣式之做法如同戟門。

進賢樓

【譯文】

進賢樓

一、表七丈一尺四寸。

此ヲ五軒ニ割ル、但シ一丈四尺二寸八分間宛。

【譯文】

一、面寬七丈一尺四寸。

此分為五間，而每間一丈四尺二寸八分。

一、脇二丈八尺八寸。

此ヲ二架ニ割ル、但シ一丈四尺四寸間宛也。

表五軒之內三軒ハ門左右二軒ハハメナリ。

【譯文】

一、進深二丈八尺八寸。

此分為二架，而每間一丈四尺四寸。

看面五間之內，三間是門，左右二間為板壁。

一、總高サ五丈四尺三寸。古老錢上バヨリ伏蓮華下バ迄。

但シ高三丈三尺六寸ハ。丸桁上バヨリ伏蓮華下バ迄。

【譯文】

一、總高度五丈四尺三寸。從古老錢上到覆蓮華下。

而高三丈三尺六寸。是從檐桁上到覆蓮華下。

一、居石四角、仕方如前。

【譯文】

一、柱礎石四方形，做法與前面相同。

一、總臺高取樣同上。

【譯文】

一、全部石礩的高度、樣式同上。

一、柱太サ一尺九寸二分、但シ中柱四本ハ、廻リ柱太サニ二分增シナリ。

【譯文】

一、柱子直徑一尺九寸二分，而四根中柱，比周圍柱子直徑增加二分。

一、地覆高サ、取樣如前。

【譯文】

一、地栿高度、樣式與前面相同。

一、高サ定樣ハ、切目緣ノ上バヨリ、地覆下バ迄、一丈九尺五分。同緣頭有リ、其下ニ出組ノ組物有リ。同柱貫ノ下ニ柱一本ノ小壁アリ、下ニ比貫有リ、比貫下バヨリ、地覆上バヲ取テ十ニ割リ、四ツハ地覆ノ上バヨリ、腰貫ノ中墨ニ定ム、六ツハ腰貫ノ中墨ヨリ比貫下バヘ當ツヘシ。

【譯文】

一、高度的定樣，從回廊地板上到地栿下，一丈九尺五分。回廊有邊頭，其下面有五鋪作枓栱。柱頭枋之下有一根柱子大小之板壁，下面有柱子直徑大小的檐枋。從檐枋下到地栿上分為十份，四份是從地栿之上到腰枋的中線來確定；六份必定是從腰枋的中線到檐枋之下。

一、上ノ重高サ定様一丈四尺五寸五分、丸桁上バヨリ、切目縁ノ上バ迄。丸桁下ニ出組ノ組物アリ、組物ノ割様ハ如本堂。同柱貫有リ、下ニ柱ニテ六分取ノ長押有リ、下ニ鴨居有。同切目縁ノ上バニ柱ニテ六分取ノ長押アリ。

【譯文】

一、上之重樓様式，高度一丈四尺五寸五分，從檐桁上到回廊地板上。檐桁之下面有五鋪作枓栱，枓栱的分布様式如同本堂。重樓有柱頭枋，下面有取柱子直徑六份的長壓木，下有門楣。重樓回廊地板上有取柱子直徑六份的長壓木。

一、高欄ノ幅三尺九寸、同高欄ノ割様ハ如常。

【譯文】

一、高欄的寬度三尺九寸，高欄的分隔様式如常規。

一、軒ノ長六尺、丸桁中墨ヨリ萱負ノ外迄。同萱負反カヤヲヒノセイ二本也。同垂木カウバイ三本六分ノカウバイ、七寸五分タルミ五分。

【譯文】

一、出檐長六尺，檐桁中線到大連檐之外。出檐大連檐反大連檐之相同兩根。出檐椽子支撑重疊三根，六分的支撑重疊，七寸五分彎曲五分。

一、妻入母屋作リ、前包ノ上ニ、三ツ門ノ組物、繪様梁太平短、拳ハナ有リ。同破風立所、丸桁外面ニ、同破風ノ外ニ立ヘシ、同シカヒ垂木數破風共ニ七本。古老錢ノ高サ三尺、右仕方ハ如本堂。

餘平妻內室並ニ二階下木口ノ仕方圖ニ詳ニ記ス、引合テ可見。

【譯文】

一、山墻為歇山頂式造法。博脊之上面有四鋪作之枓栱，圖樣有太平短梁、霸王拳。歇山頂博風豎立處，圓桁外面與博風板之外立面必須相等，華美椽子數、博風板共七根。古老錢的高度三尺，做法如同本堂。其餘硬山墻室內二層下面斷面的做法，圖上詳細記錄，可互為參見。

金鼓亭

一、表一丈二尺。

此ヲ二軒ニ割ル、但シ一軒六尺間ツヽ。

一、脇九尺。

此ヲ二架ニ割ル、但シ四尺五寸間ツヽ。

一、總高サ二丈一尺四寸五分。箱棟上バヨリ土臺下ハ迄。

但シ高一丈四尺四寸ハ、桁上バヨリ土臺下ハ迄。

一、柱太サ九寸、何レモ丸柱也。比貫ノ幅柱太サニテ七分取リ、厚三分取。同桁ノ下ニケイ〔七三〕有リ、其下ニ柱一本ノ小壁有リ、其下ニ比貫アリ。同土臺高サ九寸六分、幅モ同シ程ナリ、裏頬ハメ兩脇ノ間中敷居前ハ明ケハナシ。

一、兩脇ノ間ニ土臺上バヨリ、柱程ノ小壁有リ、其上ニ敷居有リ。同敷居ノ厚サ柱ノ太サニテ三分取、幅ハ柱程ナリ。

一、垂木カウバイ六寸五分、ノカウバイ七寸、タルミ三分也。

一、切妻作リソバ、軒長サ三尺三寸、其內ニ破風共ニ五本、同破風ノ幅九寸、但シ上ヘ四分增シナリ。妻ノ短椎ノ實形。同箱棟ノ高サ一尺八寸、仕方ハ兩廡ノ棟ノ如ク。
餘ハ圖ニ詳ニ記ス。

【譯文】

金鼓亭

面寬一丈二尺。

此分為二間，而每一間在六尺之間。

進深九尺。

此分為二架，而每間四尺五寸。

一、總高度二丈一尺四寸五分。從正脊上到土臺基下。而高度一丈四尺四寸。從桁上到土臺下。柱子直徑九寸，各圓柱也。檐枋的寬度取柱子直徑七份取，厚三份取。檐桁之下有枓栱，其下面有一根柱大小的板壁，其下有檐枋。土臺高度九寸六分，寬度也大小相同，裏面兩側之間中地板前沒有開端。

一、兩側之間，土臺上開始，有柱子直徑的板壁，其上面有地板。地板的厚度取柱子直徑的三份，寬度是柱子直徑大小。

一、椽子支撑重疊六寸五分至支撑重疊七寸，彎曲三分。

一、硬山頂造法，出檐長三尺三寸，其內博風共五根，博風板的寬度九寸，而往上要增加四分。山墻之短椎之實形。屋頂正脊之高度一尺八寸，做法與兩廡的屋脊相同。

其餘圖上詳細記錄。

掌號
一、表脇何レモ造樣ハ如金鼓亭。
但高サハ一丈二尺九寸。土臺下バヨリ丸桁上バ迄。

【譯文】
掌號
一、面寬、進深、各營造樣式如同金鼓亭。
而高一丈二尺九寸。從土臺下到檐桁上。

射圃在本堂左、大射禮〔七四〕、鄉飲酒此所ニテ行フトリ、鄉飲酒〔七五〕モ弓イル時バカリ、射圃ニテ行フ弓イザル、時ハ明倫堂ニテ行フナリ。
一、表七丈一尺四寸。
此ヲ五軒ニ割ル。但シ一丈四尺二寸八分間宛。
一、脇三丈六尺。
此ヲ五架ニ割ル。但前後縁頰〔七六〕ハ七尺五寸間ツヽ、中三架ハ七尺間宛。
一、總高サ四丈四尺四寸。古老錢上バヨリ伏蓮華下バ迄。
但シ高一丈二尺九寸五分ハ、地覆下バヨリ丸桁上バ迄。
一、居石仕方。
一、總臺高サ。　右如本堂仕方。
一、柱太サ緣カハ入頰共ニ一尺六寸二分、丸柱也。
一、地覆ノ高サ柱ノ太サニテ、取樣如中軍廳。
一、高サ定樣如前。

一、平桁厚サ肱木ノセイ程、幅柱太サ程ハ出シ、繪様如本堂。
一、組物三ツ門、割様ハ皆如本堂。
一、垂木カウハイ三寸八分、軒ノ長サ六尺四寸五分、丸桁中墨ヨリ萱負ノ外迄、同萱負ノ反カヤヲヒセイ二本也、ノカウバイ七寸五分タルミ六分。
一、入母屋作リ、破風立所、丸桁外ノツラ破風ノ外ト合セテ立ヘシ、同シカヒ垂木數破風共ニ七本。同妻ニ前包ノ上ニ、三ツ門組物、梁太平短、拳ハナ有リ。同古老錢ノ高サ二尺七寸五分、但疊様ハ如本堂。餘平妻内室見様、木口ノ亙圖ニ詳ニアリ。

【譯文】

射圃 在本堂左邊，大射禮和鄉飲酒禮在此處舉行。只有鄉酒飲禮和射箭競賽時，在射圃進行射箭競技。有時在明倫堂進行。

一、面寬七丈一尺四寸。
此分隔為五間。而每間一丈四尺二寸八分。
一、進深三丈六尺。
此分隔為五架。而前後邊面每架七尺五寸，中間三架每架七尺。
一、總高度四丈四尺四寸。從古老錢上到覆蓮華下。
而高度一丈二尺九寸五分。從地伏下到檐桁上。
一、柱礎石做法。
一、全部石磌高度，右如本堂做法。
一、柱子直徑邊緣側面一共一尺六寸二分，圓柱。
一、地栿高度取柱子直徑，樣式如中軍廳。
一、高度定樣和前面相同。

一、平桁厚度規定是栱木的大小，寬度比柱子直徑突出，圖樣如同本堂。

一、枓栱為四鋪作，枓栱位置樣式皆如本堂。

一、椽子支撐重疊三寸八分，出檐的長度六尺四寸五分，檐桁中線到大連檐外。出檐的大連檐之反大連檐規定二根，支撐重疊七寸五分，彎曲六分。

一、歇山頂式造法，博風板立處，圓桁外之外表與博風之外豎立一致，歇山頂華美椽子數、博風一共七根。歇山頂山花博脊之上，有四鋪作枓栱，太平短梁，霸王拳。歇山頂古老錢的高度二尺七寸五分，而疊樣如同本堂。其餘平山墻室內樣式，圖上有詳細涉及斷面。

一、的鳥居高一丈二尺、幅二間、的木綿、桐油カキ色ニヌリ、熊ノ前足ヲ立、後足ヲ折ヲ畫ク星ヲ五ツ付、横三ツ、中ヨリ下ニ二ツ附也。

【譯文】

一、靶牌坊高一丈二尺，寬二間。靶子為棉布桐油質地的墻壁，用色彩印刷前足站立，後足曲跪的熊，畫五顆星，横向三顆，從中到下附二顆。

監箭

的ノ射手ヲ見ル所ナリ。

一、表三丈六尺。

此ヲ六軒ニ割ル、但シ六尺間ツヽ。

一、脇一丈二尺。

此ヲ二架ニ割ル但シ六尺間宛也。

一、總高サ二丈三尺七寸。古老錢上バヨリ伏蓮華下バ迄。

但シ高一丈五尺土臺下バヨリ桁上ハ迄。同桁下バニケイ有リ。其下ニ柱太サ程ノ小壁アリ、其下ニ比貫アリ。同土臺上バヨリ比貫下バヲ取テ十ニ割リ。四ツハ土臺上バヨリ腰貫ノ中墨ニ立テ。同六ツハ腰貫ノ中墨ヨリ比貫ノ下バ定ム。

一、柱ノ太サ九寸、同腰貫比貫ノ幅柱太サニテ七分取、厚ミ三分取。同軒長サ四尺五寸、丸桁中墨ヨリ萱負ノ外迄。同カヤヲヒノ反カヤヲヒノセイ一本也。同垂木カウバイ四寸ノカウバイ七寸五分。

一、妻入母屋作リ、前包有リ破風立所、桁中墨ヨリ一尺五寸外へ立出シ、破風面ニ定ヘシ。同シ垂木數破風共ニ二五本。同古老錢ノ高サ一尺三寸疊樣ハ如本堂。但シ箱棟ノ仕方ハ兩厤ノ如シ。

此外ノ仕方ハ圖ニ詳ニ記ス、可合考。

【譯文】

監箭 射手觀察靶子之處。

一、面寬三丈六尺。

此分隔為六間，而每間六尺。

一、側一丈二尺。

此分隔為兩架，而每架六尺。

一、總高度二丈三尺七寸。從古老錢上到覆蓮華下。

而高度一丈五尺，從土臺下到桁上。桁下有枓栱，其下有柱子直徑大小的板壁，其下有檐枋。從土臺上到檐枋下分為十份，四份是從土臺上到腰枋的中線來確立；六份是從腰枋的中線到檐枋之下。

一、柱子的直徑九寸，腰枋檐枋的寬度，取柱子直徑七份，厚度取三份。出檐長度四尺五寸，從檐桁中線到大連檐外。出檐大連檐之反大連檐規定一根。出檐椽子支撑重疊四寸之支撑重疊七寸五分。

一、歇山頂式造法，有博脊。博風豎立處，從圓桁中線往外凸出一尺五寸，以確定博風板位置，椽子數博風板共五根。古老錢高度一尺三寸，疊様如同本堂。而正脊的做法和兩廡相同。

此外的做法，圖上詳細記録，可互為參考。

燕寢 休息ノ所ナリ。

一、右表脇丈尺共ニ何レモ仕方如監箭也。

【譯文】

燕寢 休息之處。

一、右面寬、進深尺寸相同，各做法如同監箭。

報鼓 旗ヲ擧ケ、喇叭ヲ吹時、ココニテ大鼓ヲウツ所ナリ。

一、右高サ丈尺共ニ何レモ作リ様如金鼓亭也。

【譯文】

報鼓 高擧旗幟，吹響喇叭之時，這裏是用於敲打大鼓之處。

一、右高度尺寸相同，各造法様式如同金鼓亭。

擧旗掌號 中リ矢ノ時、旗ヲ擧ケ、喇叭ヲ吹ク所ナリ。

一、右表脇間共ニ、何レモ作リ様皆如金鼓亭也。但シ高サハ上ノ掌號ト同シ高サニテ一丈二尺九寸也。土臺下バヨリ丸桁上バ迄。

【譯文】

擧旗掌號 箭射中之時，高擧旗幟，吹響喇叭之處。

一、右面寛進深間數相同，各造法様式皆如同金鼓亭。而高度上與掌號相同。高度用一丈二尺九寸。從土臺下到檐桁上。

饌房 六宇〔七七〕在兩廡後。

右高サ並表脇作リ様皆同。但シ潔牲所許表十二軒ノ違ヒアリ。詳ニ末ニ出ス。因テ東方ヨリ初テ實籩所ヲ以テ次第ス。

【譯文】

饌房 六座屋宇在兩廡後面。

右高度和面寛、進深、建造様式皆相同。而潔牲所允許有面寛十二間的差別。詳細的在後面，因為從東面以實籩所開始依次座落。

東

實籩所

一表四丈八尺。

此ヲ八軒ニ割ル。但シ六尺間宛也。中ニ仕切有リ。

一脇二丈四尺。

此ヲ四架ニ割ル。但六尺間宛也。

一、總高サ三丈一尺五寸。土臺下バヨリ箱棟上バ迄。

但シ高一丈五尺ハ桁上バヨリ土臺下バ迄。

一、柱太サ九寸同貫幅柱ノ太サニテ七分取。同厚サ三分取。桁ノ太サ柱太程ナリ。但シ柱ハ何レモ角柱也。

一、高サ定樣ハ一丈五尺、土臺下バヨリ桁上バマテ。同桁ノ上ニセンクワ有リ。センクワノ仕方本堂ノ如ク。下ニ一尺八寸ノ小壁有リ、其下ニ比貫有リ。比貫ノ下ヨリ下ノ貫ノ上バヲ取テ十ニ割リ、上ノ交四ツ下交六ツニシテ、內法リ貫ニ定ムヘシ。下ノ貫下ハヨリ土臺上バ迄、柱一本置クナリ。同土臺ノタケ、柱ノ太サ程、幅ハ一尺也。

一、垂木カウバイ四寸、同ノカウバイ七寸五分ナリ、同タルミ三分ナリ。

一、軒長桁ノ中墨ヨリ萱負ノ外迄四尺九寸五分。

一、妻入母屋作リ、其上ニ短有リ。但前包ノ太サ程同桁ノ太サモ右短ト同斷、同短柱ノ兩脇木隔子ノ窻有リ。同破風ノ立所桁中墨ヨリ破風ノツラ迄、一尺五寸立出ス。同シカヒ垂木數四本ナリ。

一、箱棟ノ高サ二尺一寸、仕方兩廡ノ棟ノ如シ。圖ヲ以テ可見合。

一、後兩脇ハメ前內法リ貫ヨリ下ハ明ケハナシ。

一、戶口仕樣ノ次第、向テ左脇間中ニ二間ノ戶口有リ。同後ニ中ニ二間ノ戶口有リ。向テ右ノ間後ニ中ヨリ左ニ二間ノ戶口有リ。

餘平妻木口ノ瓦リ、詳ニ圖ニ出ス、可合見。

酒醴所 作樣同上。

蒸饎所 同。

【譯文】

東

實籩所

一、面寬四丈八尺。

此分隔為八間，而每間六尺。中間有間隔。

一、進深二丈四尺。

此分隔為四架，而每架六尺。

一、總高度三丈一尺五寸。從土臺下到正脊上。而高一丈五尺。從檐桁上到土臺下。

一、柱子直徑九寸，柱頭枋寬度取柱子的直徑七份，厚度取三份。檐桁的直徑是柱子直徑大小。而柱子是各角柱。

一、高度定樣一丈五尺。從土臺下到檐桁上。檐桁的上面有逐漸遞增。逐漸遞增的做法與本堂相同。下面有一尺八寸的板壁，其下面有檐桁。從檐枋下到下面枋之上取為十份，上相交四份，下相交六份，其中規定枋子必須確定。從下面的枋子下到土臺上，安置一根柱子。土臺的尺寸，是柱子的直徑大小，寬度一尺。

一、椽子支撑重疊四寸，支撑重疊七寸五分，椽子彎曲有三分。

一、出檐長度，檐桁的中線到大連檐之外四尺九寸五分。

一、歇山頂式造法，其上面有短梁。而博脊的大小與圓桁的直徑相同，又與右短柱並齊。歇山頂短柱的兩側有木隔子窗。歇山頂博風之豎立處，從圓桁中線到博風面，凸出一尺五寸。華美椽子數有四根。

一、正脊的高度二尺一寸，做法與兩廡的正脊相同。以圖可互為參見。

一、後兩側前內側（次間、稍間），枋子以下非明間。

一、門户樣式之順序，朝向左側的房間，當中的兩間有門户。後面當中的兩間有門户。朝向右側的房間，後面從中到左的兩間有門户。

其餘平山墻涉及的斷面，細部出於圖上，可互為參見。

酒醴所 建造樣式同上。

蒸饎所 同。

西

鼎俎所同。

烹餁所同。

右表脇並丈尺高サ共ニ作リ樣皆如實籑所。

潔牲所

一表七丈二尺。

此ヲ拾二軒ニ割ル但シ六尺間宛也。

一脇二丈四尺。

此ヲ四架ニ割ル。但シ六尺間宛也。右作リ樣並高サ共ニ戸ロノ仕方迄皆如實籑所也。但シ表ノ軒數ノ長キ迄也。

【譯文】

西

鼎俎所同。

烹飪所同。

右立面、進深、尺寸、高度、營造樣式，皆同實籑所。

潔牲所

一、面寬七丈二尺。

此分為十二間，而每間六尺。

一、進深二丈四尺。

此分為四架，而每間六尺。右建造樣式和高度相同，門的做法、位置都如同實籑所。而立面的間數之長度迄至。

【注釋】

〔七三〕ケイ【枅】：枓栱。

〔七四〕西周青銅器銘文《靜》云：「王命靜射學宮，小子衆服、衆小臣、衆𡰥僕學射。」

〔七五〕清代道光《宣威州志》記載：「舊制：京府及直省府州縣，每歲正月十五日、十月初一日，於儒學行鄉飲酒禮。」

〔七六〕ツラ【頰】：古語。臉面，面，表面，外表。這裏指面。

〔七七〕六宇：即實籩所、酒醴所、蒸饎所、鼎俎所、烹餁所、潔牲所。朱舜水完整敍述了明代晚期學宮為舉行祈祭禮所需的供奉物，而專門配置具有整理、存儲、蒸煮、烹飪、洗滌等功能的六座建築。而清代以降，各地學宮内的六宇建築並不完備，名稱也有了變異。比如，山西平遙文廟只有神廚、神庫這兩座相關的建築。

頖水〔七八〕養老ノ禮〔七九〕ノ時バカリ、三老五更〔八〇〕勿論、天子諸侯中橋〔八一〕、中門ヨリ出入ス。常ニハ誰ニテモ不通ナリ。

一、頖水長折廻リ百十間幅三間。

一、橋五箇所、前ニ三箇所、兩脇ニ一箇所ツヽ、橋ノ長サ三間半、幅二間、反ハ常橋ヨリ少ク。高欄ノ高サハ其時ニ至テ見合ヘシ。

【譯文】

頖水 只有在舉行養老禮的時候，長者、天子、諸侯從中橋、中門出入。平時，誰也不許通行。

一、頖水很長，折迴一百十間，寬三間。

一、橋有五座，前面三座，兩側各一座。橋的長度三間半，寬兩間，橋面板比普通的橋少。高欄的高度，必須到安裝時確定相互間最合適的尺寸。

櫺星〔八二〕門　三ツ共ニ同シ事、誰ニテモ通ルナリ。

一、幅一丈二尺、高内法リ九尺一寸五分、地覆上ハヨリカフキ下ハ迄。

一、柱太サ一尺三寸五分、地覆ノ高サ柱ノ太サニテ七分取、同厚サ四分取リ、カフキノ長一尺三寸五分、厚サ九分取。左右ニ屏カブキノ下バヘヲサ〔八三〕マル様ニ立ヘシ。

餘ハ圖ニ詳ニ記ス。

【譯文】

欞星門　三座門相同構築，誰都可以通行。

一、寬一丈二尺，高度為內側九尺一寸五分，從地栿上到門楣下。

一、柱子直徑一尺三寸五分，地伏的高度，取用柱子的直徑七份，厚度取四份。門楣長一尺三寸五分，厚度取九份。左右屏門門楣之下邊應該豎立圓形抱柱。

其餘圖中詳細記錄。

以上　本堂丹墀〔八四〕深サ三尺。明倫堂丹墀二尺。啓聖宮ハ一尺五寸。

【譯文】

以上　本堂丹墀進深三尺。明倫堂丹墀進深二尺。啟聖宮丹墀進深一尺五寸。

一、總圍百七拾間、四方。但シ東脇中央ヨリ、北折廻西中央迄、塀ヲ立ツ。同東中央ヨリ、南折廻西中央迄ハ、柵立ツ、柵ノ内總廻門三所ニ開ク。詳ニ立地割ノ大指圖ニ記ス。凡地方一里、四方ヲ地取シテ、地形ハ北上リニシテ、間々ニ谷峯ヲ致シ、樹木ヲ植ヘ、見計ヒ地形致ス事也。

【譯文】

一、總周圍一百七十間，四方形。而從東側中部北折回到西中部為止，豎立以塀（屏障）。從東中部南折回到西中部為止，立有柵欄，柵欄之內，總圍開設三處門。具體立地分佈之概況，圖上有記錄。大凡地方一里的範圍，取四方形地塊，地形為北面高，其間築有池山，植以樹木，根據地形具體實施。

牌位

先師孔子

一、長三尺三分、幅六寸五分、厚八分半。

一、跗高九寸五分、下ノ横幅一尺五寸、上ニテ一尺三寸、上ノ竪幅五寸六分、下ノ竪幅七寸五分、形チ上隘ク下廣也。

一、文字ハ鐫テ金ヲ置ク。

一、金ヲ押タル所ハキテウメン、其上ニ金ヲ置ク、其下ハホリクボメ青漆ニ塗ル。

一、牌位跗共ニ裏ハ黑漆ニ塗ル。

右用日本大工尺。

【譯文】

牌位

先師孔子

一、長三尺三分，寬六寸五分，厚八分半。

一、足高九寸五分，下之横一尺五寸、上面一尺三寸，上之豎幅五寸六分，下之豎幅七寸五分，形狀為上窄下寬。
一、文字鐫刻，填以金。
一、用金推壓基底表面處，其上填以金，其下雕刻凹陷，塗以青色漆。
一、牌位、足皆裏塗以黑漆。
右採用日本木匠尺。

同。
一、長三尺二寸三分、幅七寸、厚八分半。
一、跗高一尺三分、下横幅一尺六寸一分、上ニテ一尺四寸、上竪幅六寸、下竪幅八寸二分、形チ上隘ク下廣ナリ。
一、文字ハ鐫テ、其上ニ金ヲ置ク。金ヲ押タル所ハキテウメン、其下ハホリクボメ青漆ニ塗ル。
一、牌位跗共ニ裏ハ黑漆ニ塗ル。
右用大明木匠尺。

【譯文】
同。
一、長三尺二寸三分，寬七寸，厚八分半。
一、足高一尺三分，下横幅一尺六寸一分，上用一尺四寸，上豎幅六寸，下豎幅八寸二分，形狀上窄下寬。
一、文字鐫刻，填以金。用金推壓基底表面處，其上填以金，其下雕刻凹陷，塗以青色漆。
一、牌位、足皆裏塗以黑漆。

右採用大明木匠尺。

四配〔八五〕

一、長二尺八分、幅五寸三分、厚五分半、跗高四寸三分、横一尺七分、厚三寸。

【譯文】

四配

一、長二尺八分，寬五寸三分，厚五分半。足高四寸三分，横一尺七分，厚三寸。

十哲〔八六〕

長二尺六分、幅四寸三分、厚五分半、跗三寸七分、横八寸七分、厚二寸八分。

【譯文】

十哲

一、長二尺六分，寬四寸三分，厚五分半。足三寸七分，横八寸七分，厚二寸八分。

七十二子

一、長一尺八寸三分、幅三寸三分、厚五分半、跗高三寸四分、横八寸一分、厚二寸八分。

【譯文】

七十二子

一、長一尺八寸三分，寬三寸三分，厚五分半。足高三寸四分，横八寸一分，厚二寸八分。

從祠

一、長一尺四寸七分、幅二寸五分、厚四分半、跗高二寸八分、横八寸、厚二寸五分。

右同用大明木匠尺。

【譯文】

從祠

一、長一尺四寸七分，寬二寸五分，厚四分半。足高二寸八分，横八寸，厚二寸五分。

右同樣採用大明木匠尺。

簠 通蓋九寸貳分，長一尺三寸二分，横一尺五分。内廣，長九寸八分，横七寸二分，深七寸。蓋高一寸二分。足九分。刻木爲之。外黑漆，内朱。外方内圓。

簋 通蓋九寸貳分，腹徑長一尺三寸二分，横一尺五分。内長九寸八分，横六寸八分横六寸八分，深七寸。蓋高一寸四分。足九分。刻木爲之。外黑漆，内朱。外圓内方。

爵 高及足，七寸八分，口徑長七寸，横三寸。深三寸八分。以銅爲之。

籩 高九寸三分，口徑九寸，深二寸三分。竹製。外腰黑漆，以螺鈿蒔繪，内朱。

登 高一尺三寸二分，口徑七寸五分。深三寸六分。以銅爲之。

豆 高九寸二分，口徑九寸。刻木爲之，腰邊用銅。外黑漆，内朱。外以象牙爲浮紋。

鉶 高通足九寸七分，口徑二寸八分。以銅爲之。

其餘祭器〔八七〕同《闕里誌》〔八八〕。

【譯文】

簠 至蓋通高九寸二分，長一尺三寸二分，横一尺五分。内部寬廣，長九寸八分，横七寸二分，深七寸。蓋高一寸二分。足高九分。用木雕刻而成。外面施黑漆，裏面施朱漆。外方内圓。

簋 至蓋通高九寸二分，腹長一尺三寸二分，横一尺五分。内長九寸八分，横六寸八分，深七寸。蓋高一寸四分。用木雕刻而成。外面施黑漆，裏面施朱漆。外方内圓。

爵 總高七寸八分，口徑長七寸，横三寸。深三寸八分。用銅製作。

籩 高九寸三分，口徑九寸，深二寸三分。用竹製作。外面腰部施黑漆，嵌螺鈿蒔繪圖案，裏面施朱漆。

登 高一尺三寸二分，口徑七寸五分，深三寸六分。用銅製作。

豆 高九寸二分，口徑九寸。用木雕刻而成。腰邊用銅。外施黑漆，裏面施朱漆。外面嵌象牙作浮雕紋飾。

釧 總高九寸七分，口徑二寸八分。用銅製作。

其餘祭器與《闕里誌》記載相同。

旗竿

高七丈八尺ハ葫蘆頂ヨリ石垣下バマデ。竿ニ旗五色ニ染メ二流ツリ小旗ノ末ニモ葫蘆頂付ル。竿太サ七尺五寸廻リ上ボソ。石垣ノ高サ四尺六寸指亘シ七尺八寸四方也。右詳ニ木形ト見合スベシ。

【譯文】

旗竿

高七丈八尺，从葫芦顶到石垣下。旗杆上旗染五色，懸吊二面，小旗的末端再附加葫蘆頂。旗杆直徑七尺五寸，四周有榫頭。石垣的高度，四尺六寸如指圓，七尺八寸為四方形。右具體與木模互為參考。

啓聖宮圖 捲篷如本堂

【譯文】

啟聖宮圖 卷蓬如同本堂。

表長七丈五尺。

此ヲ五軒ニ割ル、但一丈五尺間ツヽナリ。五軒内兩脇一軒ハ廡ナリ、但シスガル破風取付。

【譯文】

面寬七丈五尺。

此分為五間，而每間一丈五尺。五間中的兩側一間為廡，而鑲入博風板。

脇四丈二尺八寸。

此ヲ六架ニ割ル、内前後縁頬九尺間ツヽ也、中四架ハ六尺二寸間ツヽナリ。

【譯文】

進深四丈二尺八寸。

此分為六架，裏面前後面每間九尺，中間四架每架六尺二寸。

總高五丈一尺四寸五分。古老錢上バヨリ伏蓮華下バマテ。次

但シ高サ二丈五尺二寸ハ。丸桁上バヨリ伏蓮華下バマテ。

庇〔八九〕高一丈九尺八寸。丸桁上バヨリ地覆下バマテ。

【譯文】

總高五丈一尺四寸五分。從古老錢上到覆蓮華下。

而高度二丈五尺二寸。從檐桁上到覆蓮華下。

屋檐高一丈九尺八寸。從檐桁上到地栿下。

居石四角、同縁石總廻リ中仕切共ニ如本堂。

【譯文】

柱礎石四方形，全部四周沿口石與中部作法，皆如同本堂。

總高サ柱太サニテ九分取ル、同四分ハ伏蓮華ノ高サ、同五分ハ總臺ノ高サ、仕方如孔子堂〔九〇〕。

【譯文】
總高取柱子直徑九份，四份為覆蓮華的高度，五份為柱礎的高度，做法如大成殿。

地覆ノ高サ柱ノ太サニテ九分取リ、同厚サニテ四分取リ、腰貫比貫ノ幅、柱ノ太サニテ七分取リ、厚サニテ三分取リ、柱貫ノ幅柱ノ太ニテ八分取リ、厚サ肱木ノセイホドハナ出シ、繪様致アリ。

【譯文】
一、地栿高度取柱子直徑九份，厚度取四份，中部枋子寬取柱子直徑七份，厚取三份，柱頭枋寬取柱子之直徑八份，厚度是襻間木之突出程度，有圖樣。

平桁厚サ肱木ノセイホド、幅ハ柱ホトハナ出シ、繪様ハ如孔子堂。

【譯文】
平桁厚度與襻間木的大小相同，寬度突出是柱子大小，圖樣如大成殿。

高サ定メ様ハ、柱貫ノ下バニ、柱ノ太サホドノ小壁アリ、其下ニ比貫アリ。比貫下バヨリ地覆上バヲ取テ十ニ割リ、四ツハ、地覆ノ上バヨリ腰貫ノ中墨ニ定メ、六ツハ腰貫ノ中墨ヨリ比貫ノ下バニ定ムベシ。

【譯文】
高度規定樣式是，柱頭枋的下面有柱子直徑大小的板壁，其下有檐枋。從檐枋之下到地栿上計為十份，四份是從地栿之上到腰枋中線來確定；六份是從腰枋之中線到檐枋之下來確定。

平桁ノ上ニ出組物アリ組物割様ハ如本堂。同ク丸桁柱ノ太サニテ八分取ル。

【譯文】

平桁有五鋪作枓栱，枓栱分配如同本堂。平桁取檐柱直径八份。

垂木カウバイ三寸六分、同軒ノ長サ六尺七寸五分、丸桁中墨ヨリ萱負ノ外マテ。萱負ノ反カヤヲヒノセイ二本半ナリ、同屋上タルミ一尺二寸八分ノ内ニ九分ノタルミ有リ。

【譯文】

一、底之椽子交叉重疊三寸六分。出檐長度六尺三寸，從檐桁中線到大連檐外。同樣，大連檐之反大連檐有二根半。交叉重疊七寸五分，彎曲有六分。

妻入母屋作リ、前包同三ツ斗ノ組物、蛙胯、二重梁、太平短、拳ハナ有リ。同破風立所、丸桁外面ト破風ノ外ト合スヘシ。同シカヒ垂木數破風共有リニ七本有リ。同古老錢高サ三尺、坌上ケ樣ハ如本堂。

右ノ外平妻内室ノ地割柱木口ノ亘等ハ圖ニ詳ニ出シ。丈尺ヲ記ス。此ヲ以テ引合セ可考見也。

【譯文】

一、歇山頂作，山花博脊之上面有四鋪作枓栱、月梁二重、太平短梁、霸王拳。歇山頂博風板豎立處，圓桁之外與博風板貫通匯合。華美椽子、博風數共七根。正脊古老錢之高度三尺，做法、樣式如本堂。

右之外山墻、室内柱子分配、断面等，圖上詳細記有尺寸。此可互為參考。

門

表長七丈五尺。

此ヲ五軒ニ割ル但シ一丈五尺間ヅヽ也。

脇長一丈八尺。
此ヲ二架ニ割ル但シ九尺間ヅヽ也。
高二丈一尺六寸。
地覆下バヨリ丸桁上バマデ。
右何レモ造作ノ仕方戟門ノ如シ故ニ詳ニ圖セズ。

【譯文】

門

表長七丈五尺。
此分為五間，而每間一丈五尺。
進深一丈八尺。
此分為二架，而每架九尺。
高二丈一尺六寸。
從地栿下到檐桁上。
右各營造之做法如同戟門，因此，詳圖從略。

【注釋】

〔七八〕頖水：又稱泮池。學宮前半環形水池。

〔七九〕養老ノ禮：養老禮，又稱「養老之政」。養老禮是古代對年高德劭的老者按時餉以酒食之禮節。《禮記·王制》：「凡養老：有虞氏以燕禮，夏后氏以饗禮，殷人以食禮，周人脩而兼用之。五十養於鄉；六十養於國；七十養於學，達於諸侯；八十拜君命，一坐再至，簪亦如之；九十使人受。」《東觀漢記・明帝紀》：「冬十月，幸辟雍，初行養老禮。」宋代王應麟《困學紀聞・考史六》：「明帝永平二年，臨辟雍，行大射養老禮。」明代田藝蘅《留青日劄・養老》：「洪武十九年六月詔，天下行養老之政。」

〔八〇〕三老五更：《禮記・文王世子》：「遂設三老五更，羣老之席位焉」。指受尊養的長者。

〔八一〕中橋：頖水橋，又稱泮池橋。朱舜水認為學宮頖水橋共有五座，中橋即為中間的頖水橋。

〔八二〕櫺星：《後漢書》記載，櫺星即天田星。古人認為天田星是天上的文星。學宮設置櫺星門，寓意孔子乃文星下凡。

〔八三〕サ：古語。さ：那個，那。

〔八四〕丹墀：宮殿前塗紅色的石階，稱丹墀。唐代李嘉佑《送王端赴朝》詩有：「君承明主意，日日上丹墀」之句。神殿前石階亦稱丹墀。《儒林外史》第三七回：「泰伯祠，三座門。進去一座丹墀，……。中間是五間大殿，……。殿后又一個丹墀，五間大樓。」

〔八五〕四配：即是復聖顏回（顏子）、宗聖曾參（曾子）、述聖孔伋（子思）、亞聖孟軻（孟子）。

〔八六〕十哲、じってつ【十哲】：十位傑出的孔門思想家。《論語・先進》云：「子曰：『從我于陳蔡者，皆不及門也。德行：顏淵、閔子騫、冉伯牛、仲弓；言語：宰我、子貢；政事：冉有、季路；文學：子游、子夏。』」唐代開元八年（七二〇），國子司業李元建議以四科弟子祭，朝廷接受了他的建議，命以聖門四科弟子祭，均為坐像。清代康熙五十一年（一七一二）升朱熹位居十哲之後。乾隆三年（一七三八）升有若為十二哲之一，居顓孫師之後、朱熹之前。十二哲配祀於大成殿內東西兩端，東面為閔損（子騫）、冉雍（仲弓）、端木賜（子貢）、仲由（子路）、卜商（子夏）、有若（子若）；西面為冉耕（伯牛）、宰予（子我）、冉求（子有）、言偃（子游）、顓孫師（子張）、朱熹（元晦）。

〔八七〕祭器：即禮器。明清時期，學宮禮器約三十種。清代道光《宣威州志》記載：「爵五十一，登二，鉶二十二，簠二十，簋二十，籩百二，豆百二，太尊一，著尊一，象尊一，犧尊一，壺一，雲雷尊一，勺一，冪四，籩巾，篚十七，俎一，祝板一，大鼎一，鼎十，大臺二，大瓶二，臺十二，罍，洗一，盥盤，饌盤，匏斗，琴桌，祭桌，大貯櫃。」朱舜水介紹了其中的七種主要禮器。

〔八八〕《闕里誌》：《闕里誌》，明代提學副使陳鎬編撰。弘治甲子（一五〇四）閏四月，重修闕里孔廟竣工，吏部尚書、華蓋殿大學士李東陽承命致祭。時陳鎬為提學副使，因屬之編次成誌，以記述此次重修孔廟之壯舉。陳鎬參閱了衍聖公孔聞韶提供的大量文獻，於弘治十八年編撰完竣，由李東陽作序，刻版印刷。該誌共十二卷，記述了孔子生平、賢儒列傳、闕里廟制、歷代誥敕、御製祭文、祭孔禮樂、歷代碑記等内容，是一部較為完整的孔氏家族史。今早稻田大學圖書館藏明代石刻本《闕里誌》（全六冊十二卷），為傳世最古本。

〔八九〕庇、ひさし【庇・廂】：挑檐，房檐，屋檐，廂房。

〔九〇〕孔子堂：明代俗語，即孔廟大成殿。由此可見，明代後期江南地區的孔廟大成殿又稱為孔子堂。

中卷　原書與原圖

中卷　原書と原図

《舜水朱氏談綺・卷之中》書影（柳川古文書館藏）

『舜水朱氏談綺・卷之中』の原書影印（柳川古文書館藏）

朱氏談綺卷之中

目録

大成殿 本堂

尊經閣

兩廡

戟門

大門

明倫堂

鐘樓

鼓樓

中軍廳

旗鼓廳

學舍

儀門

進賢樓

金鼓亭

射圃

監箭

先師　四配　十哲　七十二子　從祠

孔廟總圖

禮器圖

簠簋爵籩登豆鉶（其餘器製皆同）

（闕里誌）旗竿

啓聖宮圖

改定釋奠儀注

朱氏談綺卷之中

大成殿 本堂

總シテ尺ハ日本大工尺ヲ用
下皆此ノ例ナリ

一表長サ八丈
此ヲ五軒ニ割ル一軒一丈六尺間ツヽナリ
一脇四丈九尺五寸
此ヲ拾一架ニ割ル但脇ノ角ト一架九尺間ニ此ヲ表縁カハ通リト云フ同中ノ間三丈一尺五寸ヲ八架ニ割リ合ス但ニ一架三尺九寸三分七厘五毛間

ツヽ十リ幾テ二架四尺五寸間ツヽ十リ此ヲ
裏縁カハト云フ
一　堂ノ總高サ五丈六尺四寸　古老錢ノ上バヨリ伏蓮華ノ下バマテ
但シ丸桁ノ上バヨリ總臺ノ下バマテノ高サハ二
丈五尺八寸十リ
一　總臺ハ丸シ指亘柱ノ太サニテ裏メニ定ム同ク
高サ柱ノ太サニテ九分一リ其高サノ内四分
ハ伏蓮花ノ高サヲ用ユ同五分ハ總臺高サニ
用ユ上ノ方丸柱ノ太サ一面ニ合セ四方ヘ其ヨリ少

ツヽフクラミ繪様ハ伏蓮花ヲ見合取合ヨキ程ニ刻ムへし

一居石四角十リ居石ノ間縁石外廻同入カワ總廻リ居石ノ高サニ切合ス但し居石ノ高サハ地形ヨリ八寸見ニ居ル十リ

一柱ノ太サ木口ノ亘リ一尺九寸貳分丸柱十リ但し兩ツヽ外カハノ柱太サ一尺六寸貳分柱ノ上ノ方貳分ゴキギヽクへし

總しテ柱桁垂木等皆丸し木口ノ亘リニテ

寸尺ヲ定ム末〻皆此例ナリ

一地覆ノ高サ柱ノ太サニテ九分トリ同厚サ四分トル腰貫ヒヌキノハヾ柱ノ太サニテ七分トリ同厚サ三分トリ柱ノ貫ハヾ柱ニテ八分トリ同厚サヒギ木ノセヒホトナリ

一同ク高サ定様ハ柱貫下バニ柱太サ程小壁アリ

小壁ハ土ニテハナシ板バメナリ大工言葉ニ小壁ト云フ末〻テ此ノ例ニ倣フヘシ

同ク其ノ下ニヒヌキアリ同腰ノ貫有リ其ノ下ニ小壁同ク腰貫上ノ小壁二箇所ノ高サトリツノ高サヲ十ニ割リ四ツ地

覆ト腰貫ノ間ノ小壁ニ用ユ同六ツ腰貫トヒ貫ノ
間小壁ニ用ヘシ同小壁厚サハ腰貫厚サ三ツニ
割リ一ツヲ用ナリ
一平桁厚サハ柱太サ半分ハヾノ柱程ハ十組合ナリ
ハナノ長サ柱太サホト出シ繪様キテウメンアリ
一組物出シ組割様ハ大斗指渡シ柱ホトニシテ五ツ半
ニ割リ一ツヽ斗ジリ両方ヨリクリ同高サハ五ツ
半ヲ三ツ用ヒソレヲ五ツニ割リ二ツクリ一ツハ敷メン
二ツハヒ千木ヲクヽム

一卷斗ノ割様ハ垂木ノ太サ三本合卷斗ノ指亘ニ
定メソレヲ五ツ半ニ割リ一ツヽ兩方ヨリ斗ジリ
クリ其五ツ半ヲ三ツ用ヒ卷斗ノ高サニ定ムソレヲ
五ツニ割リ貳ツクリ一ツハ敷メン貳ハヒギ木ヲク
クムナリ

一ワクヒキ木太サハ大斗三ツニ割リ其ノ一ツ分ナリ高サ
ハ下バニ貳分增シ實ヒキ木ハ下バ四方其ニ其ノ太サ
ホト鼻出シ繪様拳バナ有リ

一組物ノ間ガウビ壁ニ牡丹カラ草桐カラ草鳳凰ヲ

一兩面ニ彩色ニ畫ク但シヒ貫ト柱ト貫ノ間小壁ニ牡丹
カラクサニ孔雀ヲ彩色ニ兩面ニ畫ク
一入ガワ外ノ方上ノ小壁裝束貫ノ上ニ臺輪ヲ置キ組物
ト臺輪ノ上小壁ニ桐カラクサニ鳳凰ノ彫モノ有
一丸桁太サ七分トリ同丸桁下ノサ子ヒ千木ヲ通ヒ
チキニシテ桁ヘ丸ニ仕合千キリホゾニテ堅メ同ヒ千
木ノ鼻角ク許ニ繪樣キサムヘシ
一垂木丸シ但シ太サハ柱ヲ六ツニ割リ一ツ分ノ太サ也當
ニハ垂木ノ小間貳分ノ仕方ナレ圧此ハ丸キ垂木故

ニ小間ヲモ垂木ノ太サニ致スナリソレユヘニ巻斗サ
シ亘垂木三本ニ定ムルナリ同角木下バ柱太サニテ
六分トリ同木負下バノ高サトモニ垂木ノ太サ一ツ
半四方同萱負下バ垂木ノ太サ一ツ半同高サ垂
木ノ太サ貳ツヲ用ヒ萱負ノ太サニ定ム角ニ貳分増
シソリカヤヲヒノ太サ四本半ソルナリ但シ前フリワケ
ニカクヘシ同裏カワ厚垂木ノ太サニ貳分増同出バ
垂木貳本出ル

一軒ノ長サ但シ地ノ軒ハ垂木六本飛遠ハ垂木五本

打積リ此ハ扇垂木故軒ノ垂木數ハ不入事ナカラ
軒ノ長ヲ知ルユヘニ垂木數ヲ此ニ書スルナリ　同
飛簷垂木ハ太サ先ノ方貳分ゴキ但シ地垂木カウ
バイ三寸ト同ク飛簷垂木高配貳寸五分
一垂木ノ打樣ハ前ノ間五軒ハ貳拾貳本ツヽ兩脇一架
ツヽハ六本ツヽ以上貳拾八本ニテ間ノ中央ヨリ角
ノ方バカリ扇垂木ニスルナリ同後ノ間モ同斷總
垂木數八拾六本ナリ　但シ扇垂木ノ仕方ハ兩
脇九尺ツヽノ間垂木拾九本ニテ割合打ヘシ

一 入ガハ兩妻中通關柱總臺上バヨリ頂上ノ棟マテ立ノボセナリ其外入ガハ柱ノ高サハ貳丈八尺貳寸 總臺上バヨリ

內一丈七尺貳寸貳分ハ總臺上バヨリ裝束貫下マテ

同一尺五寸三分裝束貫幅

同一尺八寸裝束貫上バヨリ平震マテ

同四尺八寸平震幅

同二尺八寸五分平震上バヨリ柱ノ頭マテ

同柱ノ上ニ出組ノ組物ヲ居ヘ同梁丸シ太サ一尺五寸ワク肱木ヲ直ニ梁下マテ持送ノ如ク繪樣取付ルナリ同内室ノヤ子裏高配ハ六寸桁打越七通リ但シ丸シ太サ一尺五分梁丸シ太サ一尺五分但シ軒ノ桁ハ下ノ梁トセイ違ニ置モヤノ桁二通リツヽハ梁ト組合ス何モ桁下ニケイ肱木ノ如ク太サ四寸五分四方ニシテ桁ノ丸ミニ仕合チキリアリニテ取付ル同桁ノ上ゼンクワ厚サ三寸六分高サハ垂木ノセイ程ニシテ桁ニアリホゾ立右ノゼンクワニ穴ホリテ取付上

ヨリ返リクサビ打ヘシ
同小屋短丸シ太サ一尺五寸下ノ方粣メ但シ稚實ナリ
同平震棟下ニ二通リ幅一尺五分厚四寸五分
同下ヨリ第一ノモヤノ桁下ニモ平震一通リ幅一尺
貳寸厚四寸五分但シ右ノ稚實ナリノ小屋短ニ貫
ノ如クニ通ス同右ノモヤノ桁兩カワニテ四通リ同
棟ノ桁共ニ五通リ錦巻ノ繪花輪違亀甲雹麻花
打込ミ雹菱牡丹カラクサウスカラ草ヲ畫ク同繪ノ
サカイハス筋違ハセ繪ノ界筋二筋ツヽ有リ同垂

木丸シ太サ三寸六分宛同垂木ノ小間モ三寸六分宛ナリ右ノ桁ノ上ゼンクワニ垂木アリカケニシテ裏板アリ右ノ平震貫ノ厚サニテ幅廣ク有之故ニ柱穴平震貫其儘通シ用ユレハ柱ノ弱リニ成ルヲ以テ平震貫又木細ニ付ケ柱穴二所ニ穿臍入違テ付柱キワニコミセン竪ニサスヘシ 但シ地震ノユリヲ止ムルユヘニ平震ト云フ也

一 四方緣ガハ組物出組同入ガハ外方組物外緣カバ組物ノ如ク片フフニ組入カハ柱ヘ指合取付ケ同梁丸シ太サ一尺貮寸軒ノ桁太サ下バ七寸八分高サ九寸六分

モヤノ桁同梁短〆共ニ九ㇾ太サ七寸五分棟ハ無ㇾ
屋子裏垂木但ㇾ輪垂木ノ間三ツニ割合スナイ
同ゼンクワ垂木裏板ノ仕方本屋ノ如ク同入カハ外
ノ方總廻装束貫ノ上ニ臺輪有リ基臺輪ノ上組物
ノ間ニガウじ壁ニ牡丹カラ草キリカラ草ノホリ物
ニ鳳凰飛入ニホリ取付ルナリ
一後ノ方縁ガハノ内ニ孔子ノ御座兩脇ハメ前ノ類
上ノ方唐破風ノ如ク繪様アリ其上装束貫ノ間
小壁ハメニㇾテ下ハ戶帳懸クルナリ

一總入ガハ緣ガハ共ニ瓦ヲ敷ク次第ハ先下ニ一通リ究其ノ上ニ茶碗ヲ伏セ置ク如ク短ヲ立其上ニ四半瓦ノ高サ緣石ト同シ高サニ敷クナリ但瓦ノ厚サ一寸八分程瀨戸燒ノ如ク燒ヘシ

一前ガハ五軒總唐戸但シ一軒ニ六本究ニ付地覆取リ置ニシテ先後總基ノ居石ニ究ヲホリ地覆仕合兩脇方立ニシテ上下猫座ノ繪樣ヲシテ取付ルナリ同唐戸サン八本中ニ竪サン一通リ十文字ニ組合不殘サン頭內ノ方中高ニ削リ組合ナゲシ合ニ

シテ木長面五カトル但内方凸削リ二面ハ竹ノ
内ノ如ク窪ヘシワタノ板入唐戸内ノ方下ノ小壁ニ
テツセンカラ草ホリ付同中ノ小壁ハガウシ組入裏
板ハ青貝カ又ハ白ダンノ裏板ヲ當ル事ナリ同上ノ
小壁黄連カラ草兩面ホリ入ル何茂扉ニ金物ア
リ鋲前内ノ方下ノサンニ三ツ坪打同ムソウノセ
ン取付地覆内面ニ二重ハシカニ右ノ三坪ヘ取合ム
ソウノセンヲサシ置ナリ但扉ノ立合樣唐戸ノ頭
上下ノツノ鴨居ト地覆トヘ切入立合扉外面ト地

覆ノ外面ト一面ニ合スル様ニ立合スルナリ
一右ノ唐戸三拾本也内ノ方ヨリ錠ヲロシ出ルニ
付左ノ脇ニ貳枚ヒラキノ門幅四尺貳寸高サ
ハ地覆ノ上バヨリ腰貫ノ下バ迄テ兩脇方立タテ
テ扉サン五本内ノ方ニ上下猫座付ケ内ヘヒラク
立合セ様右ノ表唐戸ノ如ク同ク外ノ貫木抜様
ノ次第ハ兩腰方立ニ貫木サシ置ク木ニ繪様致
シ取付扉ニニ重ハシカミ一鎹ツヽ打同貫木表ノ
方ニアダ坪二ツ打右ノハシカミ一ツハ貫木ノ上

ノ方ヨリカケ二ツハ貫木ノ下ヨリカケ鋌ヲロシ
置クナリ但シ貫木長サハ兩方柱ヘ押シ通シ取
置ニ致ス物ナリ
一　唐戸仕樣ハ柱ノ太サヲ以テ定ル事ナリ
柱太サ定樣ハ前後中ノ柱共ニ太サ前ノ間一丈六
尺間ニテ一寸貳分取リ同兩妻中柱太サ寸取ニ致
ヘシ　唐戸ハ柱ノ太サニテ三分ノ方立タテ同厚サ
ハ戸ノ頭程サテ又方立横内法取リ一丈貳尺九
寸貳分四厘有ルヲ六ツニ割リ一ツヲ唐戸幅トス

又其戸一枚ノ幅ヲ又六ツニ割リ一ツヲ頭ノ太サト
ス但シ三寸五分九厘ナリ　同高サハ地覆上ハヨリ
鴨居内法ヲ取リ一丈三尺五寸九分有ルヲ十二割
リ六ツヲ中ザンノ上バニ定ム但シ八尺一寸五分四厘
ナリ同其中サンノ上五尺四寸三分六厘ナリ但シ唐
戸ノ上方ヨリ次第上ニ三寸五分九厘ノサン有同
小壁一尺八寸八分七厘貳毛同三寸五分九厘ノサ
ン有同小壁二尺八寸三分八毛同三寸五分九厘ノ
サン有同小壁四寸一分八毛同三寸五分九厘ノサン

有同小壁二尺三寸八分三厘八毛同三寸五分九厘
サン有同小壁四寸一分八毛同三寸五分九厘ノサン
有同小壁二尺三寸八分三厘八毛同三寸五分九厘
ノサン有同小壁四寸一分八毛同三寸五分九厘ノ
サン有右ノ唐戸上ノ方ヨリ第一ノ間黄連カラ草
兩面ニホリ入ル第二ノ間ガウシ組入第三ノ間小
壁入第四ノ間小壁入第五ノ間小壁入右三箇所
小壁ノ所中ニ竪サン組合有リ第六ノ間ニ小壁入
同ク唐戸内ノ方ニテツセンカラ草ホリ付ル第七ノ

間ニ小壁入同扉ツリノシユク頭外ノ方ニ丸クサクリ付ニ致スヘシ但シ總廻リ平桁上場ヨリ飛遠垂木端マテ銅ノ罘罳ヲ張ル

一小屋組土居木十子木如常ノ但シ小屋短ニ段々ニ指梁ニイタシノ桁ヲ釣リ置ナリ其外如常兩妻破風丸桁中墨ヨリ外へ立ル但入母屋作リニシカイ垂木數破風共ニ七本前包ニ長サニニテ五分半幅ハ大斗程組物三ツ斗二重梁繪様蛙股同棟下ハ太平短繪様有リ破風ノ幅下留ニテ寸取厚サハ垂木ノ

太サ貳分増シ幅ハ上ニ三分増シ下ニ少増有リ前ハ七ツ半下ヘニ欠ヘシ同懸魚幅破風ノ腰二枚一分下リハ懸魚ニテ八分半下リ桁隠シ懸魚ハ陰陽ニ欠ヘシ同釘隠シカラ花六曜形同野垂木角木裏板土居フキ　如常屋上瓦フキ但シ瓦一通リニ釘三所宛指ス同下リ棟ハ箇所ノ内四箇所ハ棟ヨリ軒ヘ下ル四箇所者右ノ下リ棟ヘ取付ケ角ヘ下ル此モ如常瓦ニテ致スナリ○右ハ箇所ノ下リ棟ニ鬼龍子ヲ居ユ其形ハ猫ニ似リ胸ニ蛇腹毛筋ホリ付ケ口ハ

開クト不開ト牙有リ前ノ足ハ立テ後ノ足ハ折ル瓦ニテ
焼物ニ造ルナリ高配七寸五分但屋子タルミ一尺四寸
五分ノ長サ内ニテ一寸タルメニ致ヘシ但以下上十分一ノ寸法也
一箱棟古老錢高サ三尺四寸五分兩妻ガンギノ如ク
箱棟疊ミ上ケ上ノ方ヲ破風葺瓦ヨリモ箱棟ノ上
ノ方ヲ疊ミ出シ下ヨリガンギ見ユル樣ニ致スナリ箱
棟ノ下地ヲハ木ニテ致シ上包ハ元來銕ニテ包事
ナレ𪜈瓦ニテモ不苦事也同兩妻ニ鬼犾頭ヲ居ユ其
形ハ龍ニ似タリ胸蛇腹鱗ホリ付髮毛ソヽウニタチ

毛筋ホリ付背同尾ノサキ魚ノ如ク手前ヘ一ツ後ヘ一ツ出ス小角アリ鋏或瓦ニテモ造ル但シ耳ハ無シ角ニテ物ヲ鬪ト云フ頭ニ鳥威(ヲトシ)ノ角二本鋏ニテ長サ九尺上ノ方曲ラセ枝ニ股究付ケ鳥ノトマリ得ザル様ニ劒ノ刃ノ如クニ致スナリ右箱棟ノ上兩妻ヘ狘頭ヲ望カセ居置ナリ

一 右瓦葺屋上總シテ繼目ニ桐油シツクイヲカニ箱棟包ミノ鋏ヲハ全ク桐油シツクイニテ塗ルナリイツマテモ朽損スルヿナシ

一丸桁ヨリ上ハ釘打ズチキリ或ハアリ膳ヲ立テ其特
二見合堅ムヘシ但シ丸桁ヨリ下ハ釘ニテモ苦カラサルナリ

一總堂廻リ塗樣三遍布ヲ衣(キセ)黒漆ニ塗ル同廻リニカ
ケ戸取置ニ寄カケ立置ナリ

一捲蓬事
此ハ常ニハ取置祭ノ時許(ハカリ)取付ル物ナリ　高サ貳丈
六尺石ノ口ヨリ桁ノ上バヘテ　柱ノ太サ一尺貳寸四
角柱ナリ桁行ハ本堂ノ如ク梁ノ間一丈四尺五寸
二軒ニ割ル七尺貳寸間ツヽナリ本堂取付ノ方

梁鼻出シ本堂ノ平桁ノ上ニカヽル内ノ方梁下明
ケハナシ外桁廻シ三方内ノリ貫一通リツヽ貫ノ上六
ハメ下ハ明ケハナシナリ屋上丸シ桁四通リ小屋短(ツカ)有
垂木何レモ桁上ニテ繼(ツギ)メ仕合アリガケナリ　ト一
ノ仕樣ハナヨ竹ニテ網代ニ組緣(ヘリ)皮アテ桐油ニテシ
ツクイ致シ兩面共ニ塗リ緣カハニコハゼ取付垂木
ニ懸合スルナリ　但シ上ハ黒ク下ハ内ノ方朱色ニ桐油塗ナリ

以上本堂

此ノ末皆造作ノ仕樣ハ本堂ヲ以テ本トスツシ

故末々ニハ譬ヘハ總臺ノ高サ本堂ノ如クト書シテ委細ニハ不書前ヲ以可考合也。

尊經閣 本堂後

一表長八丈

此ヲ五軒ニ割ル但シ兩脇二軒ハ一丈九尺六寸間ツヽ中三軒ハ一丈三尺六寸間宛

一脇長五丈貳尺八寸

此ヲ三架ニ割ル但シ脇二架ハ一丈九尺六寸間宛中一架ハ一丈三尺六寸間也

一總高サ六丈四尺九寸五分 古老錢上バヨリ伏蓮華下バマテ
但シ高サ四丈八寸九分ハ九桁上ハヨリ伏蓮華
下バマテ
一居石四角同緣ノ石總廻リ中仕切共ニ本堂ノ仕
方ノ如クナリ
一總臺高サ柱太サニテ九分取リ內四分ハ伏蓮花
ノ高サ同五分總臺ノ高サナリ共ニ如ツ本堂ノ
一柱太サ緣ガハ並ニ二階特ノ柱共ニ一尺三寸五分
伍シ入ガハ柱太サ一尺六寸貳分共ニ九柱也

一地覆高サ柱太サニテ九分取同厚四分取リ腰貫ヒ貫幅柱太サニテ七分取厚三分取リ柱貫幅柱ノ太サニテ八分取厚サハ肱木ノセイホト鼻出シ繪様スヘシ

一腰屋子高サ定様高サ一丈九尺三寸八分丸桁上バヨリ伏蓮花ノ下バマテ内一尺一寸五分ハ丸桁ノ高サ同其下ニ一尺一寸五分ノ小壁有リ其下ニ幅九寸五分ノヒ貫有リ同ヒヌキノ下バヨリ地覆ノ下バマテ一丈六尺一寸三分有ルヲ十ニ割リ六ツヒ貫下バヨリ腰貫ノ中

墨ヘ當ル同四ツハ腰貫ノ中墨ヨリ伏蓮華ノ下
バ迄
一腰屋子丸桁上バヨリ切目縁上バ迄七尺八寸九分也
腰屋上垂木カウバイ三寸四分ノカウバイ五寸五分
軒ノ出バ十三尺九寸丸桁中墨ヨリ萱負外マテ同
カヤヲヒノソリカヤヲヒセハ二本半ナリ
一高欄ノ幅四尺九寸五分柱中墨ヨリ高欄中ス三
下テ同高サ五尺鉾木上バヨリ地覆下バマテ○鉾
木丸ミ太サ六寸平桁厚三寸幅六寸地覆ノ太サ六寸四

方同上下ニ小壁アリ仕様ハ總高サヲ十ニ割リ六ツヲ
下ノ小壁四ツヲ上ノ小壁トス同欄干ノ短柱ノ太サ
八寸但シ四方柱也短ノ頭蓮花上ヘ一ツ下ノ方ヘ一
ツ繪様見合ヘシ高欄下ノ小壁何レモ万字形隔
子ノ太サ貳寸四方宛ニ組合ノ所ハ長押合ニ致ス
ナリ同上ノ小壁油烟形ノスカシ同廻リ玉ブチホリ
付ケ同中ニ兩面ニ黄連カラ草ホリ物有リ
一上ノ重高サ一丈三尺六寸二分九桁上バヨリ切目緣
上バマテ切目緣ノ上バニ柱太サニテ六分取リノ長

押有リ同柱貫下ニ七分取リノ長押有リ同柱貫
幅八分取リ厚サ肱木ノセイ程同ハナ出シ繪様ア
リ其上ニ出組物アリ同丸桁太サ一尺垂木カウハ
イ四寸カウバイ七寸五分屋上タルミ六分軒ノ長サ
五尺七寸丸桁中墨ヨリ萱負外マテ破風丸桁ノ
中墨ニ立ル懸魚蛙腰二重梁組物ニシカイ垂木共
ニ如ク本堂ノナリ

一　小屋組屋上箱棟等總テ如ク本堂ノナリ

一　四方ニ二階下共ニ門四箇所究唐戸アリ仕方八

如常立合樣如本堂唐戶ノ但右ノ內門一箇所ニハ兩方方立ニ貫木カスカイ打貫木押通シ錠ヲ口シ置クナリ

右ノ外立地割平妻其外內室指圖二枚同二階下共ニ木口ノ繪圖二枚別ニ圖シ詳ニ其寸法ヲ出ス此段ト引合セ委細ニ書記ス相考合スヘシ事詳圖說

兩廡　東西

一

袤長拾八丈

此ヲ拾二軒ニ割ル但シ九軒ハ一丈六尺間宛三軒

八一丈二尺間究

一脇長二丈四尺

此ヲ三架ニ割ル但シ前一架ハ六尺間殘二架ハ九尺間

究

一總高三丈四尺 榱上バヨリ伏蓮華ノ下バマテ

但シ高二丈二尺六寸五分八 九桁上バヨリ伏蓮花下ハマテ

一居石四角同緣石中仕切共ニ本堂ノ如ク

一總臺高サ柱太サニテ九分取リ内四分八伏蓮華ノ

高サ同五分八總臺ノ高サ仕方本堂ノ如ク

一柱ノ太サ一尺三寸二分廡ノ柱太サ一尺皆丸柱十リ
一地覆ノ高サ柱太サニテ九分取リ同厚四分取リ腰貫ノヒヌキノ幅柱太サニテ七分取厚三分取柱貫ノ幅柱ノ太サニテ八分取厚サ肱木ノセイ程同柱貫下ニ兩面柱太サニテ七分取ノ長押有リ
一高サ定様ノ次第柱頭ニ柱太サニテ八分取ノ柱貫有リ其下ニ柱太サニテ七分取ノ長押有リ其外長押ノ下バヨリ地覆ノ上マテヲ取其レヲ十ニ割リ四ツ地覆ノ上バヨリ腰貫上バマテト定メ六ツハ腰貫上バ

ヨリ長押ノ下バヽテトス同前ノカワ一間通リハ三拾
間ハ明ケハナシ上ニ落シカケノ如ク貫入小壁有リ同
ク長押ノ下ニ柱太サ程ノ小壁有リ其下ニ柱太サニ
テ七分取ノ貫有リ同厚サ三分取同前ノカワ總唐
戸右ノ七分取ノ貫下ニ鴨居方立付ケ立合樣並唐
戸ノ割樣本堂ノ如ク
一三斗組物割樣本堂ノ如ク　同前軒ノ長サ三尺六
寸九桁中墨ヨリ萱負ノ外一テ後軒長四尺二寸九
桁中墨ヨリ萱負ノ外迄垂木カウバイ六寸五分ノ

カウハイ七寸切リ妻作リ

餘ハ圖ノ所ニ詳ニ書ス平妻木口割等ノ分ケ

可レ合セ見ル

戟門

一表長八丈

此ヲ五軒ニ割ル但シ一丈六尺間宛ナリ

一脇長一丈八尺

此ヲ二架ニ割ル九尺間宛也右表五軒ノ内三軒ハ門

兩脇一軒ツヽハ廻リハメナリ入口一箇所開戸ナリ　戸

カマチ太サ四寸七分サン太サ四寸ナリサン數八本
ツヽ二枚開キ貫木堅樣兩方立ニカスカヒ鎹物打
貫木指シ通シ中メシ合頭ニ二重折セウガ鎹物打
テ上下ヨリヲリカケ中ニ唐錠ヲロシ置クナリ

一總高三丈四尺五寸　古老錢上バヨリ伏蓮花下バ迄
但シ高サ二丈一尺五寸八　九桁上バヨリ伏蓮花下バ迄

一居石四角同緣石總廻リ中仕切共ニ如シ本堂ノ

一總臺高サ柱太サニテ九分取內四分ハ伏蓮花ノ高
サ五分ハ總臺ノ高サ也仕方如シ本堂ノ

一柱太サ定様ハ廻リノ柱太サ間ニテ寸ヲ取リ中柱
四本ハ太サ間ニテ一寸二分取リ但シ桁行ノ間ニテ
太サ定ムヘシ何レモ丸柱也
一地覆高サ柱太サニテ九分取リ同厚サ四分取腰貫
ヒ貫幅柱太サニテ七分取厚三分取ル
一高サ定様ハ丸桁下ニ柱ノ太サ二本ノ小壁有リ其下
ニヒ貫有リ右ヒ貫下ヨリ地覆下ヲ取テ十二割リ
四ツハ地覆下バヨリ腰貫上ハ迄六ツハ腰貫上バヨ
リヒ貫下バ迄ナリ　門ノ左右一軒ツヽノ所圓法ノ

窓アリ隔子ノ子丸シ貫ニ通ツヽ有リ内方メシ

合ニアノヲタツル也

一 垂木カウバイ四寸六分ノカウバイ七寸軒ノ長サ五尺

五寸五分丸桁中墨ヨリ萓負ノ外マテ萓負ノ反萓負セイ一本半也

一 入母屋作リ破風立所丸桁中墨ヨリ二丈八尺立出シ破

風ノツラナリ同妻ニ前包ノ上三寸斗梁太平短柱八

十有リ同箱棟古老錢ノ高サ二丈一寸但シ疊三

上ケ様如此本堂

餘平妻同内室見様木口繪圖委細ニ圖ノ

所ニ記ス此ヲ以テ引合セ可考ヘ見ル也

大門　中門ハ常ニハ不通孔子ノ牲ヲ引キ入ルヽ時バカリ通ル也總シテハ東角西角門バカリ通ル事ナリ

一表長サ八丈

此ヲ五軒ニ割ル但シ一丈六尺間宛也

一脇長三丈

此ヲ二架ニ割ル一丈五尺間宛也右表五軒ノ内ニ軒ハ門左右一軒ツヽハ廻リハメ入口一箇所開戸有リ如シ戟門ノ

一總高サ四丈二尺五寸　古老錢上バヨリ伏蓮花下バ迄

但高二丈四尺七寸五分ハ丸桁上バヨリ廿蓮花下ハ迄

一居石四角仕方如戟門ノ

一總臺高サ仕方同上ニ

一地覆高サ仕方同上ニ

一高サ定樣丸桁ノ下小壁割樣並門左右圓法ノ窻等皆如戟門ノ

一柱太サ定樣迴リ柱ノ太サ一尺六寸八分但シ中柱四本ハ太サ一尺九寸二分共ニ丸柱也

一垂木カウバイ五寸ノカウバイ七寸五分軒ノ長サ五尺

八寸五分九桁中墨ヨリ萱負ノ外マテ同萱負ノ反
萱負ノセイ一本八分ナリ

一入母屋作リ破風立所中墨ヨリ一尺二寸立出シハフ
ノツラナリ同シガイ垂木破風共ニ五本打同妻ニ
前包ノ上ニ三ツ斗梁太平短拳バナ有同箱棟古老
錢高サ三尺但シ疊標ハ如シ本堂ノ

餘平妻同ノ內室ノ見標木口等圖ニ詳ニ記ス
可シ合セ見ル

明倫堂

一表七丈一尺四寸
此ヲ五軒ニ割ル一丈四尺二寸八分間究ナリ
一脇三丈五尺七寸九分
此ヲ五架ニ割ル左右二架八七尺五寸間ツヽ中三
架ハ六尺九寸三分間ツヽ
一總高サ四丈七尺七寸　古老錢上バヨリ伏蓮花下バニテ
但高サ二丈三尺七寸ハ　九桁上バヨリ伏蓮花下バニテ
一居石仕方如本堂
一總臺高サ仕方同上

一柱太サ縁カハ入レ類共ニ一尺六寸二分何レモ丸柱也
一地覆ノ高サ柱太サニテ九分取リ厚サ四分取リ腰貫ヒ貫幅柱太サニテ七分取厚三分取柱貫幅太サニテ八分取リ厚サハ肱木ノセイ程ハナ出シ繪樣致スヘシ
一高サ定樣柱貫ノ下ニ柱太ニ程ノ小壁有リ其下ニヒ貫有リ同腰有リヒ貫ノ下バヨリ地覆ノ上バヲ十二割リ四ツハ地覆ト腰貫ノ間小壁ニ用ユ六ツハ腰貫トヒ貫ノ間小壁ニ用ユ同小壁ノ厚サ腰貫厚サ

ヲ三ツニ割リ一ツ分也
一平桁ノ厚サ肱木ノセイ程幅ハ柱ホト鼻出シ繪
様如レ本堂ノ
一組物出組割リ如レ本堂ノ
一地ノ垂木カウバイ三寸六分飛遠カウバイ貳寸五
分軒ノ長サ六尺三寸九桁中墨ヨリ萱負外一ヽテ同
萱負ノ反カヤヲヒノセイ貳本半ナリカウバイ七寸
五分タル三六分ナリ
一入母屋作リ破風立所九桁外ノツラ破風ノ外ト合

スヘシ、シカヒ垂木數破風共ニ七本同妻ニ前包ノ上
ニ三ツ斗梁太平短拳バナ箱棟古老錢ノ高サ三尺
仕方皆如本堂ノ
餘内室平妻見様木口等圖ニ詳ナリ可合見ル

鐘樓

一總間一丈八尺四方但シ二軒ニ割九尺間宛同入類
一丈二尺ヲ二間ニ割ル六尺間ツヽ也
一總高サ三丈六寸　古老錢上バヨリ伏蓮花下バマテ
但シ高サ貳丈一尺六寸ハ　地覆下バヨリ九桁上バマテ

一居石ノ仕方總廻リ入頰共ニ如本堂ノ
一總臺ノ仕方如本堂ノ
一柱ノ太サ七寸五分同入カハノ柱ハ九寸共ニ丸柱也
一地覆ノ高サ取樣皆如戟門ノ
一腰屋上高サ定樣ハ腰屋上高サ一丈一尺三寸丸桁
上バヨリ伏蓮花下バマテ丸桁下ニ太柱一本程ノ小
壁有リ其下ニ柱ニテ七分取ノ比貫有リ其下ニ
鴨居有リ地覆下バヨリ鴨居下バヲ十ニ割リ四ツハ
鴨居下バヨリ敷居上バマテ六ツハ地覆ノ下バヨリ

闥ノ下バ迄闥ト地覆ノ間ニ小壁有リ

一腰屋上垂木カウバイ四寸ノカウバイ五寸五分軒ノ長サ三尺九桁中墨ヨリ萱負ノ外迄

一上ノ重高サ七尺二寸 九桁上バヨリ切目緣上バヘテ

同九桁ノ下ニ柱一本ノ小壁アリ其下ニ鴨居有リ切目緣上バニ柱ノ太サニテ五分取ノ長押アリ垂木カウバイ六寸ノカウバイ七寸五分軒長三尺三寸九桁中墨ヨリ萱負ノ外迄同カヤシヒノ反カヤシヒセイ貳本也

一高欄ノ幅二尺二寸五分高欄ノ高サ割様ハ如シ常ノ同短柱頭ノ刻様ハ圖ニ詳ナリ故ニ畧ス

一入母屋作リ破風立所丸桁中墨ヨリ一尺五寸破風ノツラニ立出ス但シカイ垂木破風共ニ三本同前包其上ニ木隔子ノ窻有リ同箱棟ノ高サ一尺五寸同古老錢疊三上ケ様ハ如シ本堂ノ

餘平妻木口割圖ニ詳ニ記ス

鼓樓

一右總シテ高サ共ニ作リ様皆同シ鐘樓ニ但シ鐘樓ニ

八屋上裏アリ鼓樓ニハ天井アルニテナリ圖ニテ可見

中軍廳　明倫堂ニテ事ヲ行フ時重キ官人ノ支度スル所ナリ

一表三丈六尺

此ヲ四軒ニ割ル但シ九尺間宛

一脇一丈八尺

此ヲ三架ニ割ル六尺間宛也

一總高サ三丈六寸　箱棟上バヨリ伏蓮花下バマテ

但高サ一丈八尺九寸八　地覆下バヨリ九桁上バマテ

一居石四角仕方如ㇾ本堂ノ
一總臺高サ仕方同ㇾ上ニ
一柱ノ太サ總廻リ入ㇾ頰共ニ一尺三寸五分丸柱也
一地覆高サ取樣柱太サニテ九分取リ厚サ四分取
リ腰貫比貫ノ幅柱ノ太サニテ七分取リ厚サ三分取
リ柱貫幅柱太サニテ八分取厚サ八肱木ノセイ程ハ
十出シ繪樣アリ但シ三ツ斗ノ組物割樣如ㇾ本堂ノ
一高サ定樣一丈八尺九寸柱貫ノ下ニ柱一本ノ小壁ア
リ下ニ比貫アリ比貫下バヨリ地覆上バヲ十ニ割リ

四ツハ地覆ノ上バヨリ腰貫ノ下バ迄六ツハ腰貫ノ上バヨリ比貫ノ下バマテ同埀木カウバイ六寸ノカウバイ七寸但内室ノカウバイ四寸軒ノ長サ五尺一寸九桁中墨ヨリ萱負ノ外迄切リ妻作リ也 外ハ圖ニ詳ナリ

旗鼓廳 同上 右造リ様丈尺皆如中軍廳

學舍

學舍ハ學生ノ寮ナリ第一依仁齋ト云其次キヲ據德齋ト云右二ツハ學問成就身修タル人ノ寮ナリ游藝齋ハ諸藝ヲ習フ人ノ居所ナリ初學ノ者ヲハ志道齋ニ居クナリ

一 表拾二丈 此ヲ二拾軒ニ割ル 但シ六尺間宛也

一　脇一丈八尺　此ヲ三架ニ割ル　但シ六尺間宛也

一　總高サ三丈一尺二寸　箱棟上ハヨリ伏蓮花下ハ迄

但シ高サ一丈八尺七寸五分八　丸桁上ハヨリ地覆下ハ迄

一　居石ノ仕方

一　總臺ノ高サ割様

右仕方如本堂ノ

一　柱太サ一尺二寸總廻リ中仕切共ニ但丸柱ナリ

一　地覆高サ割様並ニ三ツ斗組物如中軍廳ノ

一　高サ定様次第如前但軒長サ一五尺一寸丸桁中

墨ヨリ萱負ノ外迄同萱負ノ反カヤヲヒノセイ丁本ナリ同垂木カウバイ三寸五分ノカウバイ七寸也

一妻入母屋作リ前包有リ同其上三ツ斗ノ組物梁太平短拳八十有リ同破風立所丸桁中墨ヨリ破風面迄二尺二寸立出シ同シカヒ垂木數破風共二四本也

餘平妻木口圖ト引合可見也

儀門 明倫堂ニテ事アル時ハ東西門ヲ通ル常ニハ儀門ヲ通ルナリ

一表七丈一尺四寸

一 此ヲ五軒ニ割ル但シ一丈四尺二寸八分間ツヽ

一 脇一丈八尺

此ヲ二架ニ割ル但シ九尺間ツヽ

一 高サ二丈七寸 九桁上ハヨリ地覆下ハ迄

右何レモ造リ様ノ仕方如シ戟門ノ也

進賢樓

一 表七丈一尺四寸

此ヲ五軒ニ割ル但シ一丈四尺二寸八分間宛

一 脇二丈八尺八寸

此ヲ二架ニ割ル但シ一丈四尺四寸間宛也
表五軒之内三軒ハ門左右二軒ハハメナリ
一總高サ五丈四尺三寸　古老錢上バヨリ伏蓮花下バ迄
但シ高三丈三尺六寸八　丸桁上バヨリ地覆下バ迄
一居石四角仕方如シ前ノ
一總臺高取様同シ上ニ
一柱太サ一尺九寸二分但シ中柱四本ハ廻リ柱太サ二
二分増シナリ
一地覆高サ取様如シ前ノ

一高サ定ル様ハ切目縁ノ上バヨリ地覆下バ迄一丈九尺
五分同縁ノ頭有リ其ノ下ニ出組ノ組物有リ同柱
貫ノ下ニ柱一本ノ小壁アリ下ニ比貫有リ比貫下
バヨリ地覆上バヲ取テ十ニ割リ四ツハ地覆ノ上バヨ
リ腰貫ノ中墨ニ定ム六ツハ腰貫中墨ヨリ比貫ノ
下バヘ當ツヘシ

一上ノ重高サ定ル様一丈四尺五寸五分丸桁上ハヨリ
切目縁ノ上バ迄丸桁下ニ出組ノ組物アリ組物
割ル様ハ如此本堂同柱貫有リ下ニ柱ニテ六分取ノ

長押有リ下ニ鴨居有同切目縁ノ上バニ柱ニテ
六分取ノ長押アリ
一高欄ノ幅三尺九寸同高欄ノ割様ハ如常
一軒ノ長六尺丸桁中墨ヨリ萱負外迄同萱負反リ
カヤヲヒノセイニ本也同垂木カウバイ三本六分ノ
カウバイ七寸五分タル三五分
一妻入母屋作リ前包ノ上ニ三ツ斗ノ組物繪様梁
太平短(ツカ)拳八十有リ同破風立所丸桁外面(ツラ)ニ同破
風ノ外ニ立ヘシ同シカヒ垂木數破風共ニ七本古

老錢ノ高サ二丈右仕方ハ如キ本堂餘平妻內室并ニ二階下木口ノ仕方圖ニ詳ニ記ス引合セテ可見ル

金皷亭

一表一丈二尺

此ヲ二軒ニ割ル但シ一軒六尺間ツヽ

一腸九尺

此ヲ二架ニ割ル但シ四尺五寸間ツヽ

一總高サ二丈一尺四寸五分　糈棟上ハヨリ土臺下バ迄

但シ高一丈四尺四寸八 桁上バヨリ土臺下ハ迄

一柱太サ九寸何レモ丸柱也比貫ノ幅柱太サニテ七分取リ厚三寸分取同桁ノ下ニケイ有リ其ノ下ニ柱一本ノ小壁有リ其ノ下ニ比貫アリ同土臺高サ九寸六分幅モ同シ程ナリ裏頬ハメ兩脇ノ間中敷居前ハ明ケハナシ

一兩脇ノ間ニ土臺上バヨリ柱ノ程ノ小壁有リ其ノ上ニ敷居有リ同敷居ノ厚サ柱ノ太サニテ三寸分取幅ハ柱ノ程ナリ

一垂木カウバイ六寸五分ノカウバイ七寸タル三二二分也
一切妻作リソハ軒長サ三丈三寸其内ニ破風共ニ
五本同破風ノ幅九寸但シ上ヘ四分増シナリ妻ノ
短ツカ梲ビノ實ミ形ナリ同箱棟ノ高サ一尺八寸仕方ハ兩麃ノ
棟ノ如ク
餘ハ圖ニ詳ニ記ス
掌號
一表脇何レモ造樣ハ如金鼓亭
但シ高サハ一丈二尺九寸 土臺下バヨリ九桁上バ迄

射圃 在リ本堂左ニ大射禮鄉飲酒此所ニテ行フナリ鄉飲酒モ弓イル時バカリ射圃ニテ行フ弓イザル時ハ明倫堂ニテ行フナリ

一 表七丈一尺四寸

此ヲ五軒ニ割ル但シ一丈四尺二寸八分間宛

一 脇三丈六尺

此ヲ五架ニ割ル但前後椽頰ハ七尺五寸間ツヽ中三架

ハ七尺間宛

一 總高サ四丈四尺四寸 古老錢上バヨリ伏蓮花下バ迄

一 但シ高一丈二尺九寸五分八 地覆下バヨリ丸桁上バ迄

一 居石仕方

一總臺高サ　右如本堂仕方

一柱太サ緣カハ入類共二尺六寸二分丸柱也

一地覆ノ高サ柱ノ太サニテ取様如中軍廳

一高サ定様ハ如前

一平桁厚サ肱木ノセイ程幅柱太サ程八十出シ繪

様如本堂

一組物三ツ斗ニ割様ハ皆如本堂

一垂木カウハイ三寸八分軒ノ長サ六尺四寸五分丸

一桁中墨ヨリ萱負ノ外迄同萱負ノ反カヤヲヒ也

イ二本也ノカウバイ七寸五分タル三六分

一入母屋作リ破風立所丸桁外ノツラ破風ノ外ト合ロテ立ベシ同シカヒ垂木數破風共ニ七本同妻ニ前包ノ上ニ三ツ斗組物梁太平短拳八十有リ同古老錢ノ高サ二尺七寸五分但疊樣ハ如本堂

餘平妻内室見樣木口ノ亘圖ニ詳ニアリ

一的鳥居高一丈二尺幅二間的木綿桐油カキ色ニヌリ熊ノ前足ヲ立後足ヲ折ヲ畫ク星ヲ五ツ付横ニ三ツ中ヨリ下ニ二ツ附也

監箭 的ノ射手ヲ見ル所ナリ

一 表三丈六尺

此ヲ六軒ニ割ル但シ六尺間ツヽ

一 腸一丈二尺

此ヲ二架ニ割ル但シ六尺間宛也

一 總高サ二丈三尺七寸 古老錢上バヨリ伏蓮花下バ迄

但シ高一丈五尺土臺下バヨリ桁上バ迄同桁下バニ

ケイ有リ其下ニ柱太サ程ノ小壁アリ其下ニ比貫

アリ同土臺上バヨリ比貫下バヲ取テ十ニ割リ四ツハ

土臺上バヨリ腰貫ノ中墨ニ立テ同六ツハ腰貫ノ中墨ヨリ比貫ノ下バ定ム

一柱ノ太サ九寸同腰貫比貫ノ幅柱太サニテ七分取厚ミ三分取同軒長サ四尺五寸丸桁中墨ヨリ萱負ノ外迄同カヤヲヒノ反カヤヲヒノセイ一本也同垂木カウバイ四寸ノカウバイ七寸五分

一妻入母屋作リ前包有リ破風立所桁中墨ヨリ一尺五寸外ヘ立出シ破風面ニ定ヘシ同シカヒ垂木數破風共ニ五本同古老錢ノ高サ一尺三寸疊様ハ如シ

本堂但シ箱棟ノ仕方ハ兩廡ノ如シ
此外ノ仕方ハ圖ニ詳ニ記ス可シ合考ス
燕寢　休息ノ所ナリ
一右表脇丈尺共ニ何レモ仕方如監箭ノ也
報鼓　旗ヲ擧ケ喇叭ヲ吹時コヽニテ太鼓ヲウツ所ナリ
一右高サ丈尺共ニ何レモ作リ樣ハ如シ金鼓亭ノ也
擧旗掌號　中リ矢ノ時旗ヲ擧ケ喇叭ヲ吹ク所ナリ
一右表脇間共ニ何レモ作リ樣皆ナ如シ金鼓亭ノ也
一但シ高サハ上ノ掌號ト同シ高サニテ一丈二尺九寸也

土臺下バヨリ九桁上バ迄

饌房　六宇在リ兩廡ノ後ニ

右高サ並表脇作リ樑皆同シ但シ潔牲所許表十

二軒ノ違ヒアリ詳ニ末ニ出ス因テ東方ヨリ初テ

實籩所ヲ以テ次第ス

東

實籩所

一表四丈八尺

此ヲ八軒ニ割ル但シ六尺間究也中ニ仕切有リ

一脇二丈四尺

此ヲ四架ニ割ル但六尺間宛也

一總高サ三丈一尺五寸 土臺下バヨリ箱棟上バ迄

但シ高サ一丈五尺八 九桁上バヨリ土臺下バ迄

一柱大サ九寸同貫幅柱ノ太サニテ七分取同厚サ三寸

分取桁ノ太サ柱太サ程ナリ但シ柱ハ何レモ角柱也

一高サ定樣ハ一丈五尺 土臺下バヨリ桁上バマテ 同桁ノ上ニセンクワ

有リ センクワノ仕方本堂ノ如ク 下ニ一尺八寸ノ小壁有リ其下ニ

比貫有リ比貫ノ下ヨリ下ノ貫ノ上バヲ取テ十ニ

割リ上ノ交(アヒ)四ツ下ノ交(アヒ)六ツニシテ内法リ貫ニ定ム
ヘシ下ノ貫下バヨリ土臺上バ迄柱一本置クナリ
同土臺ノタケ柱ノ太サ程幅ハ一尺也

一垂木カウバイ四寸同ノカウバイ七寸五分ナリ同タル三
三分ナリ

一軒ノ長サ桁ノ中墨ヨリ萓負ノ外迄四尺九寸五分

一妻入母屋作リ其ノ上ニ短(ツカ)有リ但前包ノ太サ程同
桁ノ太サモ右短(ツカ)ト同断同短柱ノ兩脇木隔子ノ
窻有リ同破風ノ立所桁中墨ヨリ破風ノツラ迄

一丈五寸立出ス同シカヒ垂木數四本ナリ

一箱棟ノ高サ二丈一寸仕方兩廡ノ棟ノ如シ　圖ヲ以テ可見合ス

一後兩脇ハメ前内法リ貫ヨリ下ハ明ケハナシ

一戸口仕様ノ次第向テ左ノ脇間中ニ二間ノ戸口有リ同後ニ中ニ二間ノ戸口有リ向テ右ノ間後ニ中ヨリ左ニ二間ノ戸口有リ

餘平妻木口ノ亘リ詳ニ圖ニ出ス可シ合セ見ル

酒醴所　作リ様同上

蒸饎所　同

西

鼎俎所　同

烹饌所　同

右表脇並丈尺高サ共ニ作リ様皆ナ如ク實邊所ノ

潔牲所

一表七丈二尺

此ヲ拾二軒ニ割ル但シ六尺間宛也

一脇二丈四尺

此ヲ四架ニ割ル但シ六尺間宛也右作リ様並高サ

共ニ戸口ノ仕方迄皆ナ如ノ實邊所ノ也但シ表ノ軒數ノ長キ迄也

頖水　養老ノ禮ノ時バカリニ老五更勿論天子諸侯中橋中門ヨリ出入ス常ニハ誰ニテモ不通ラナリ

一頖水長折廻リ百五拾間幅三間

一橋五箇所前ニ三箇所兩脇ニ一箇所ツヽ橋ノ長サ三間半幅二間反八常ノ橋ヨリ少ク高欄ノ高サハ其時ニ至テ見合ヘシ

櫺星門　三ツ共ニ同シ事誰ニテモ通ルナリ

一幅一丈二尺高内法リ九尺一寸五分地覆上バヨリ

カブキ下バ造

一柱ノ太サ一尺三寸五分地覆ノ高サ柱ノ太サニテ七分取同厚サ四分取リカフキノ長サ一尺三寸五分厚サ九分取左右ニ屏カブキノ下バヘヲサマル樣ニ立ヘシ

餘ハ圖ニ詳ニ記ス

以上　本堂丹墀深サ三尺　明倫堂丹墀二尺
啓聖宮ハ一尺五寸

一總圍ヒ百七拾間四方但シ東脇中央ヨリ北折廻リ西中央造塀ヲ立ツ同東中央ヨリ南折廻リ西中央造ハ柵ヲ立ツ柵ノ内總廻門三ケ所ニ開ク詳ニ立

地割ノ大指圖ニ記ス凡ッ地方一里四方ヲ地取ニシテ地形ハ北上リニシテ間々ニ谷峯ヲ致シ樹木ヲ植ヘ見計ヒ地形致ス事也

牌位

先師孔子

一長三尺三分幅六寸五分厚サ八分半

一趾高九寸五分下ノ横幅一尺五寸上ニテ一尺三寸上ノ竪幅五寸六分下ノ竪幅七寸五分形チ上濶ク下廣也

一文字ハ鐫テ金ヲ置ク

一金ヲ押タル所ハキテウメン其上ニ金ヲ置ク其下ハ
ホリクボメ青漆ニ塗ル

一牌位趺共ニ裏ハ黒漆ニ塗ル

右ハ用ユ日本ノ大工尺ヲ

同

一長三尺二寸三分幅七寸厚サ八分半

一趺高サ一尺三分下横幅一尺六寸一分上ニテ一尺
四寸上竪幅六寸下竪幅八寸二分形チ上臨ク下

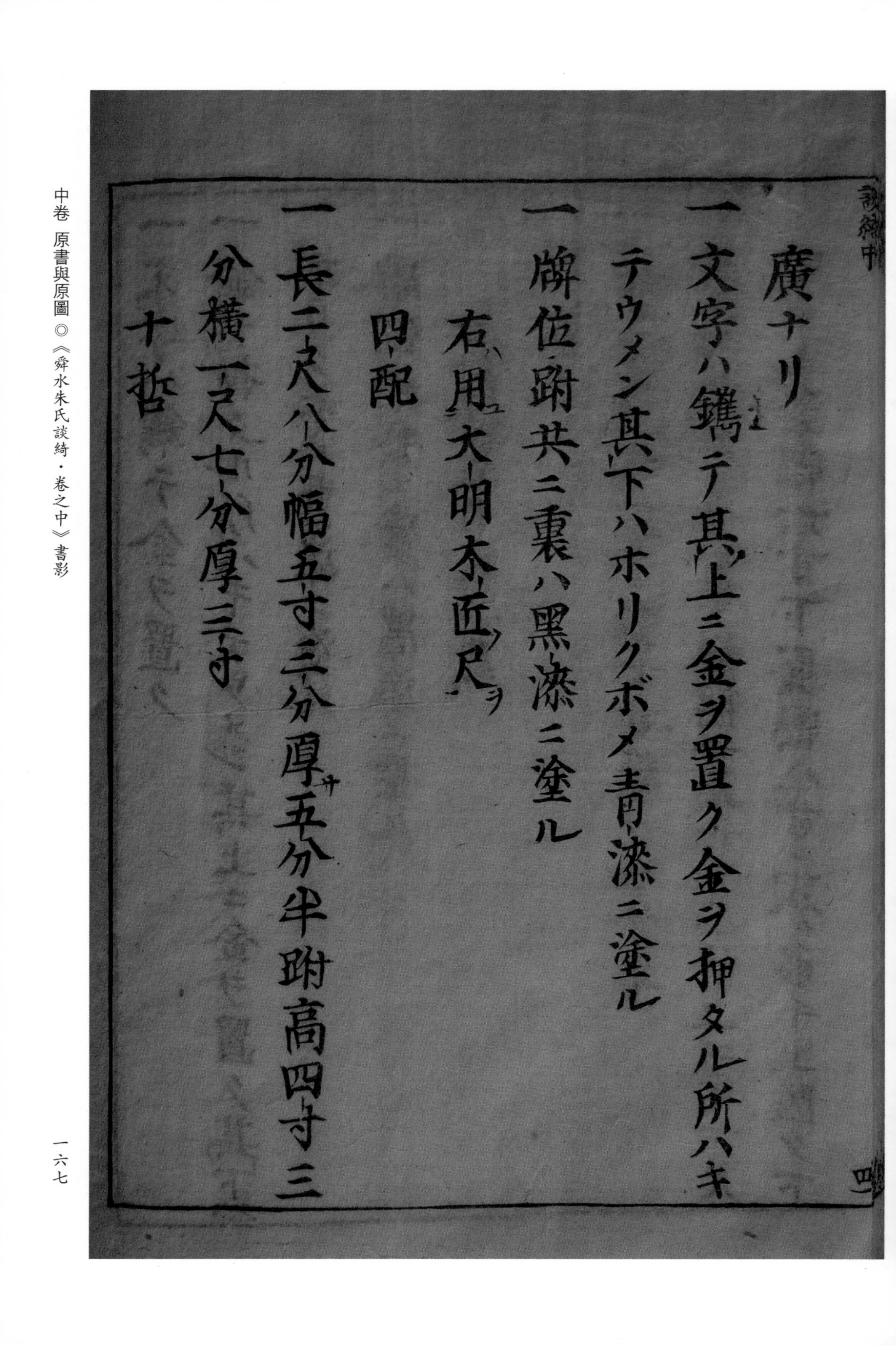

廣ナリ

一文字ハ鐫テ其上ニ金ヲ置ク金ヲ押タル所ハキテウメン其下ハホリクボメ青漆ニ塗ル

一牌佐跗共ニ裏ハ黑漆ニ塗ル

右用大明木匠尺

四配

一長二尺八分幅五寸三分厚五分半跗高四寸三分横一尺七分厚三寸

十哲

一長二尺六分幅四寸三分厚五分半蹈ハ三寸七分
横八寸七分厚サ二寸八分
七十二字

一長一尺八寸三分幅三寸三分厚サ五分半蹈高三
寸四分横八寸一分厚サ二寸八分

從祠

一長一尺四寸七分幅二寸五分厚四分半蹈高二
寸八分横八寸厚サ二寸五分

右ハ同用ユ大明木匠ノ尺ヲ

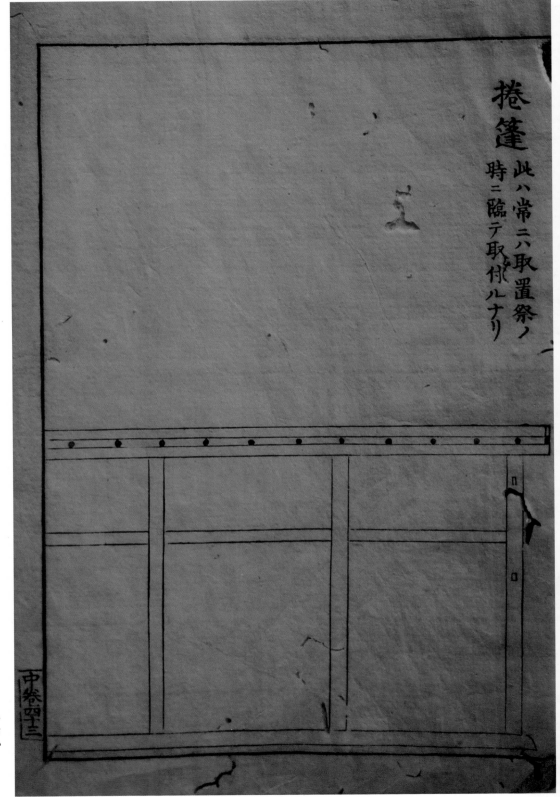

捲篷

此ハ常ニハ取置祭ノ時ニ臨テ取付ルナリ

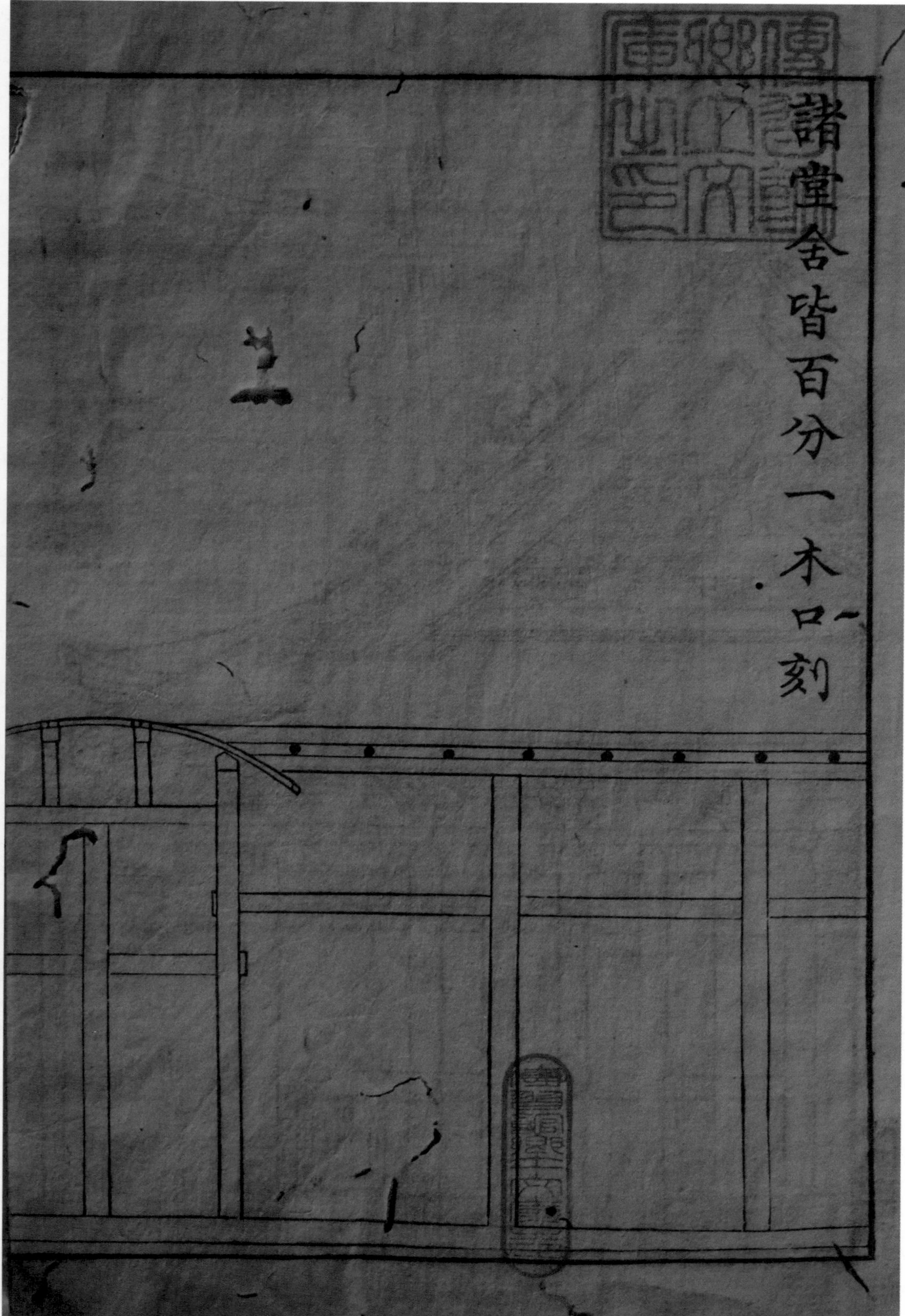
諸堂舍皆百分一木口刻

本堂

鬼狘頭
太廿一尺九寸二分
太廿一尺六寸二分

峒

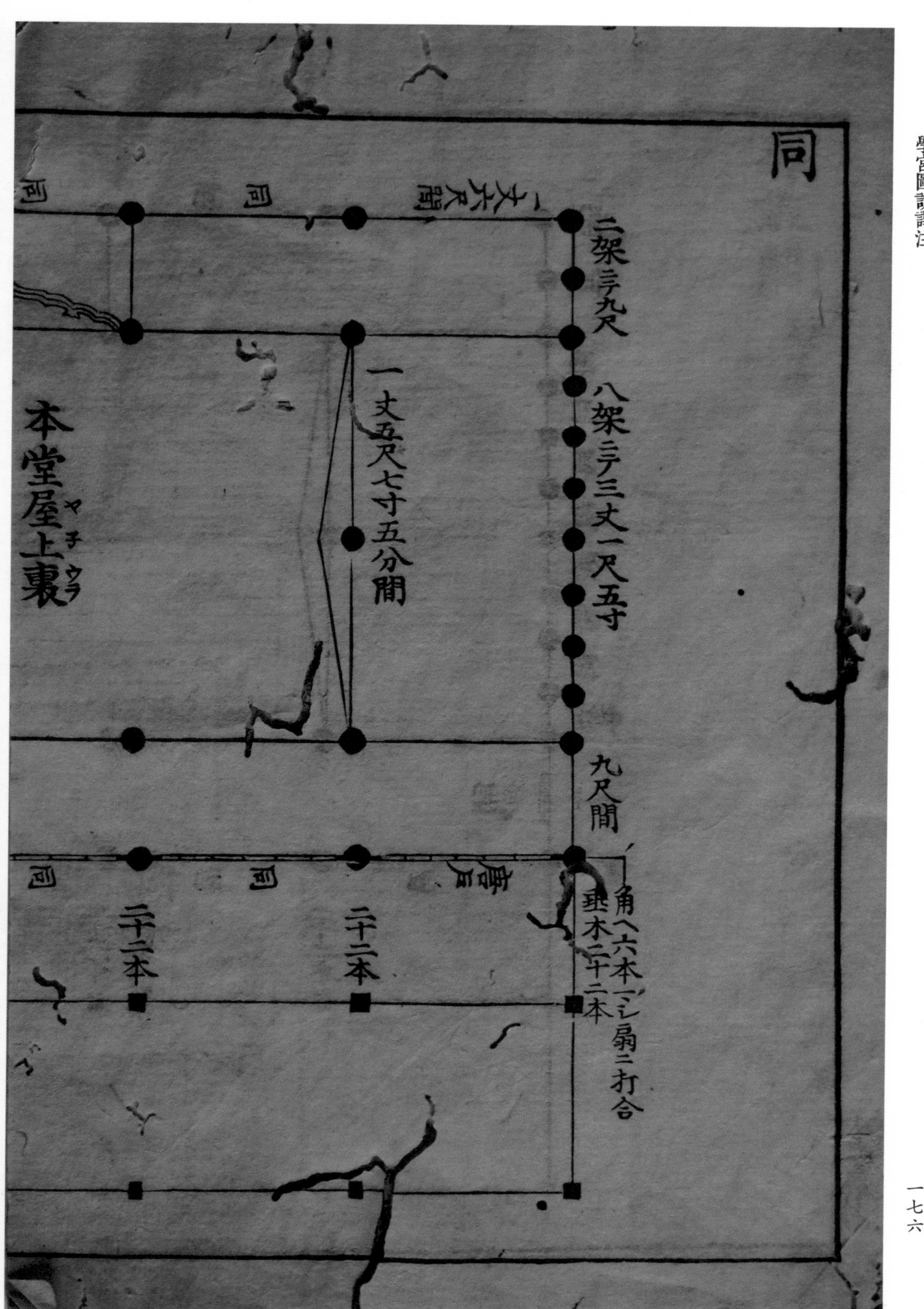
同
二架ニテ九尺
八架ニテ三丈一尺五寸
九尺間
一丈五尺七寸五分間
一丈六尺間
本堂屋上裏
ヤネウラ
同
同
同
同
唐戸
二十二本
二十二本
角ヘ六本ニシ扇ニ打合
埀木二十二本

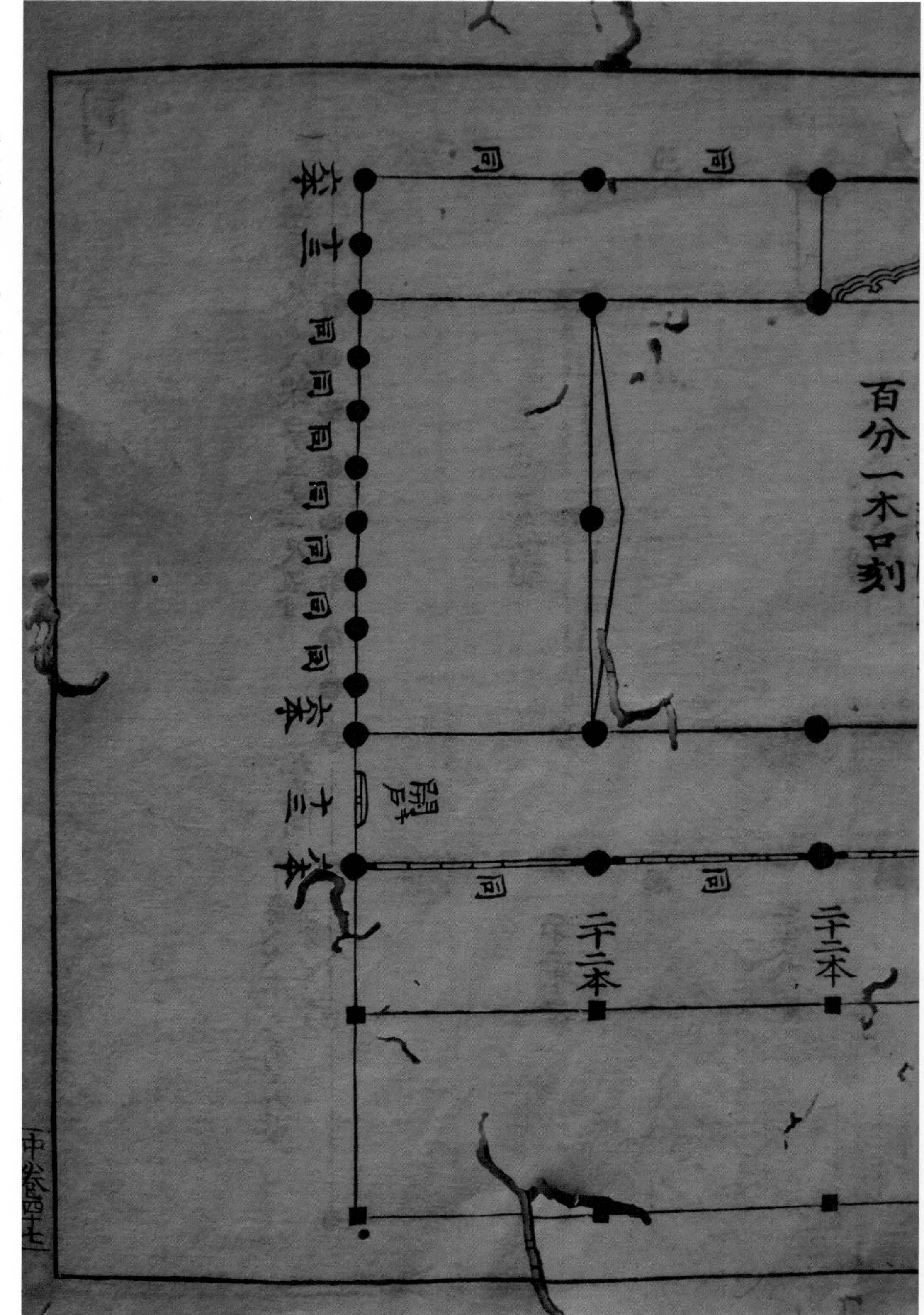
百分一木口刻
同
二十二本
二十二本
中卷四十七

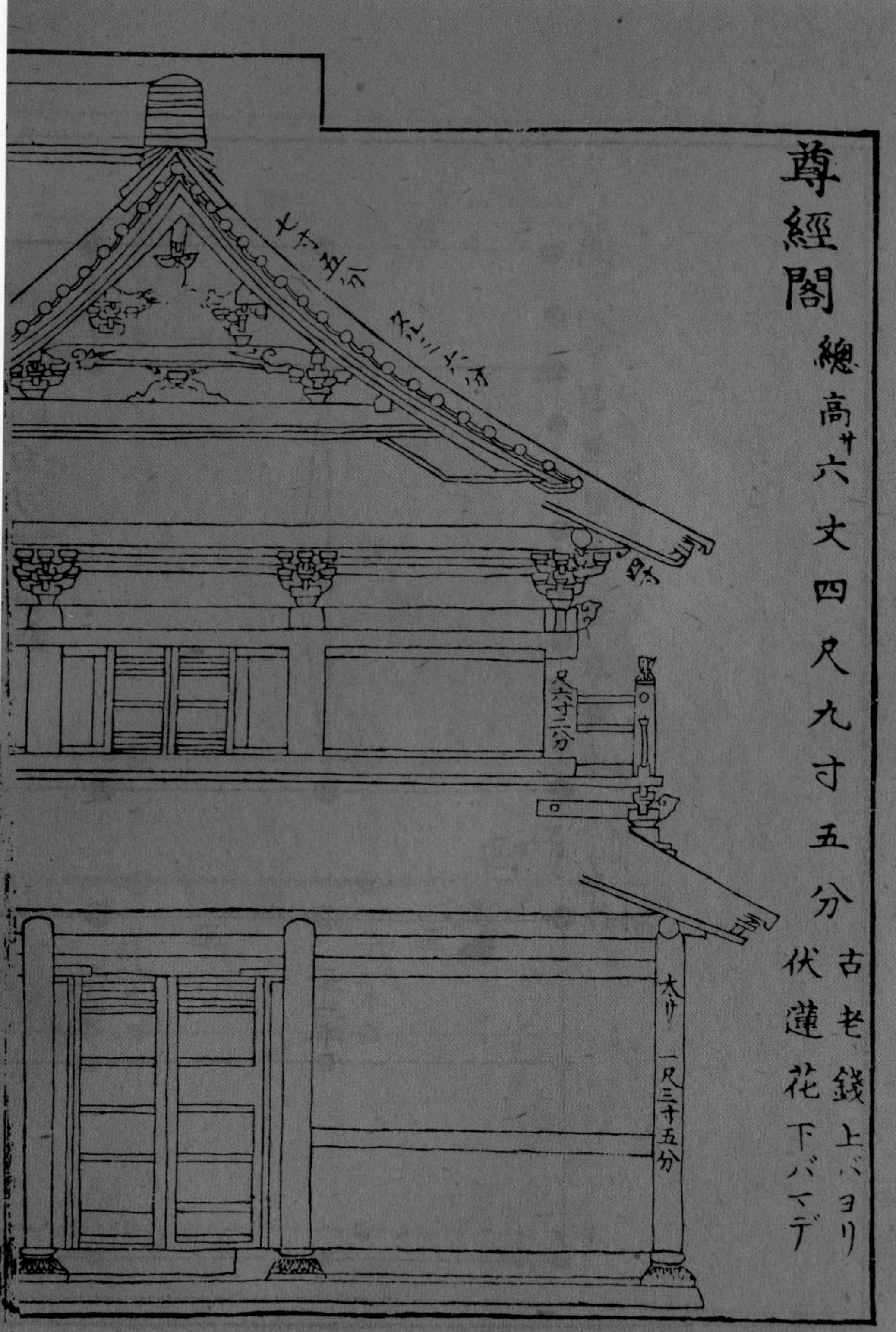
尊經閣
總高廿六丈四尺九寸五分
古老錢上バヨリ
伏蓮花下バマデ
大廿 一尺三寸五分

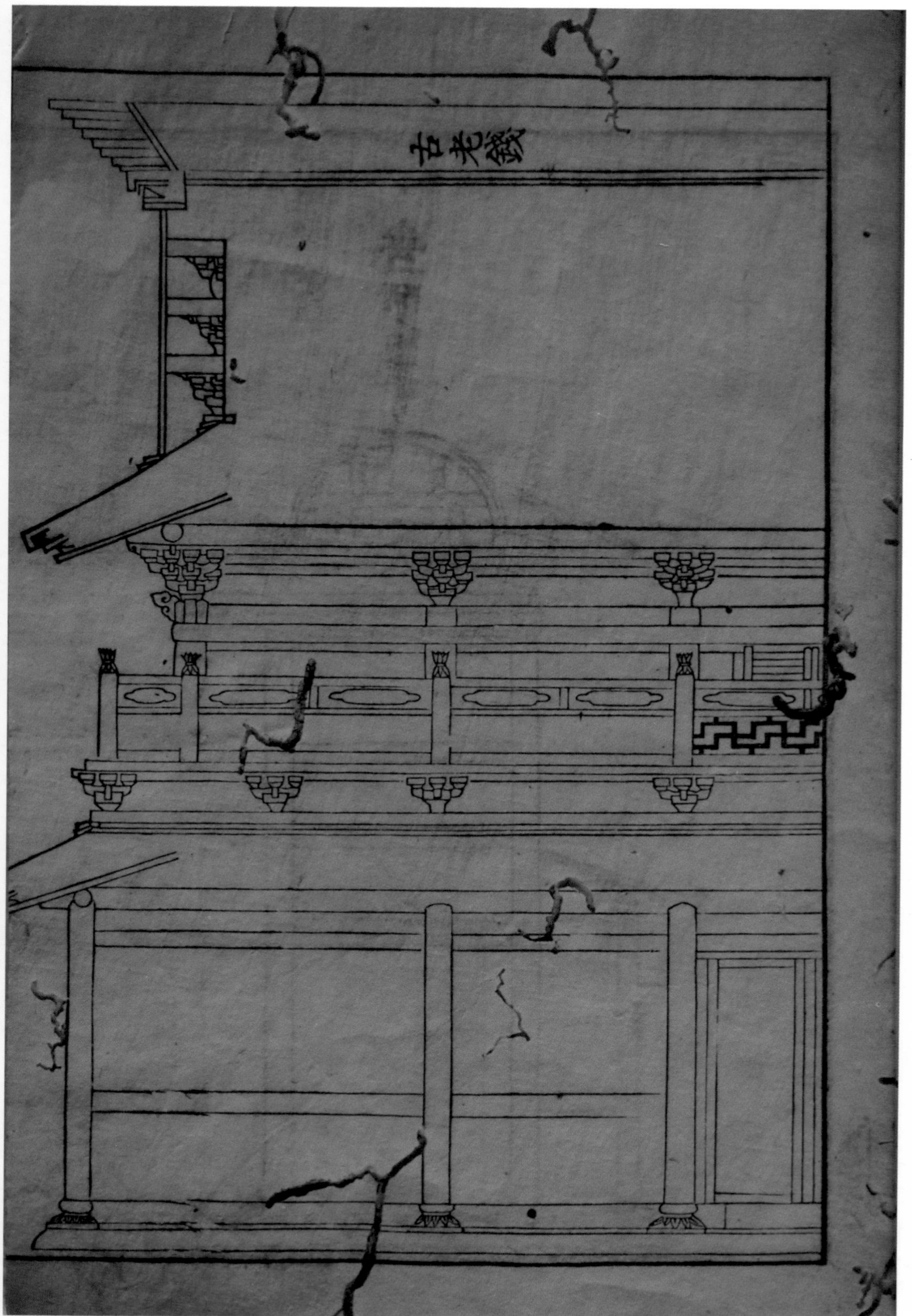

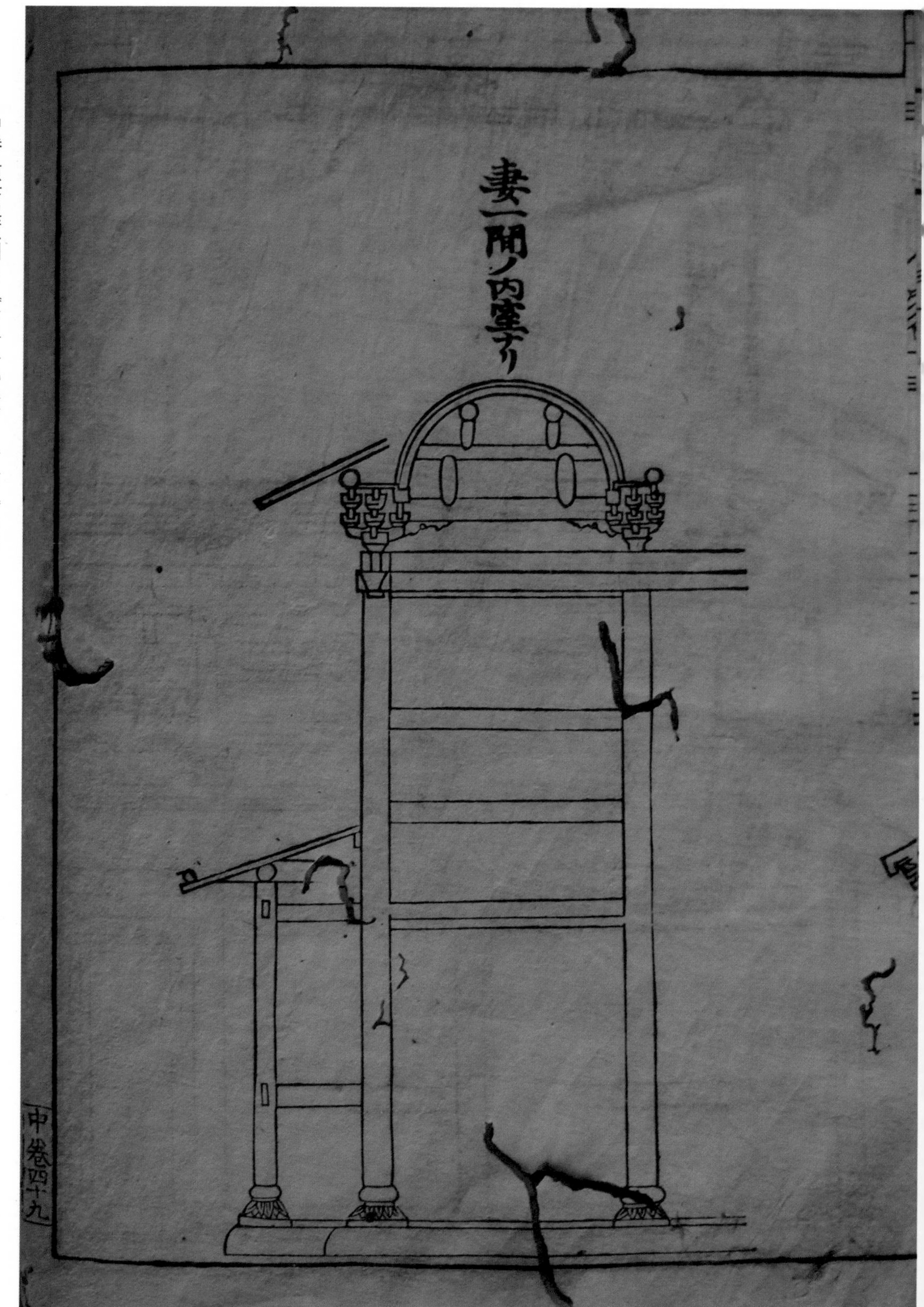
妻一間ノ内室ナリ
中卷四十九

同
中間三間四勢內壁

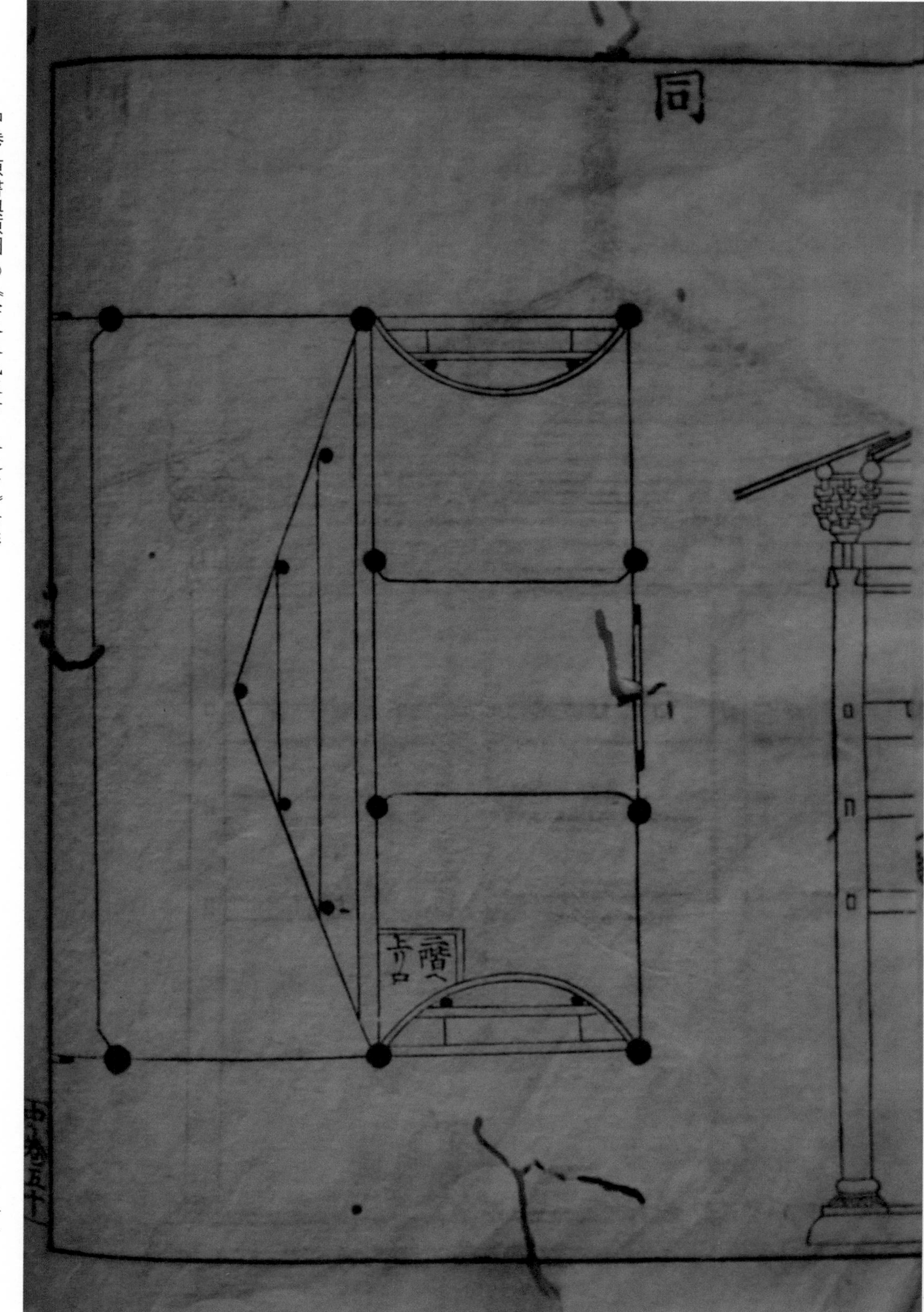
同
階へ上り口

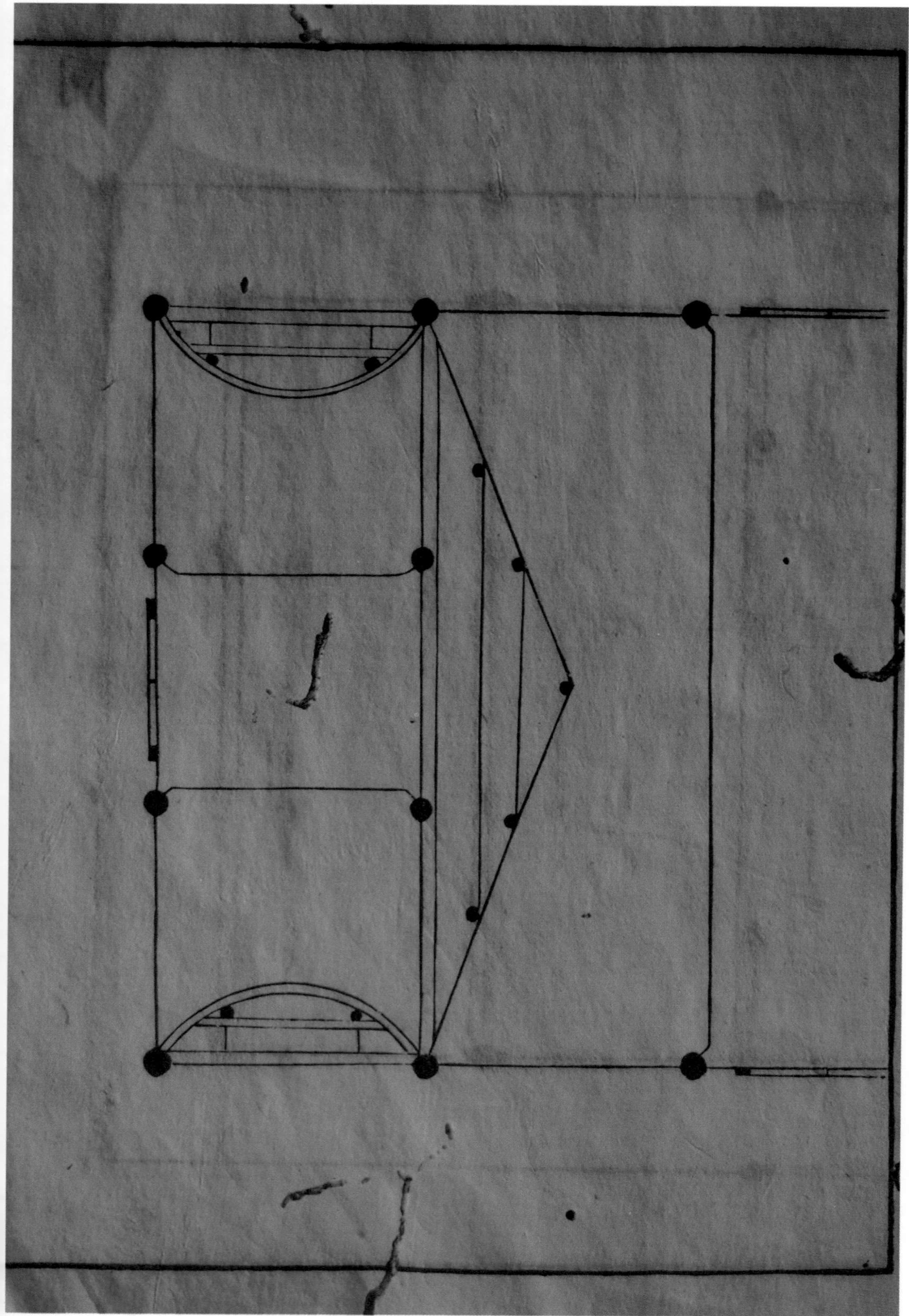

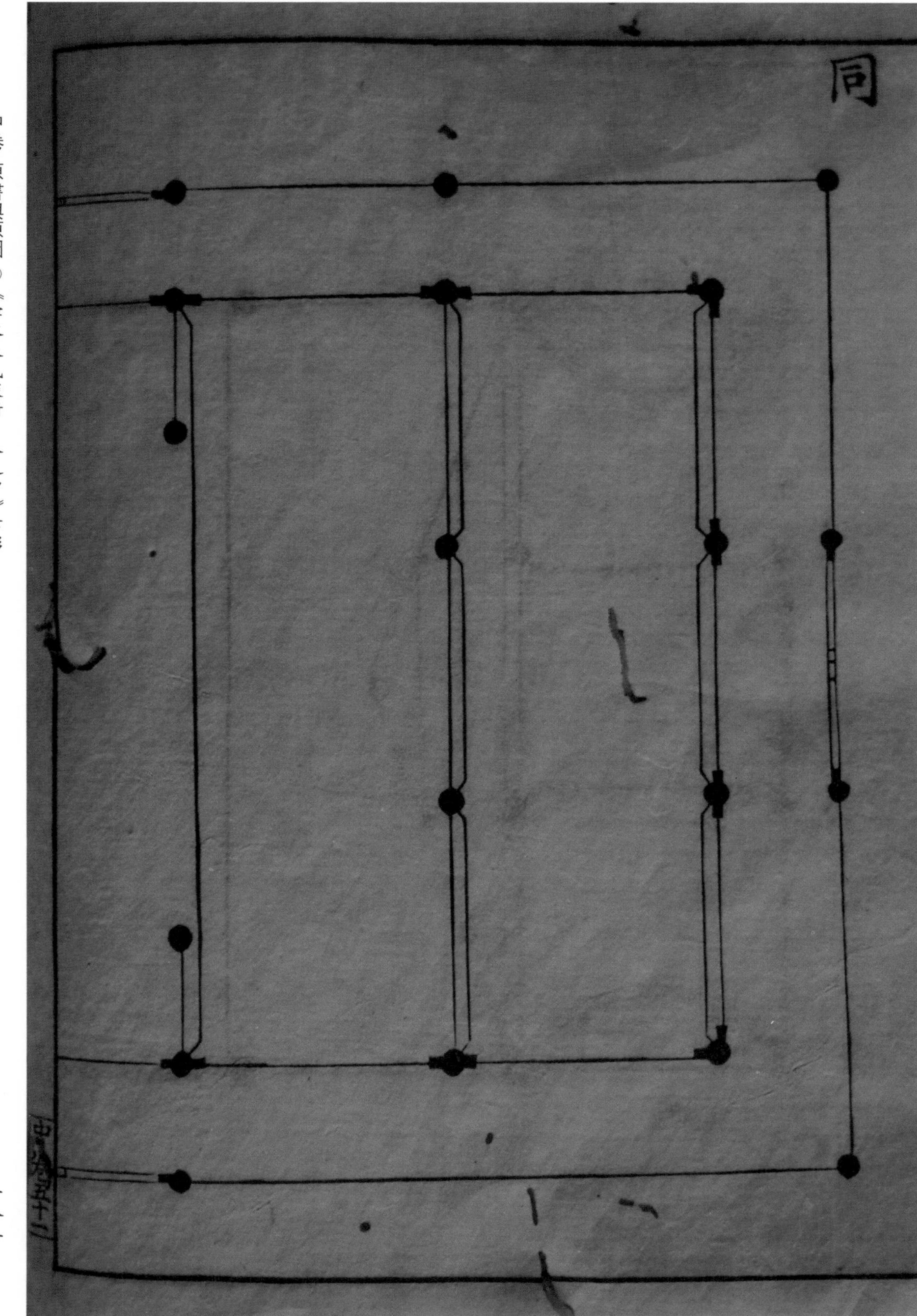
同

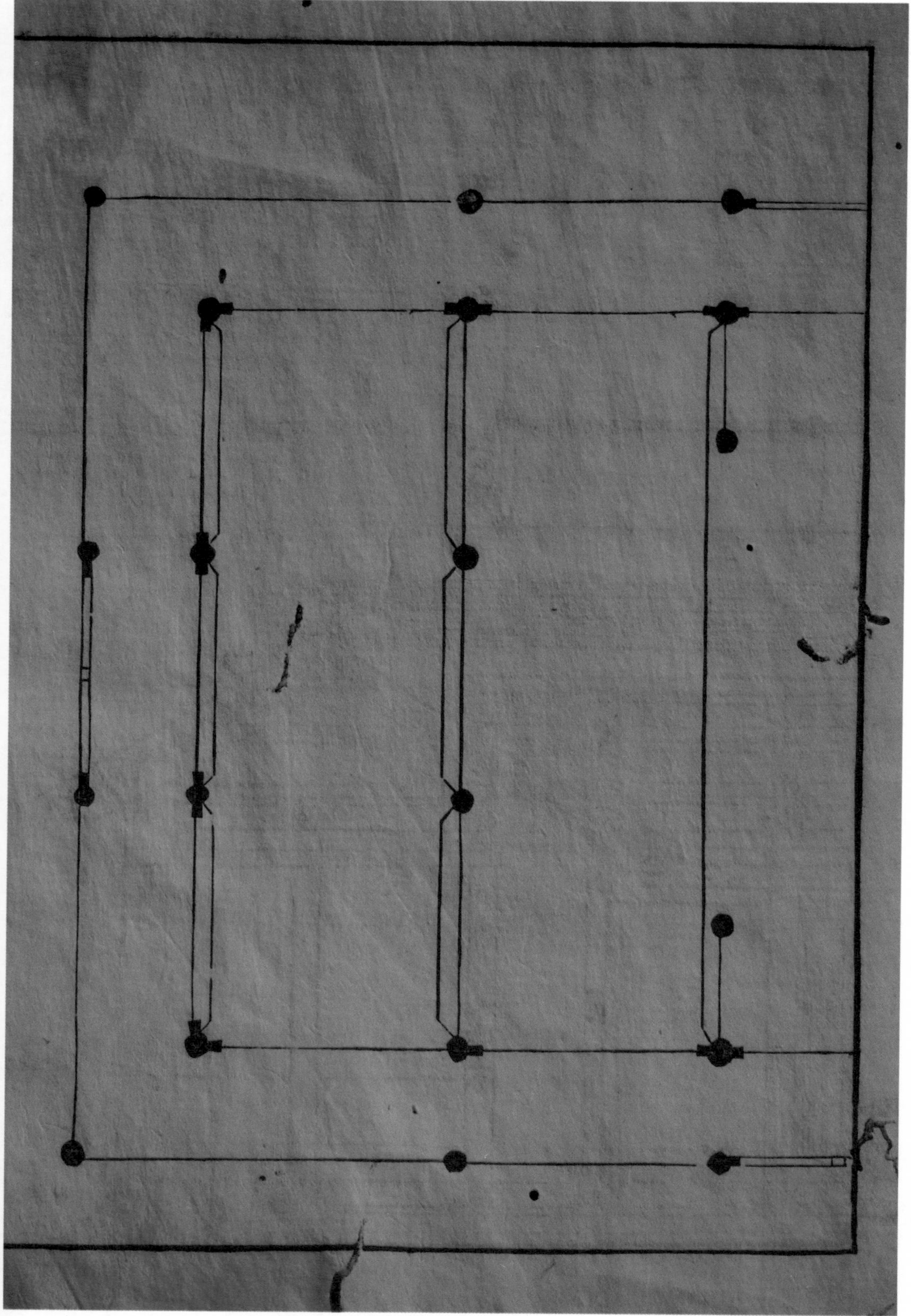

兩廡
九尺間
同
六尺間
太廿
一尺三寸二分
尺

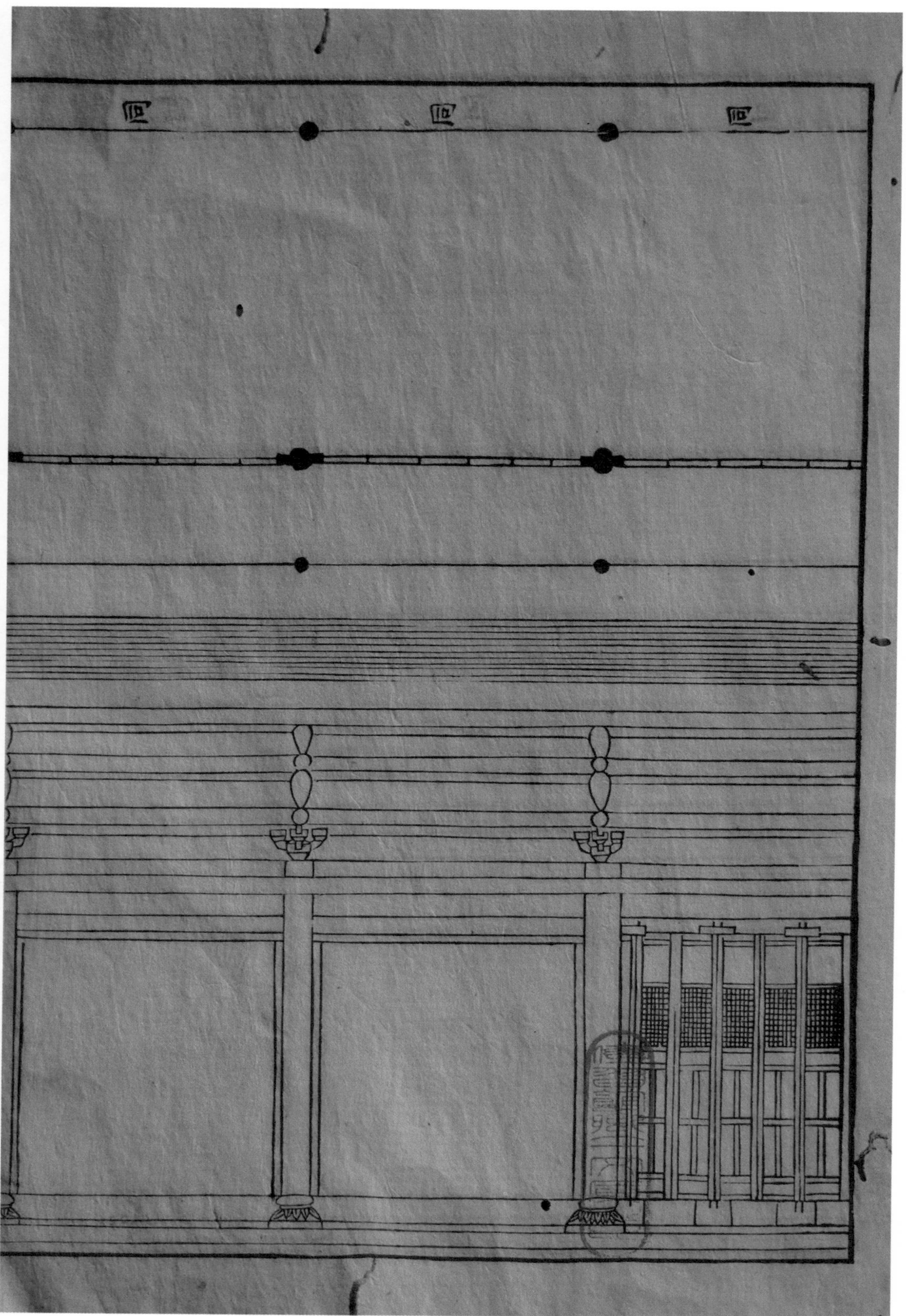

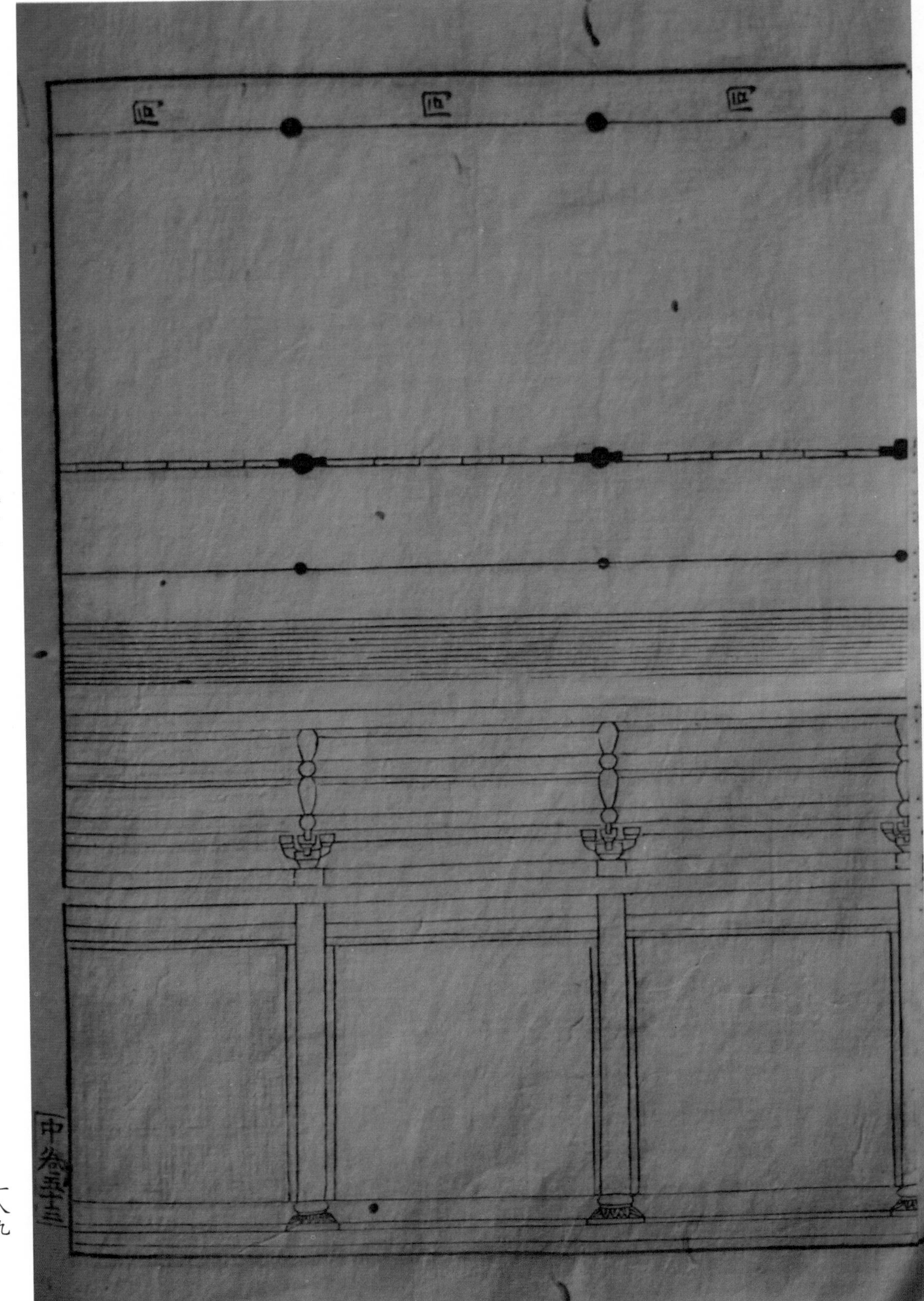

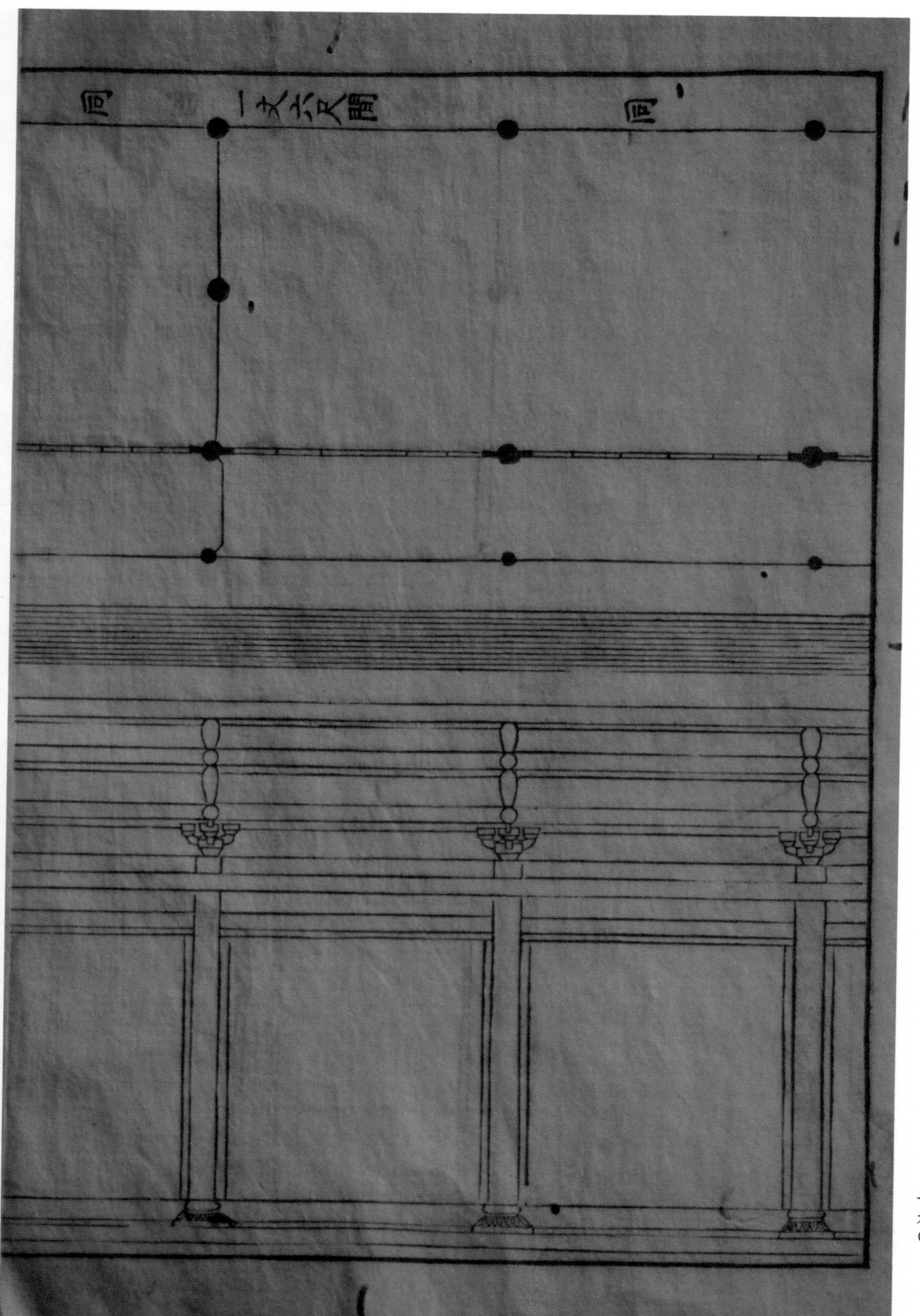
同
一丈六尺間
同

一丈二尺間

間

四寸六分

三丈一尺五寸丸桁ヨリ伏蓮花マデ

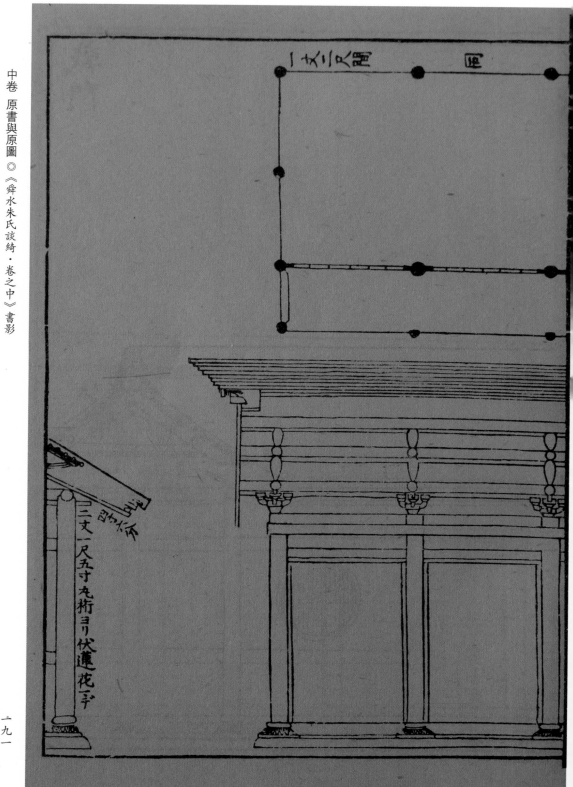

戟門

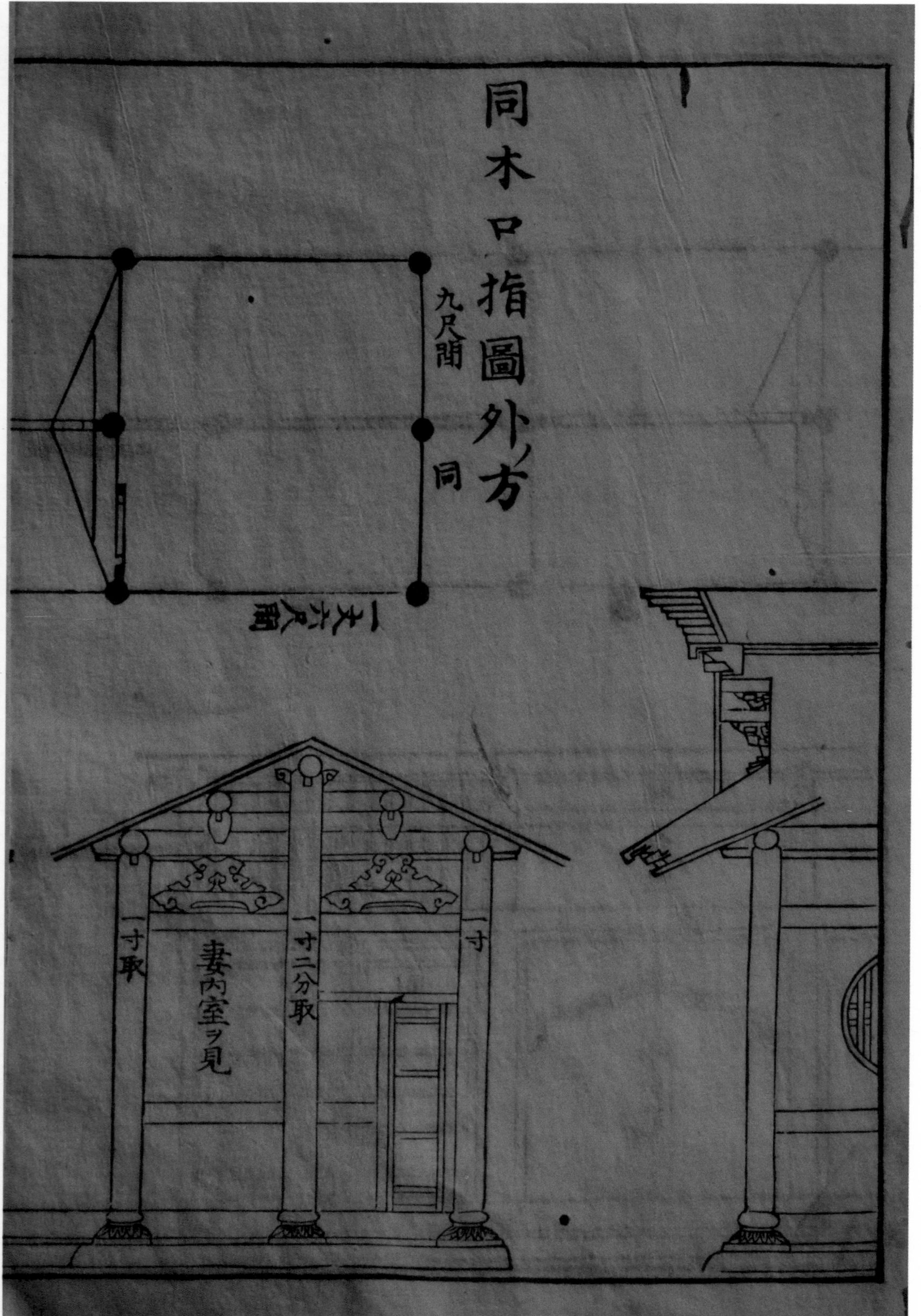
同木口指圖外方
九尺間
同
一丈六尺間
一寸取
一寸二分取
一寸
妻内室ヲ見

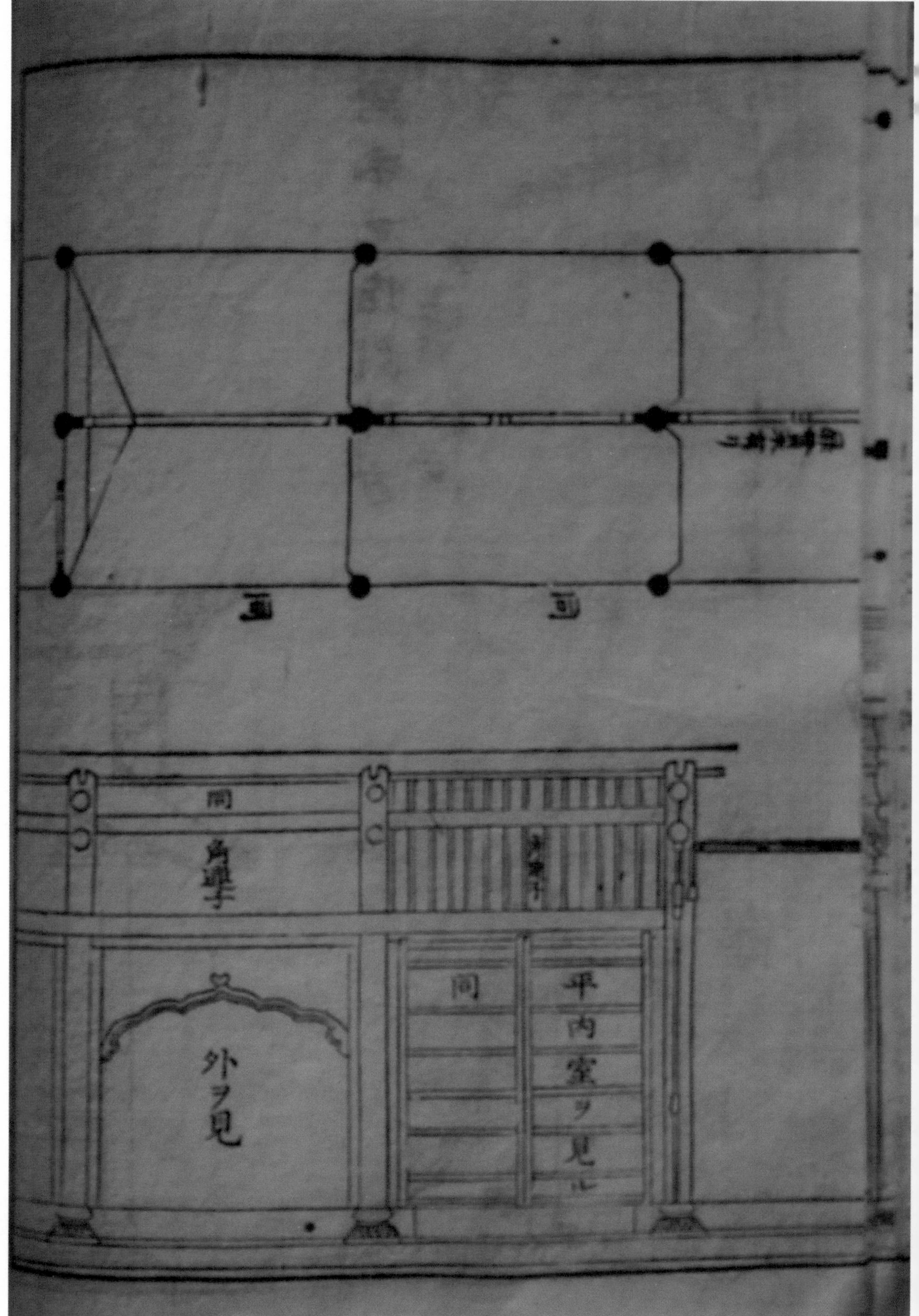
同
同
外ヲ見
平内室ヲ見ル

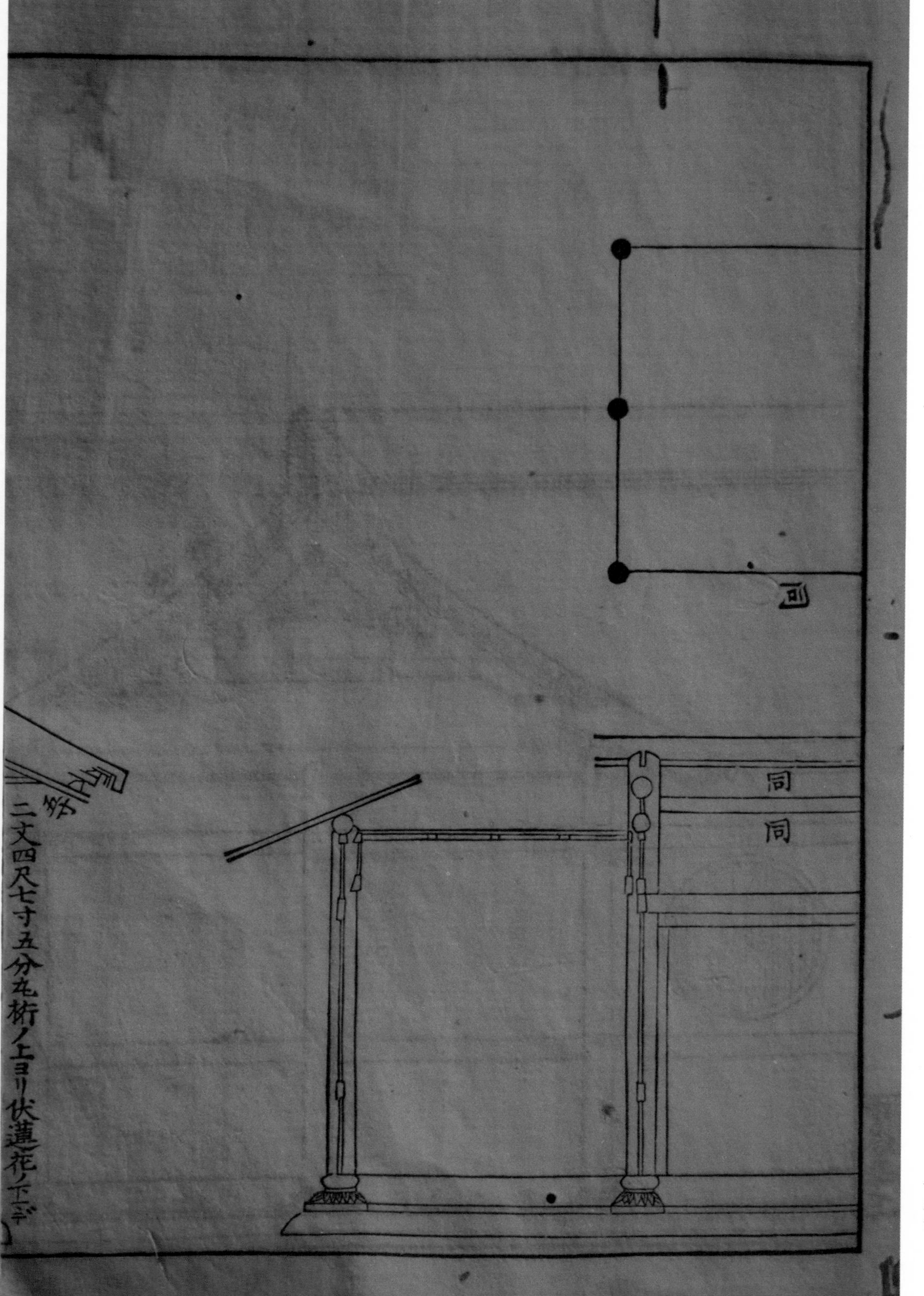
同
同
同
二丈四尺七寸五分ハ桁ノ上ヨリ伏蓮花ノ下マデ

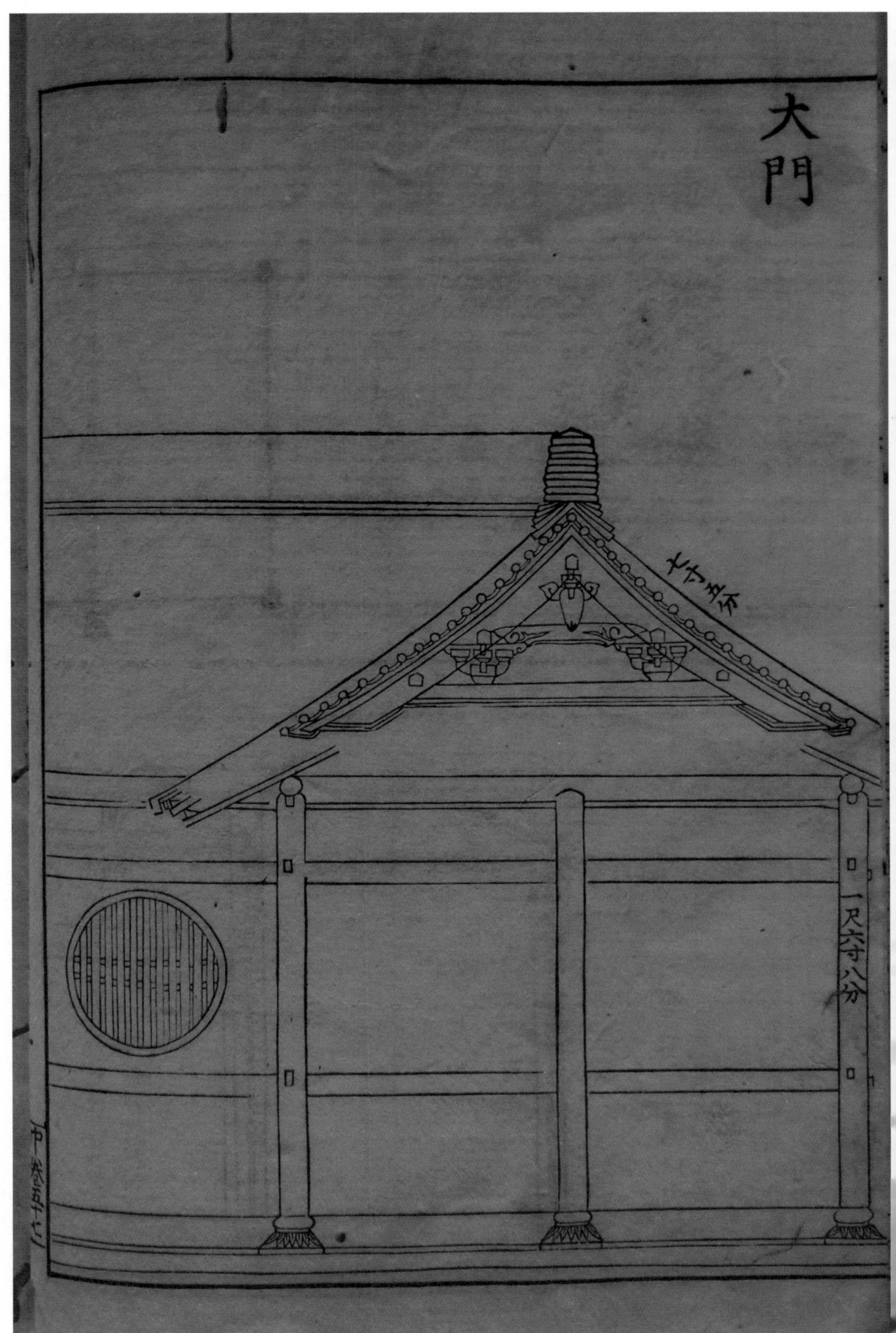
大門
七寸五分
一尺六寸八分
中卷五十七

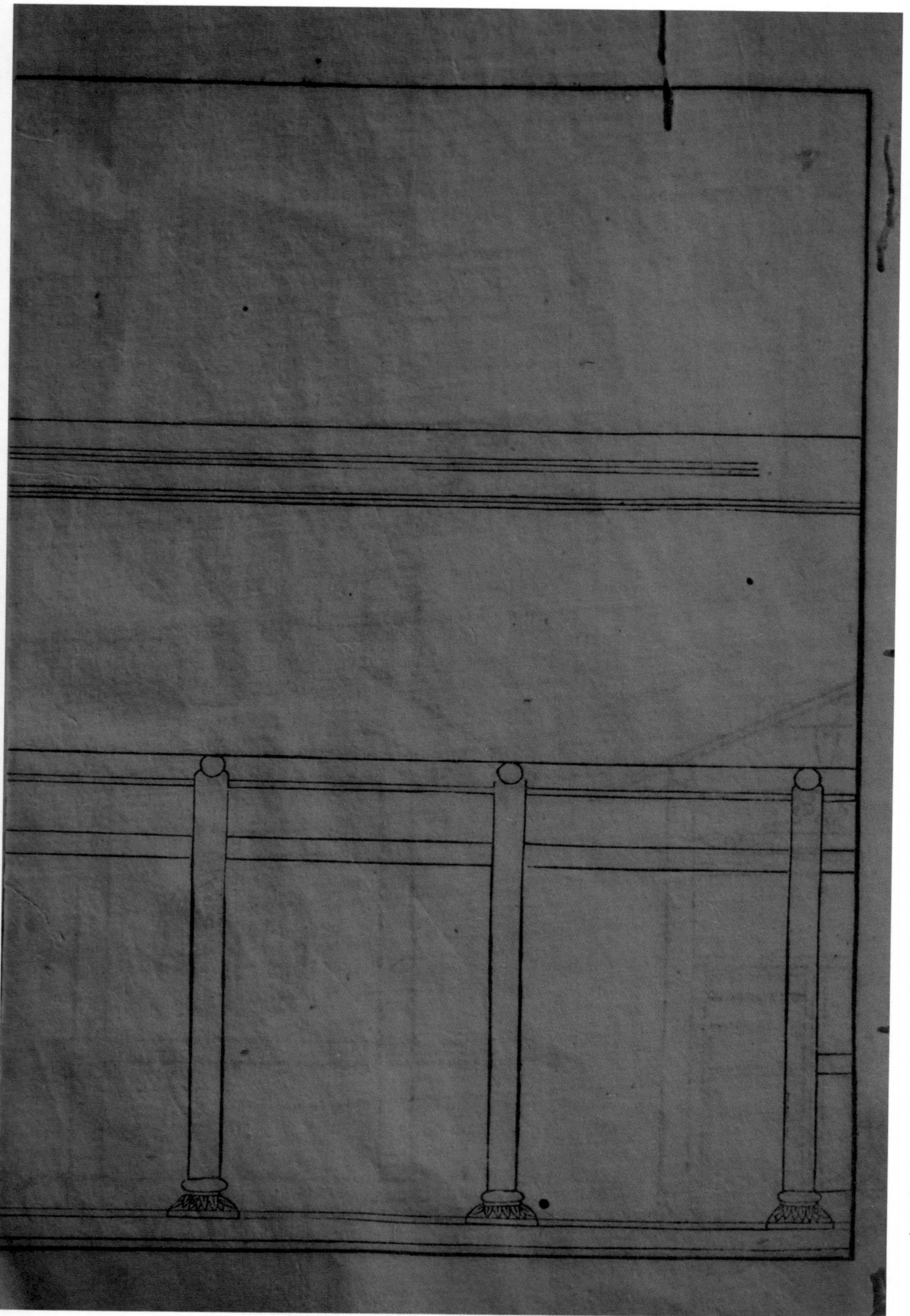

一尺九寸二分

門ノ外ヲ見ル

門ノ内ヲ見ル

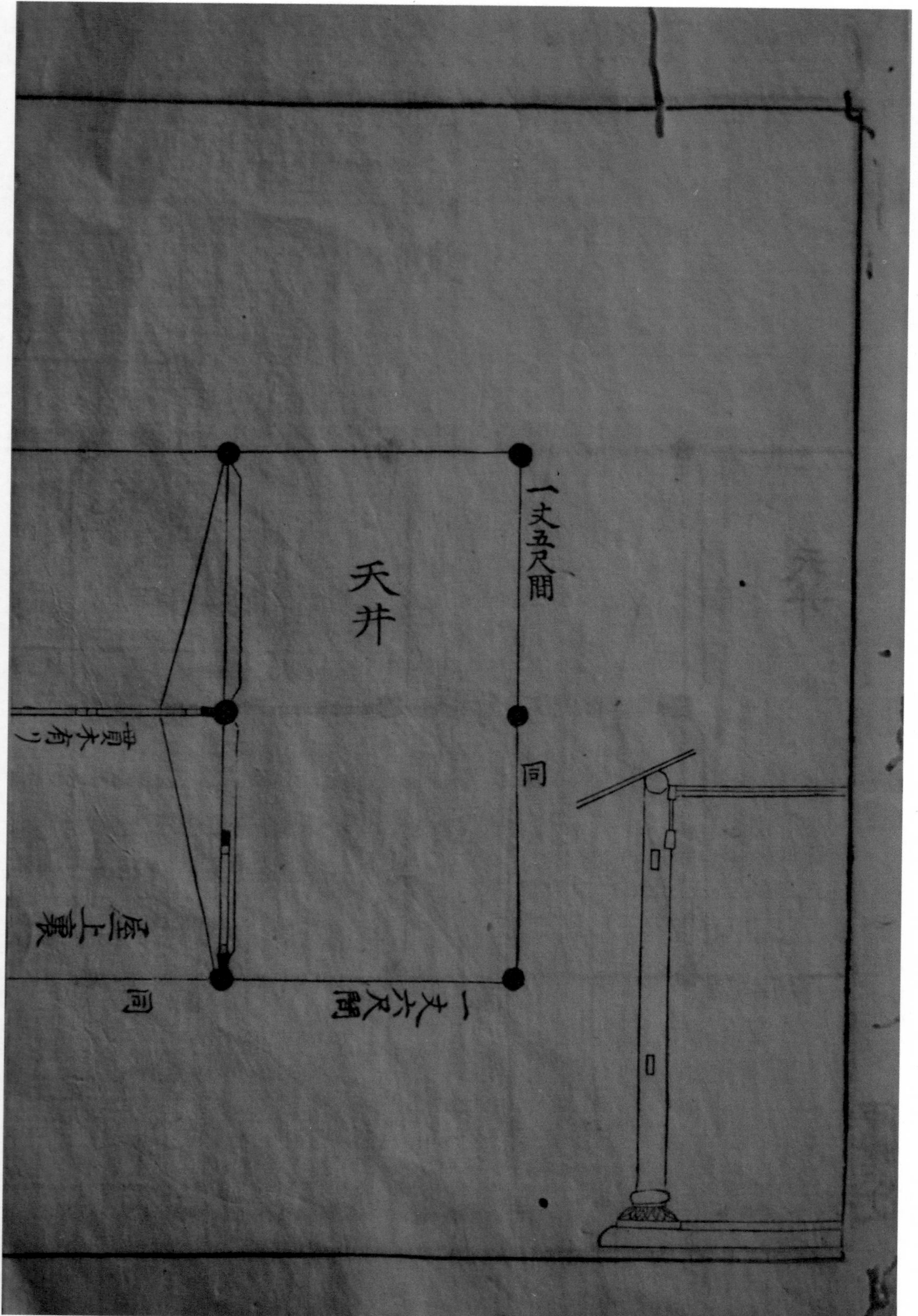
天井
一丈五尺間
同
一丈六尺間
同
貫木有リ

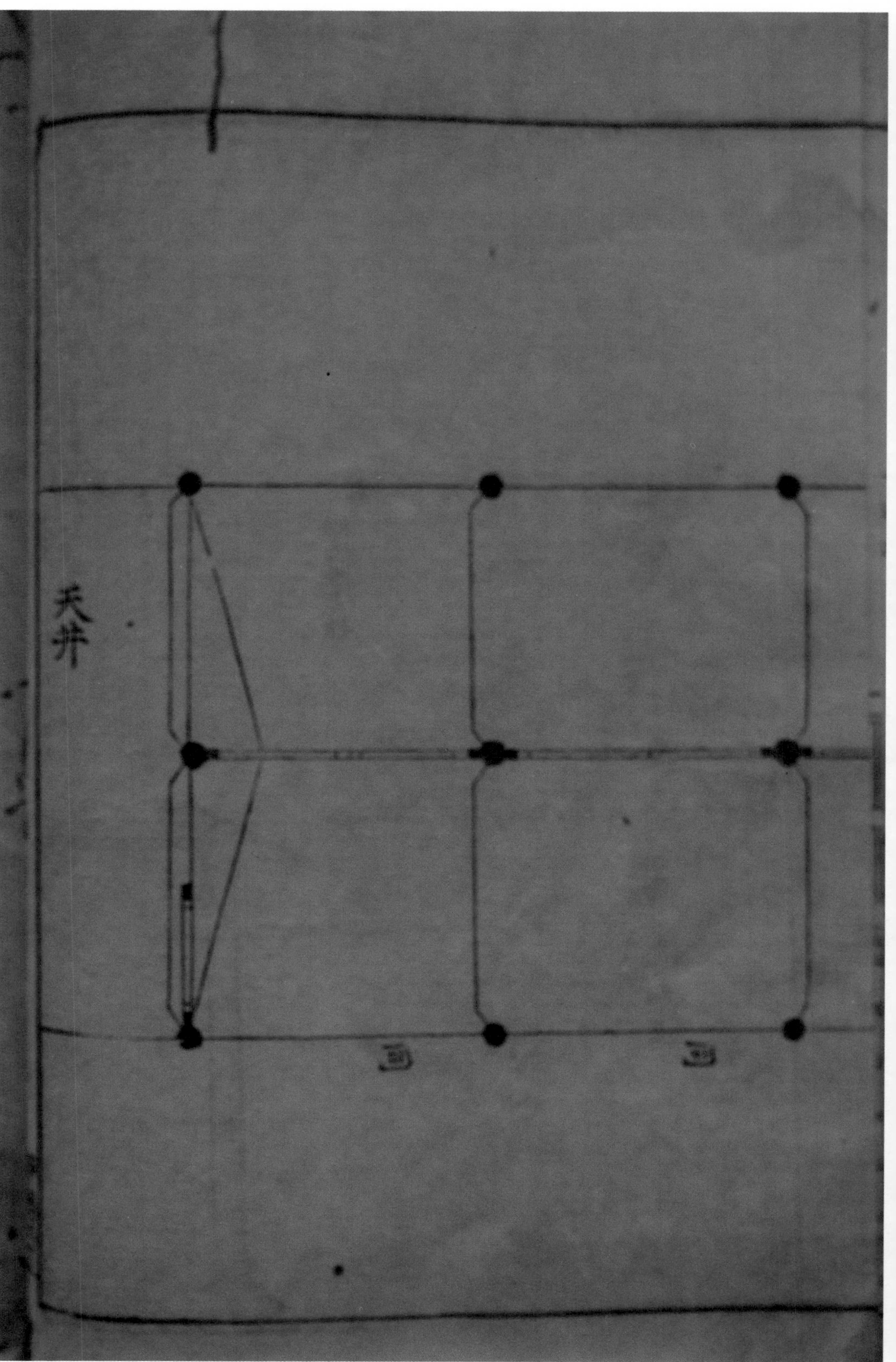
天井

明倫堂
太サ 一尺守分

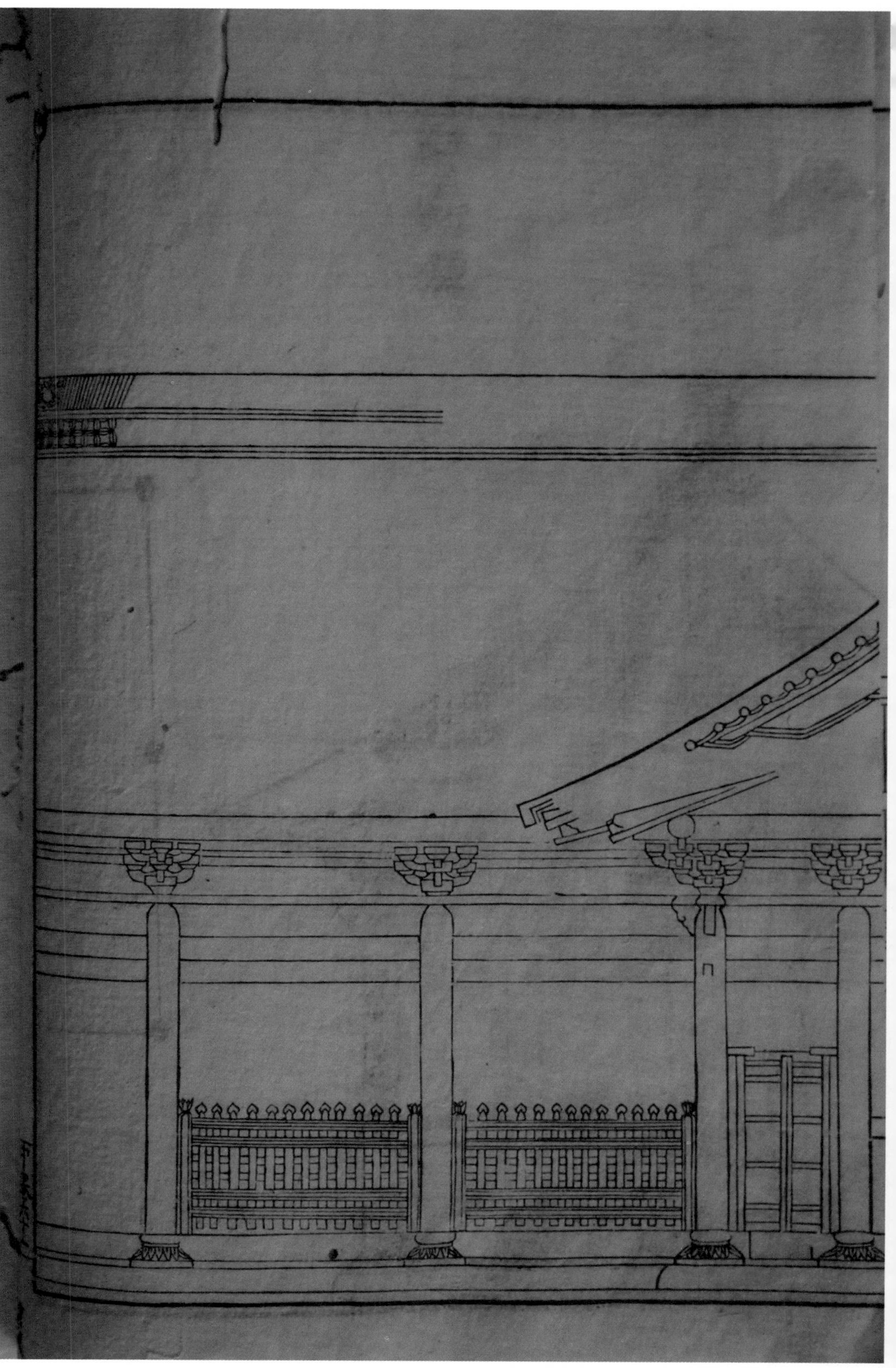

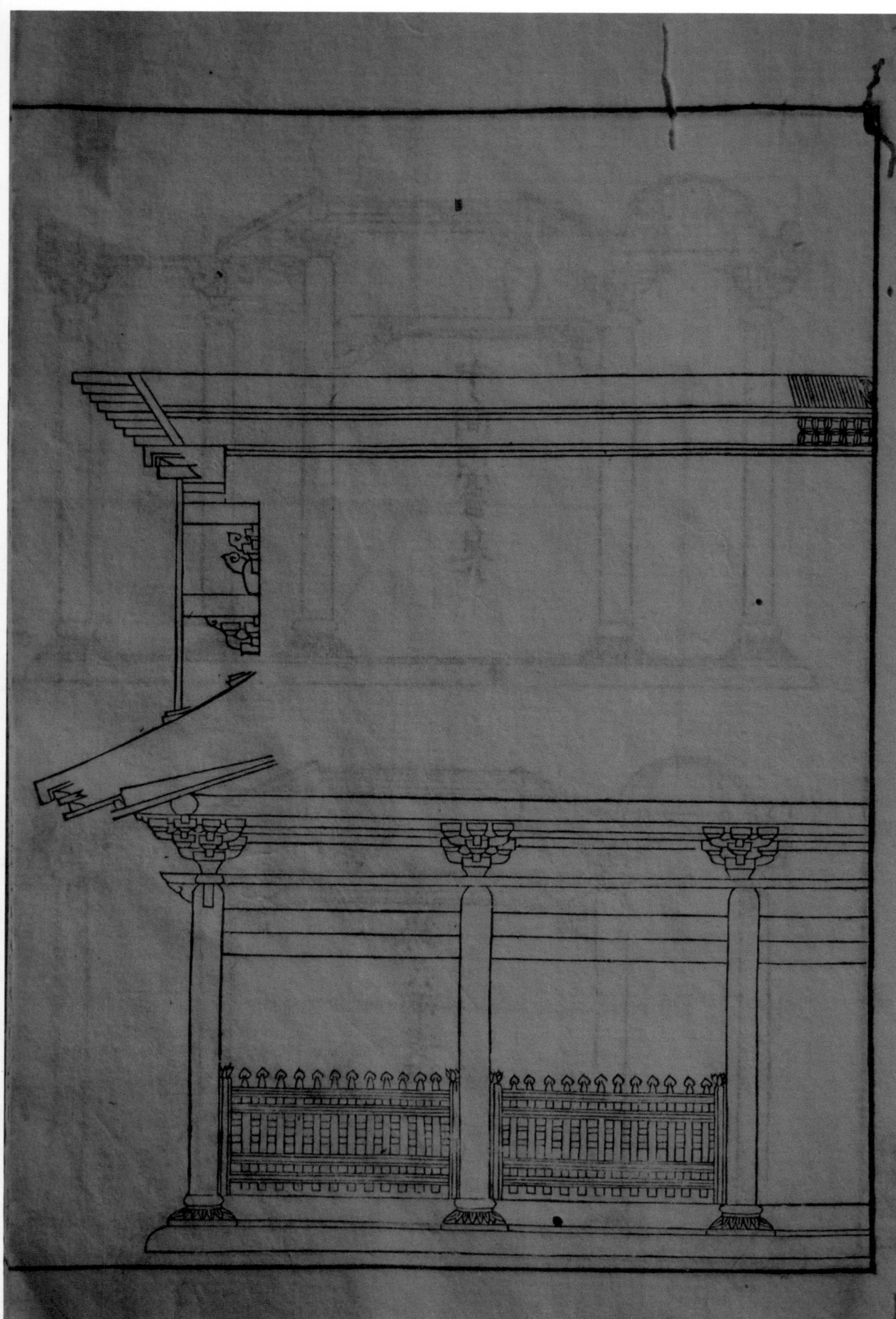

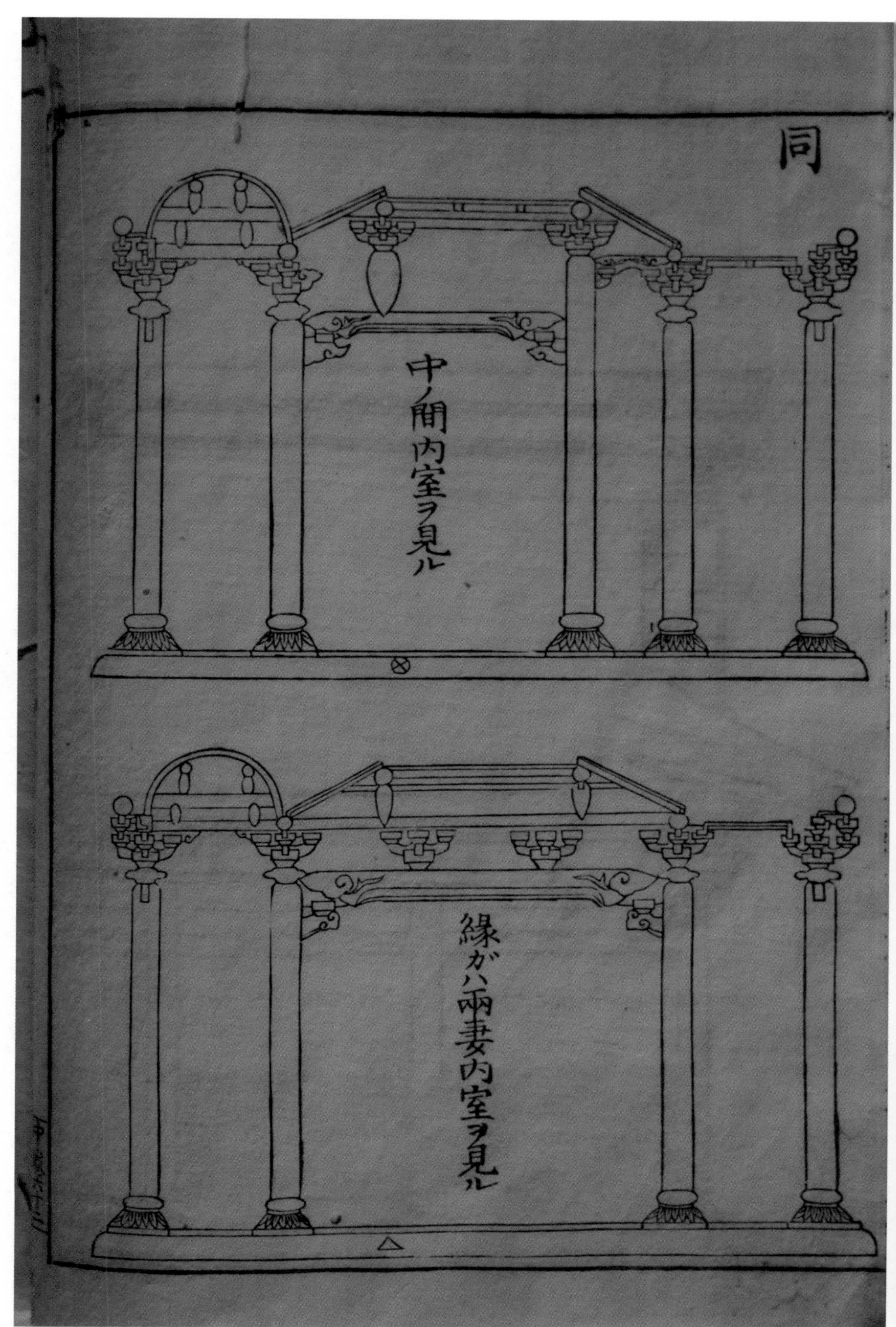
同
中ノ間内室ヲ見ル
緣ガハ兩妻内室ヲ見ル

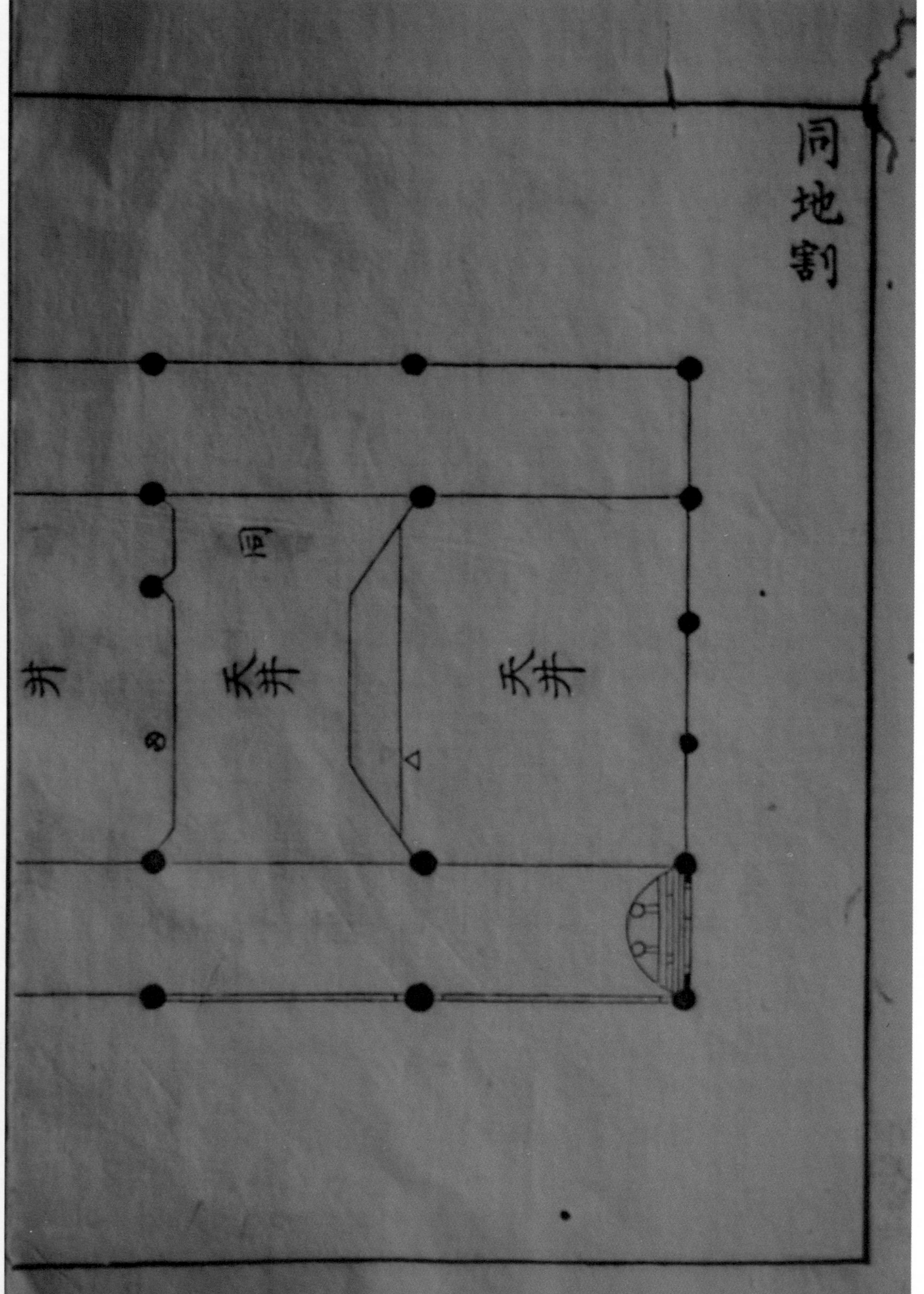

同地割
同
天井
天井
井

天井

天井

天

同

圓方

鐘樓　鼓樓

高二丈一尺六寸地覆下バヨリ九桁上バマデ
内七尺二寸切目縁上ヨリ九桁上マデ
内三尺一寸切目縁上ヨリ下九桁上バマデ

總シテ兩樓共ニ造リ様并ニ高サマデ同ジ但シ鐘樓ニハ天井無シ鼓樓ニハ天井ヲ張ル也

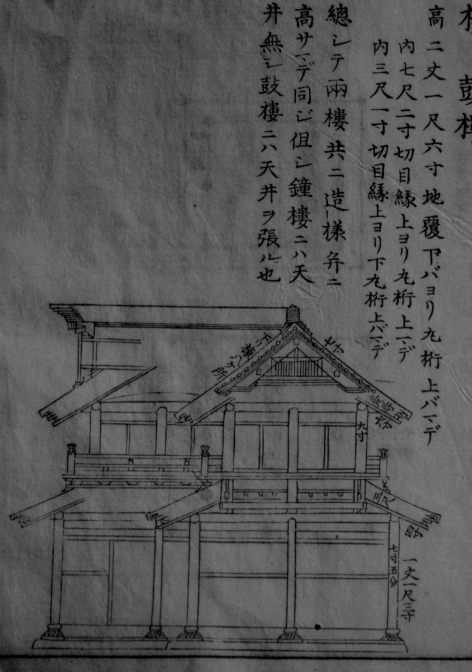

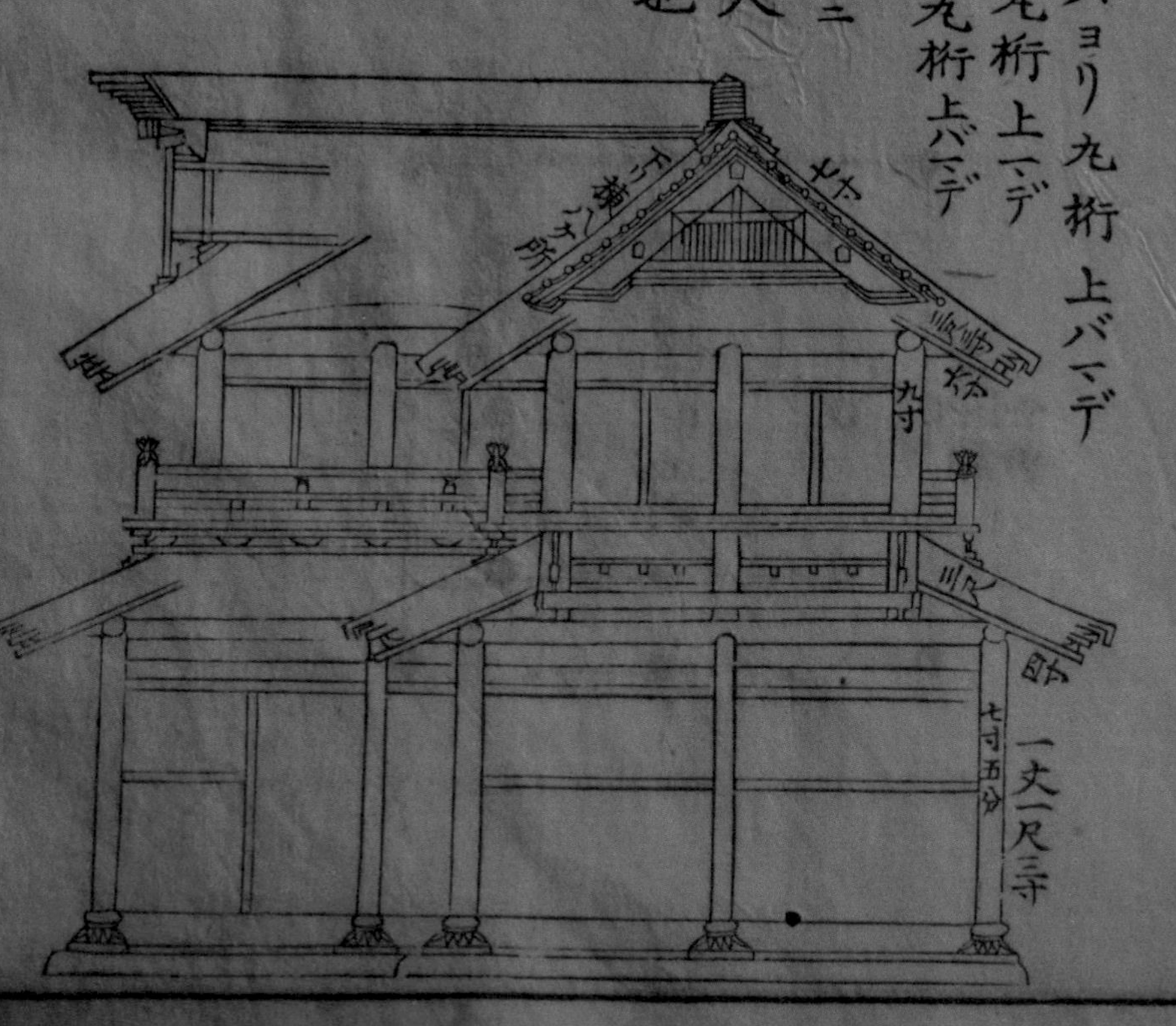

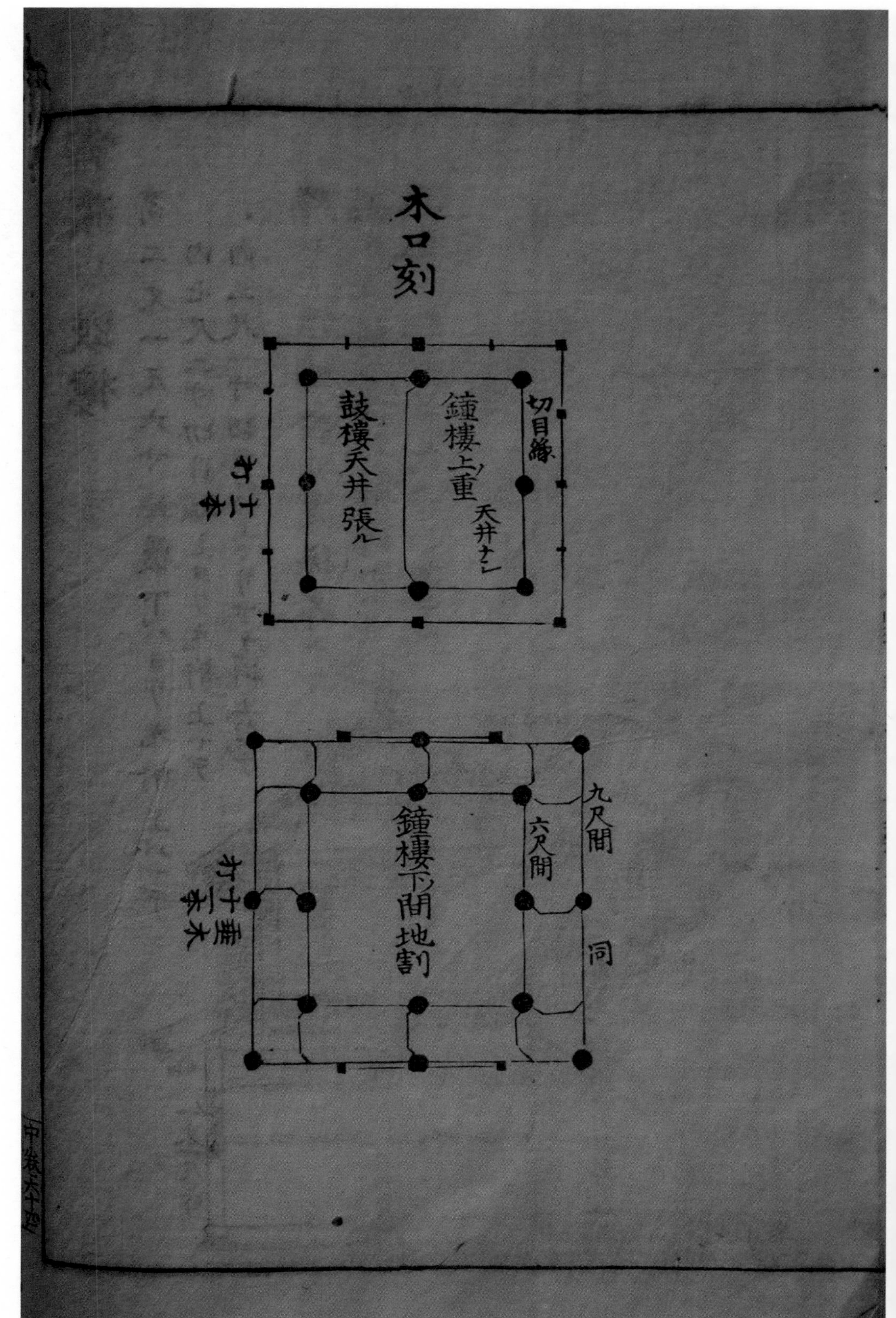
木口刻
鐘樓上ノ重
天井ナシ
鼓樓天井張ル
切目緣
柱十二本
鐘樓下ノ間地割
九尺間
六尺間
同
柱十二本
垂木
中卷六十四

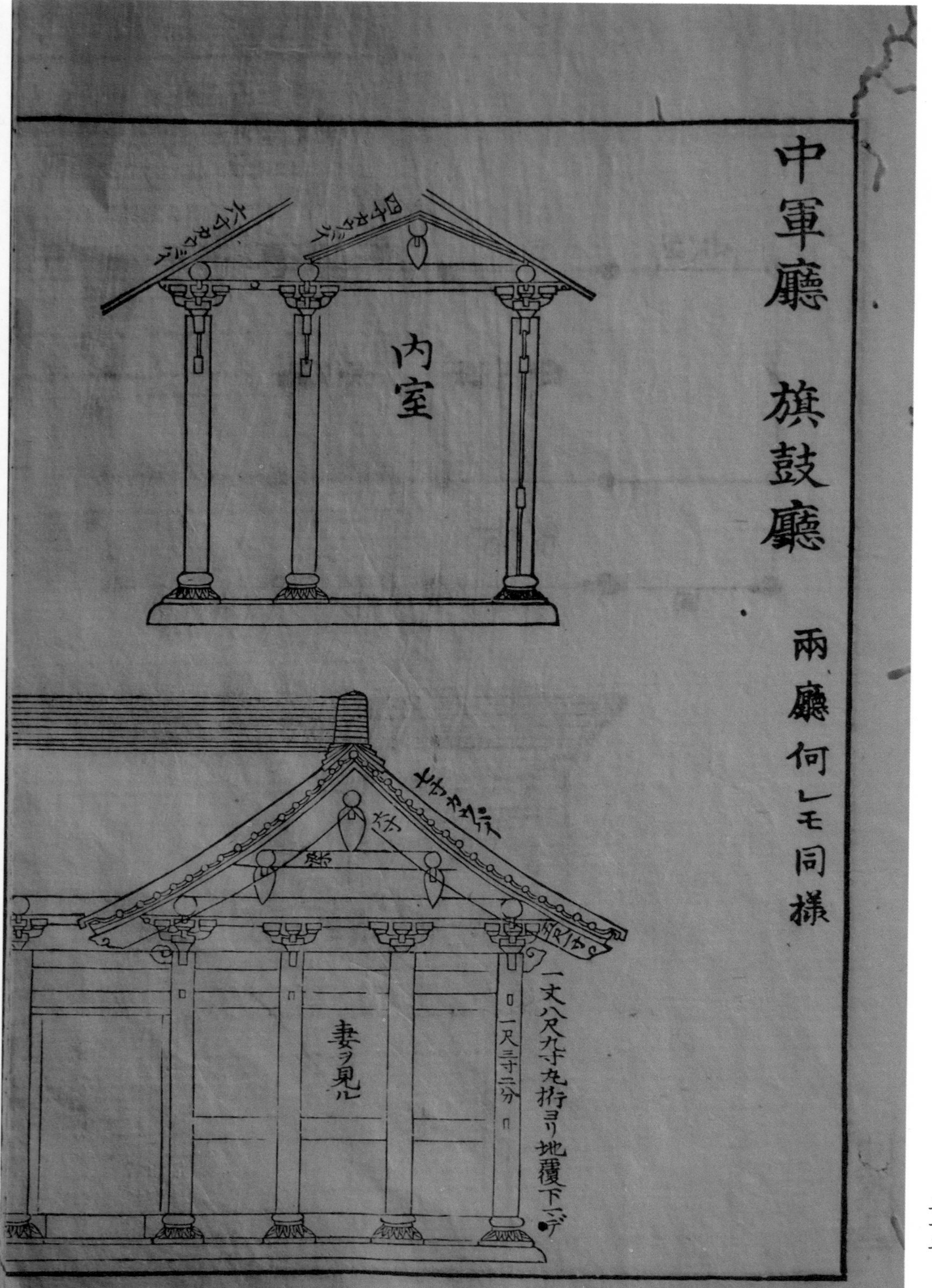
中軍廳　旗鼓廳
兩廳何レモ同様
内室
妻ヲ見ル
一尺三寸二分
一丈八尺九寸九折ヨリ地覆下マデ

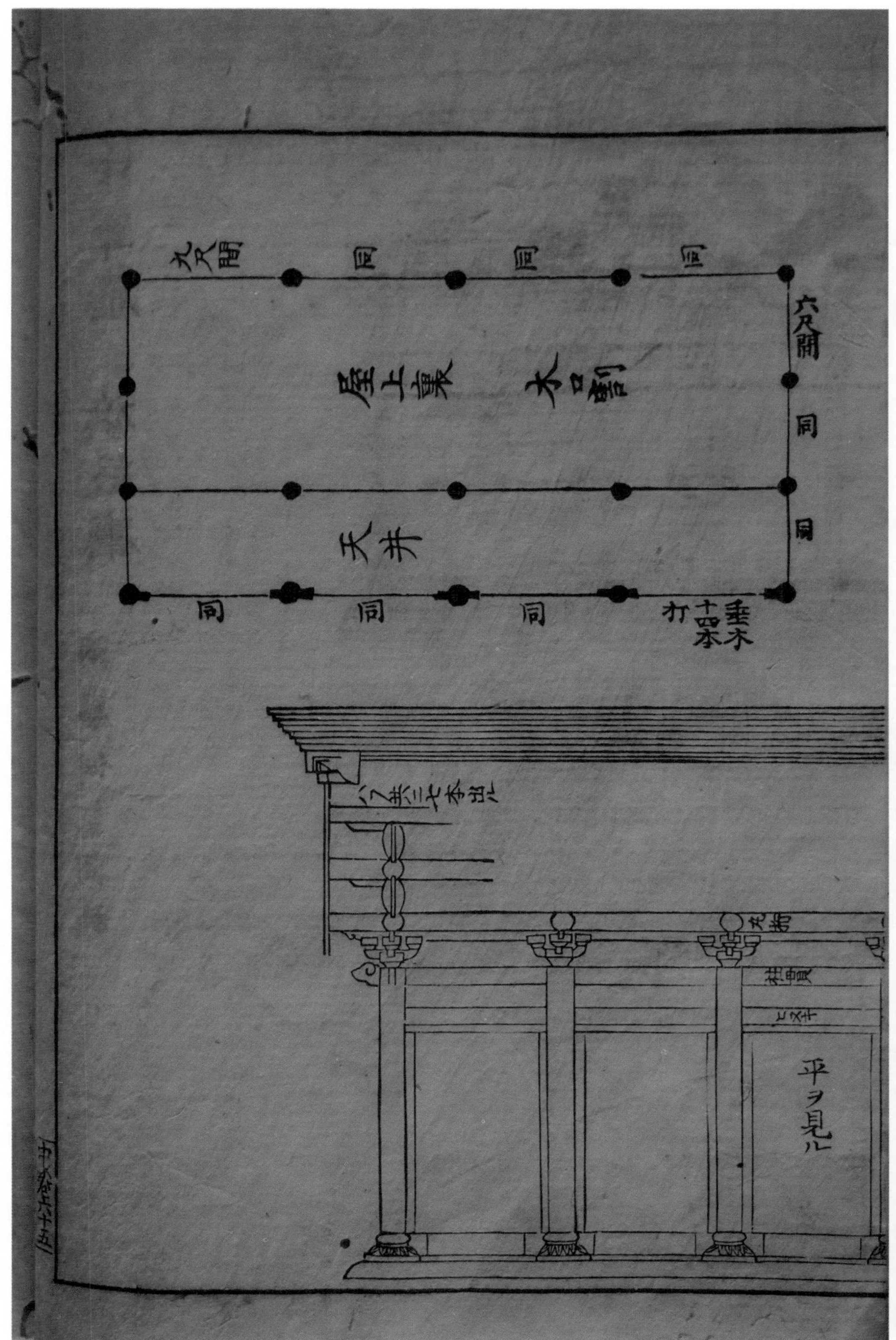
九尺間
同
同
同
六尺間
同
同
天井
同
同
同
平ヲ見ル

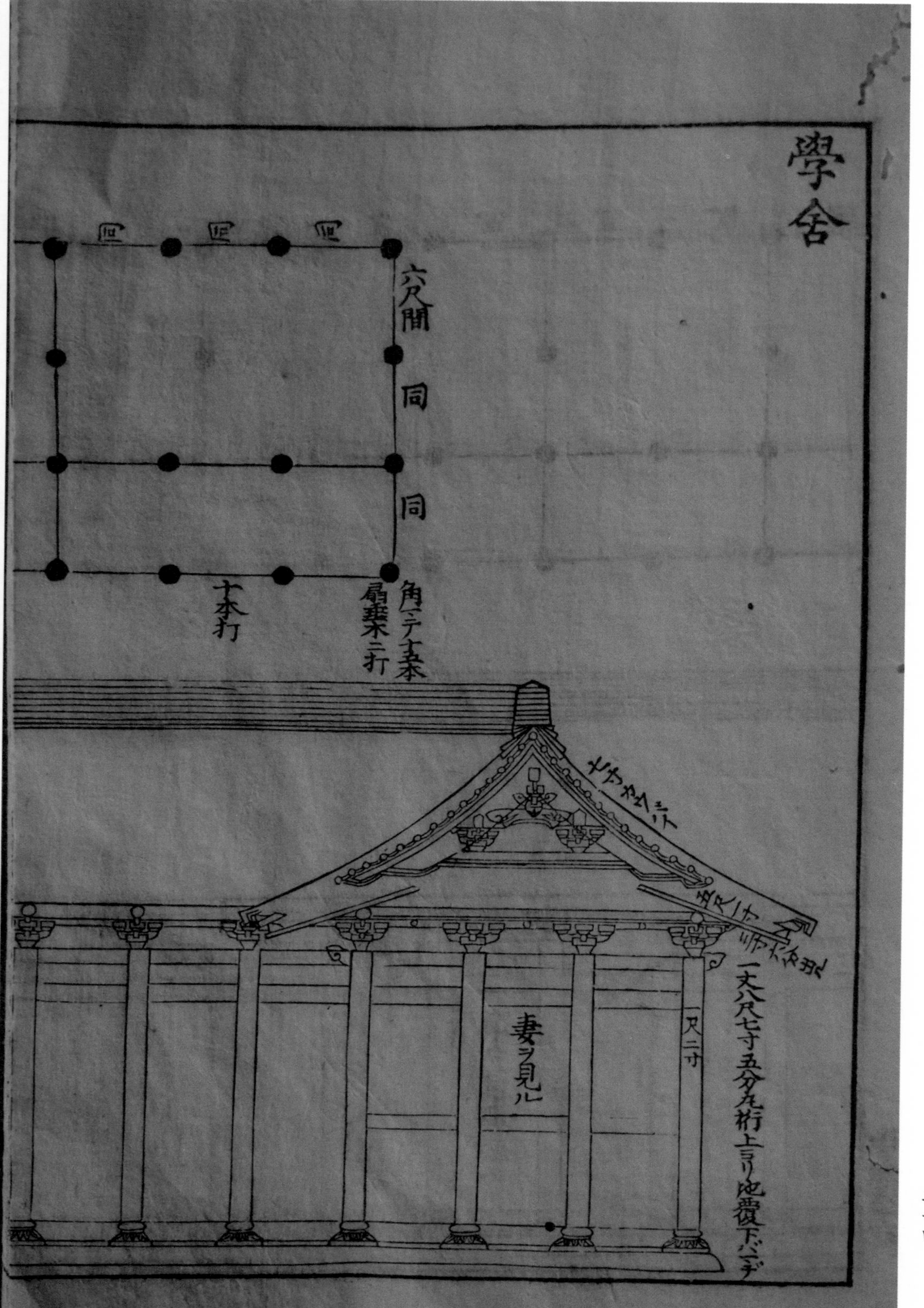
學舍
六尺間
同
同
十本打
角ニテ十本
扇垂木二打
妻ヲ見ル
一尺二寸
一丈八尺七寸五分九桁上ヨリ地覆下ハデ

平ヲ見ル

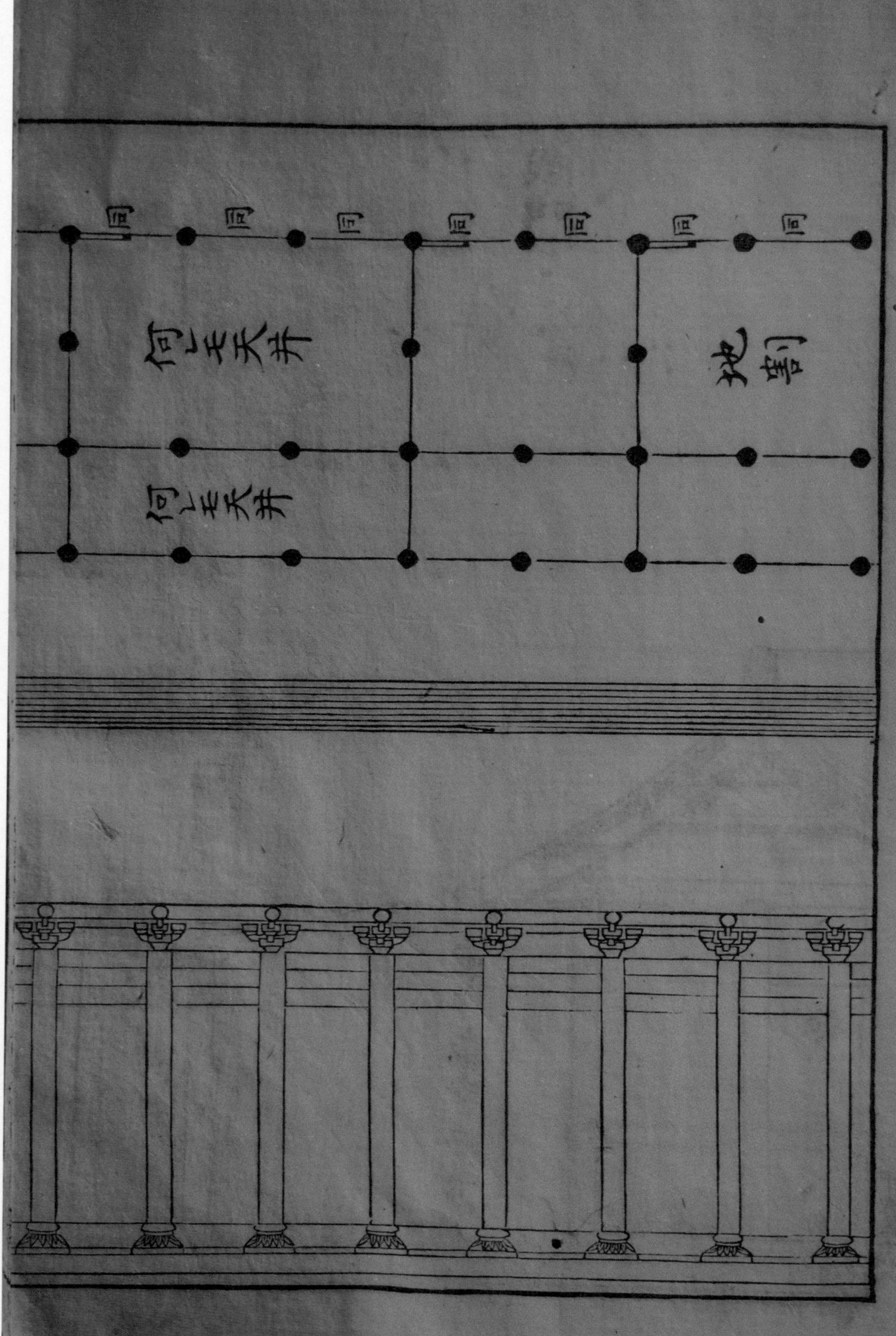

儀門
六尺間
同
妻
二丈七寸
九桁上バカリ地覆下マデ
九尺間
同
中巻六十七

内室造リ様ハ皆ナ如ニ戟門ノ一
一丈四尺三寸八分間
同
同

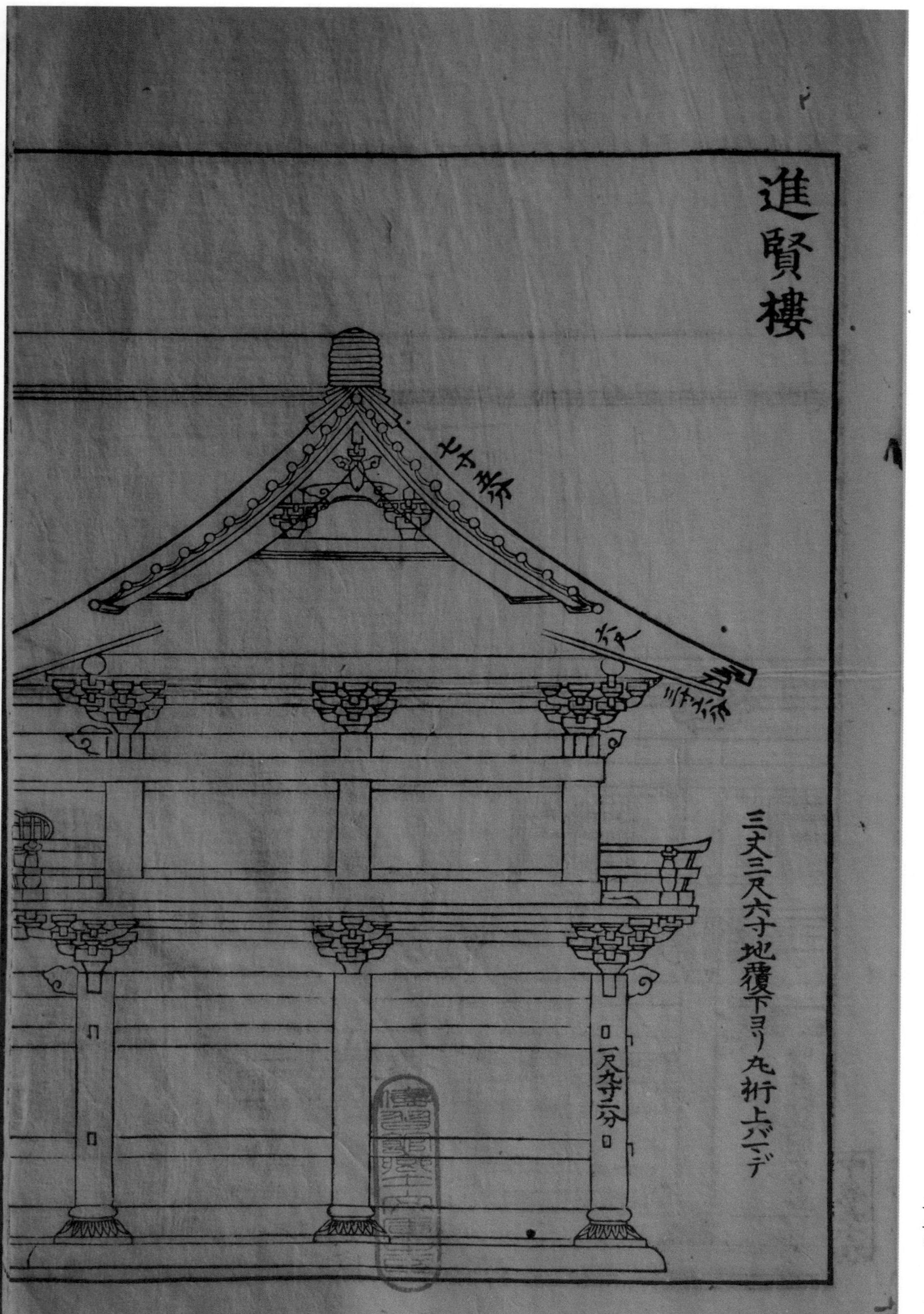
進賢樓
七寸五分
六尺
三寸六分
三丈三尺六寸地覆下ヨリ九桁上バヾデ
一尺九寸二分

開戶內ヲ見
內ヘ開ク
內ノ方如此明ケ六寸
中卷六十九

下ニ地覆アレ

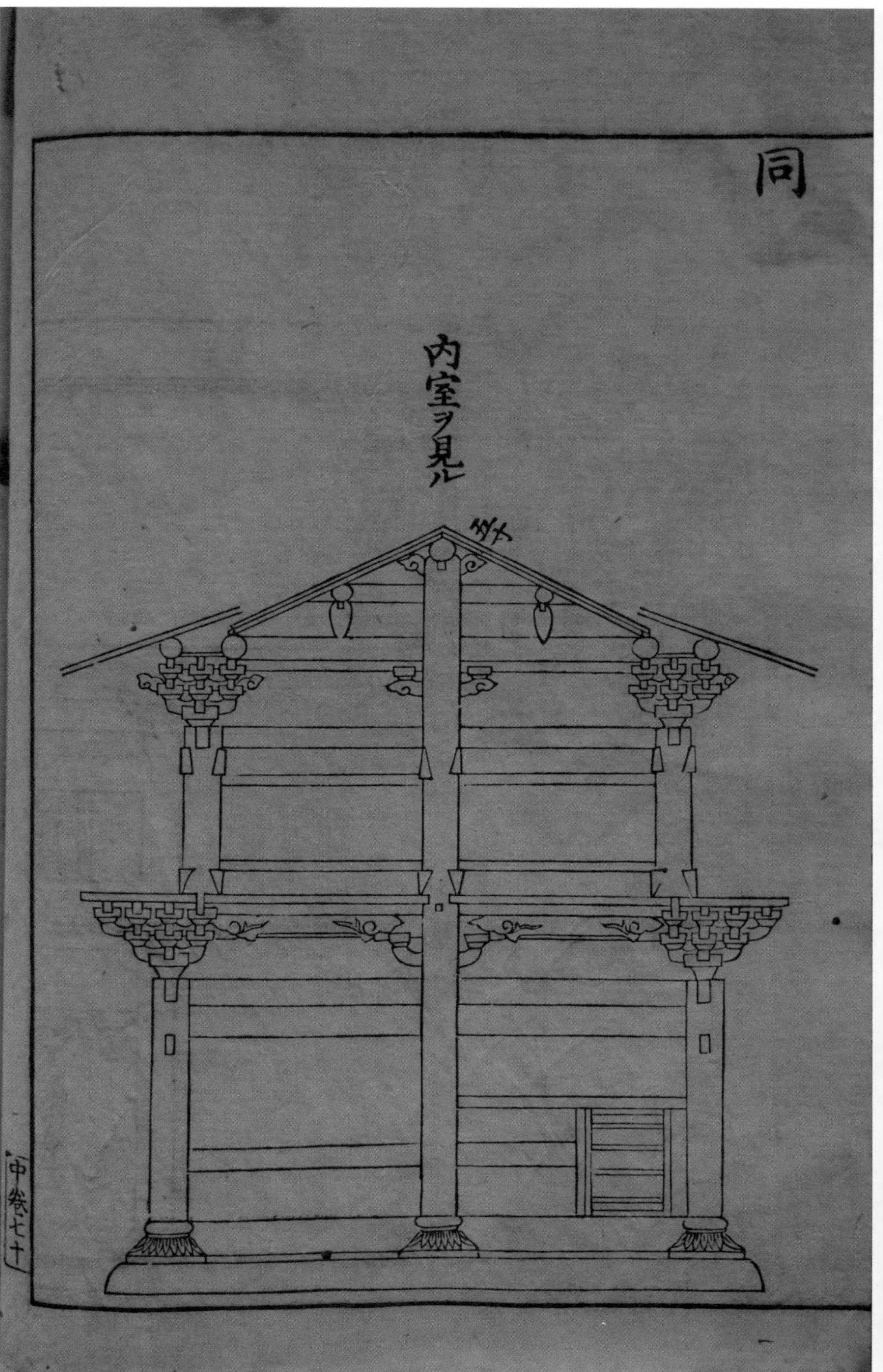
同
内室ヲ見ル
中卷七十

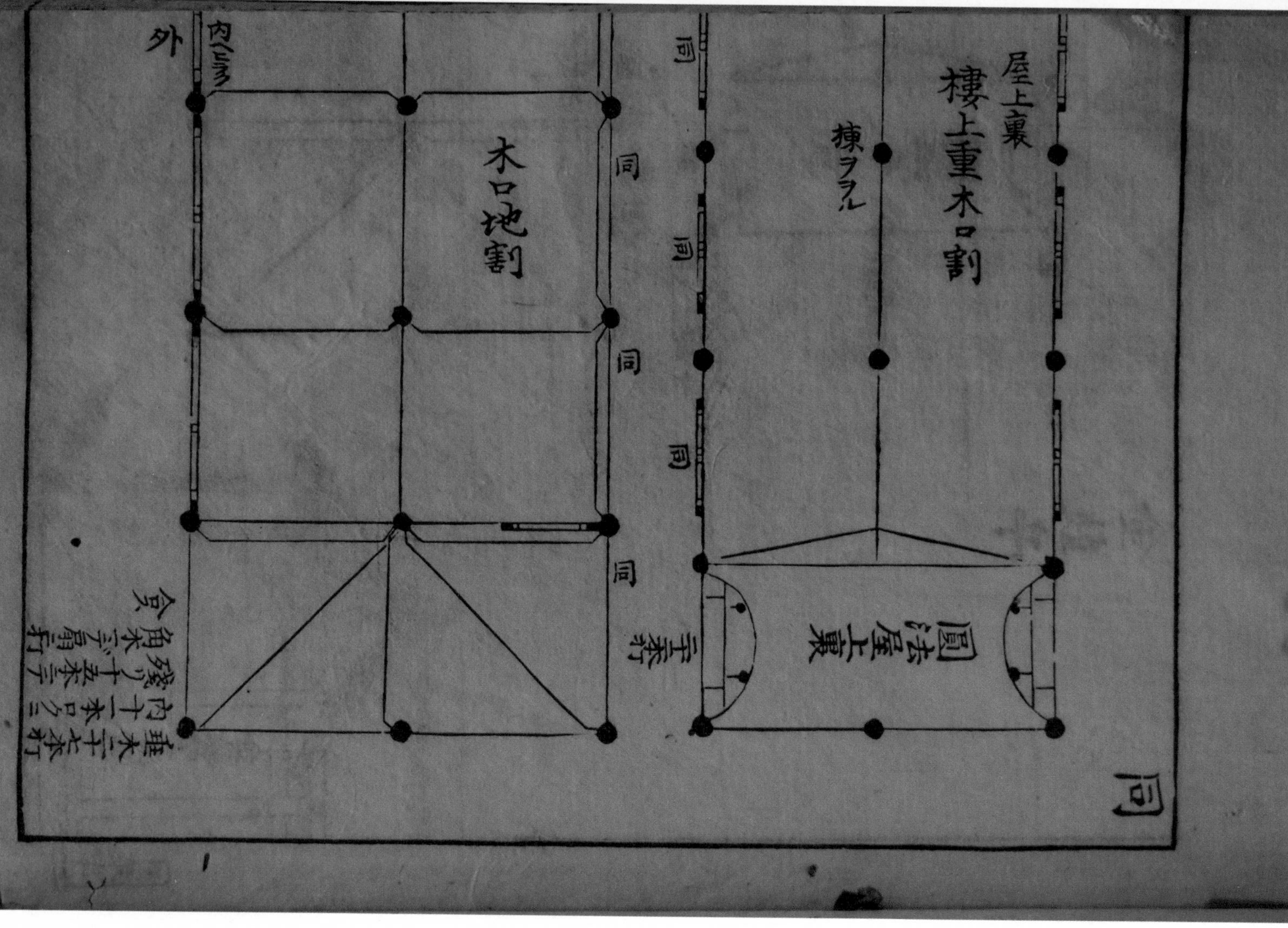
同
圓法屋上裏
二十一本打
屋上裏
樓上重木口割
同
同
同
同
木口地割
外
垂木二十七本打
内十一本ロクニ
殘リ十五本ニテ
角木ニテ扇ニ打
合入

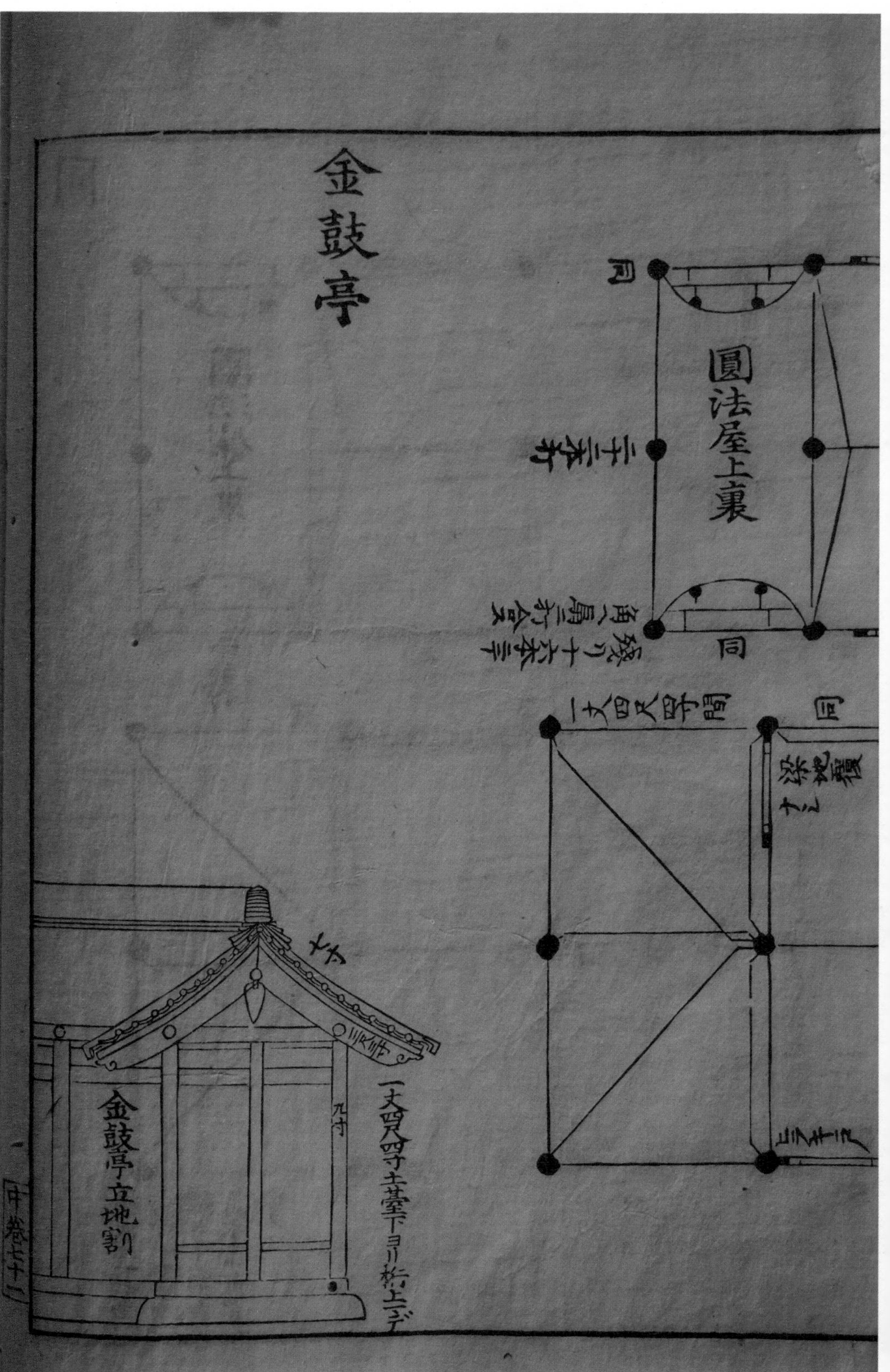
金鼓亭
同
圓法屋上裏
同
同
金鼓亭立地割
中卷七十一

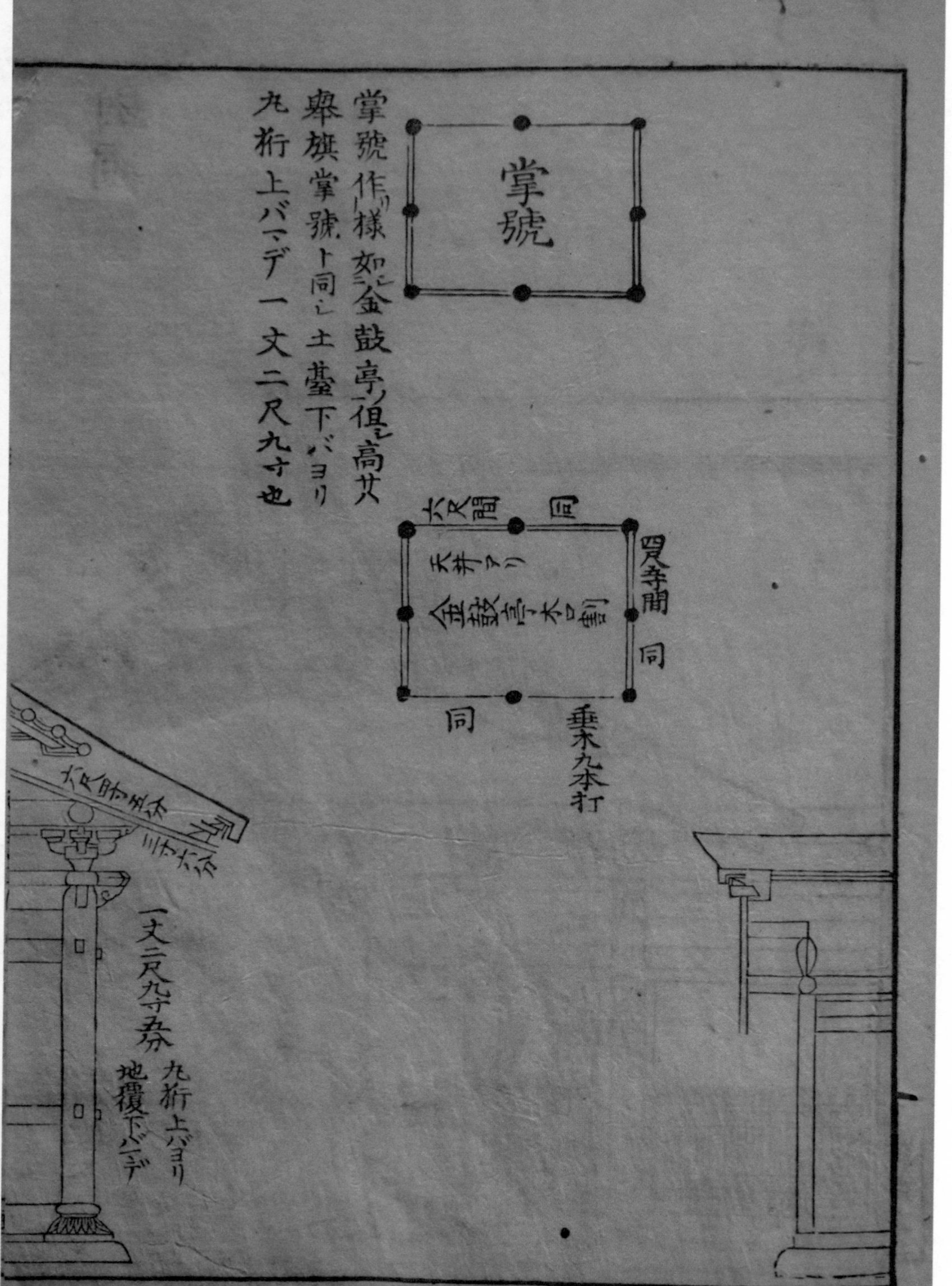
掌號作リ樣如シ金鼓亭ノ但シ高サ八
畢旗掌號ト同シ土臺下バヨリ
九桁上バマデ一丈二尺九寸也
掌號
六尺間
同
天井アリ
金鼓亭ノ本ワ割
四尺五寸間
同
同
垂木九本打
一丈二尺九寸
九桁上バヨリ
地覆下バデ

射圖
一尺六寸二分
中卷十二

平ヲ見ル

同

中卷七十三

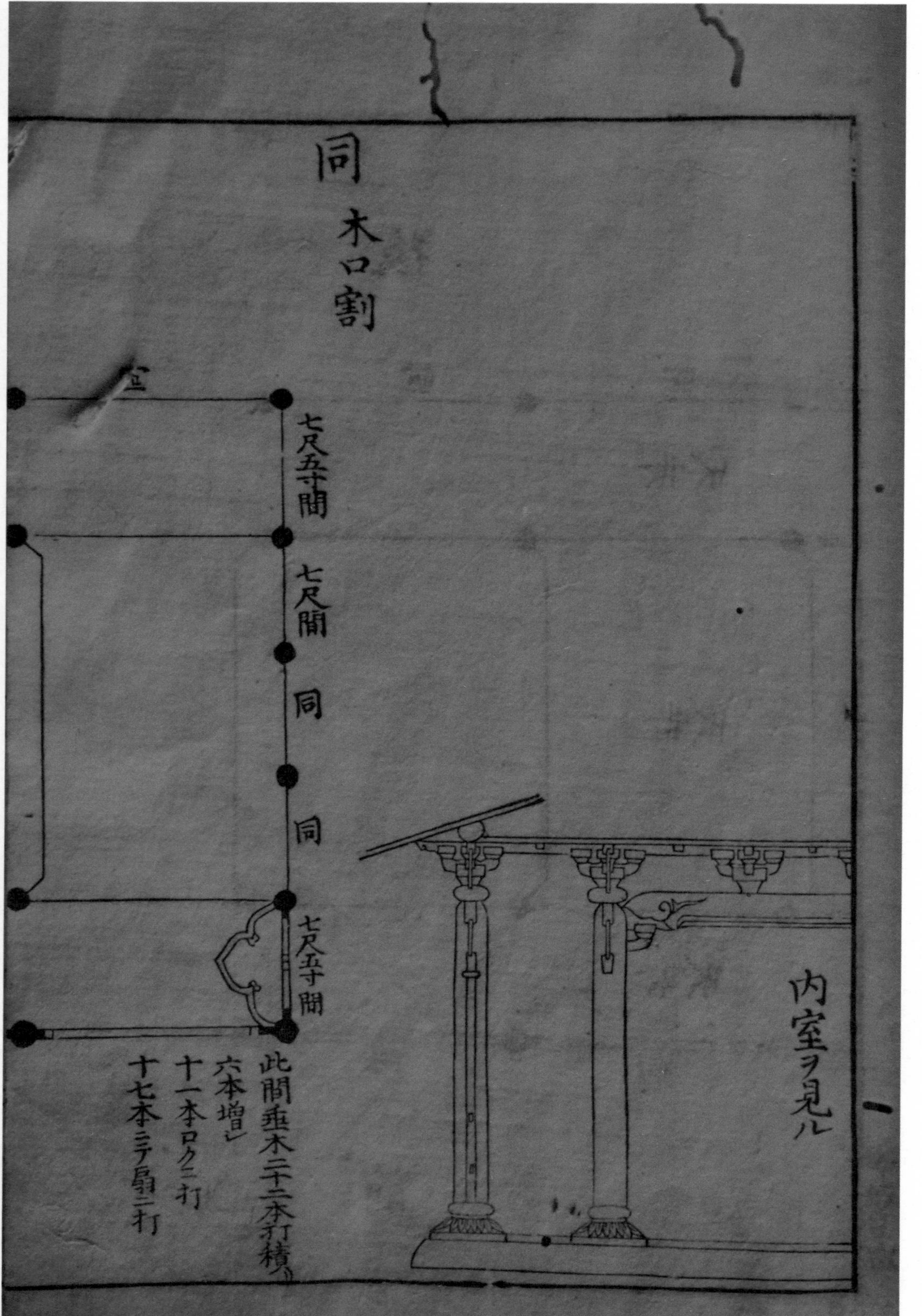
同
木口割
七尺五寸間
七尺間
同
同
七尺五寸間
此間垂木二十二本打積ル
六本増シ
十一本ヒクニ打
十七本ニテ扇ニ打
内室ヲ見ル

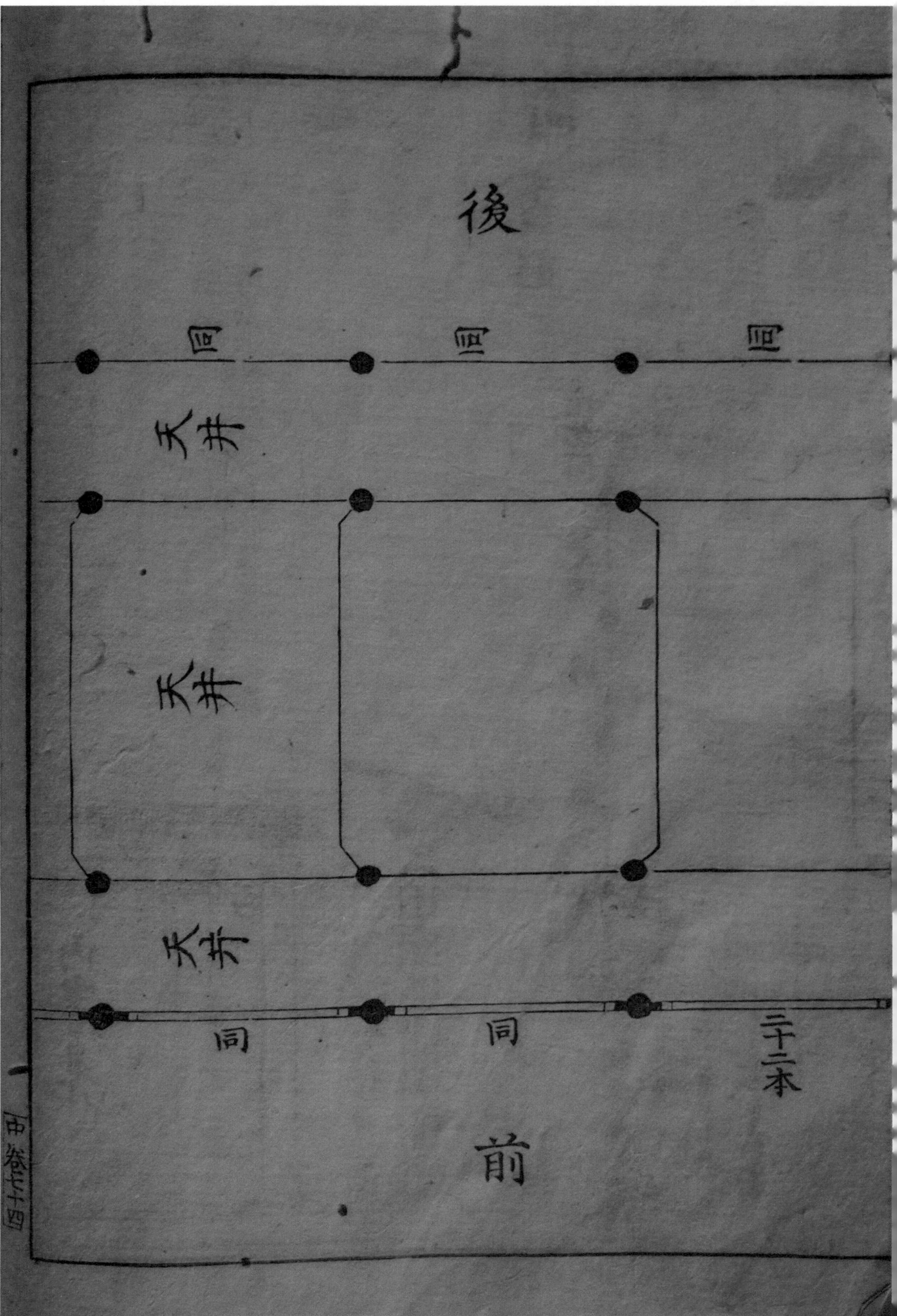
後
同
同
同
天井
天井
天井
同
同
二十二本
前
中巻七十四

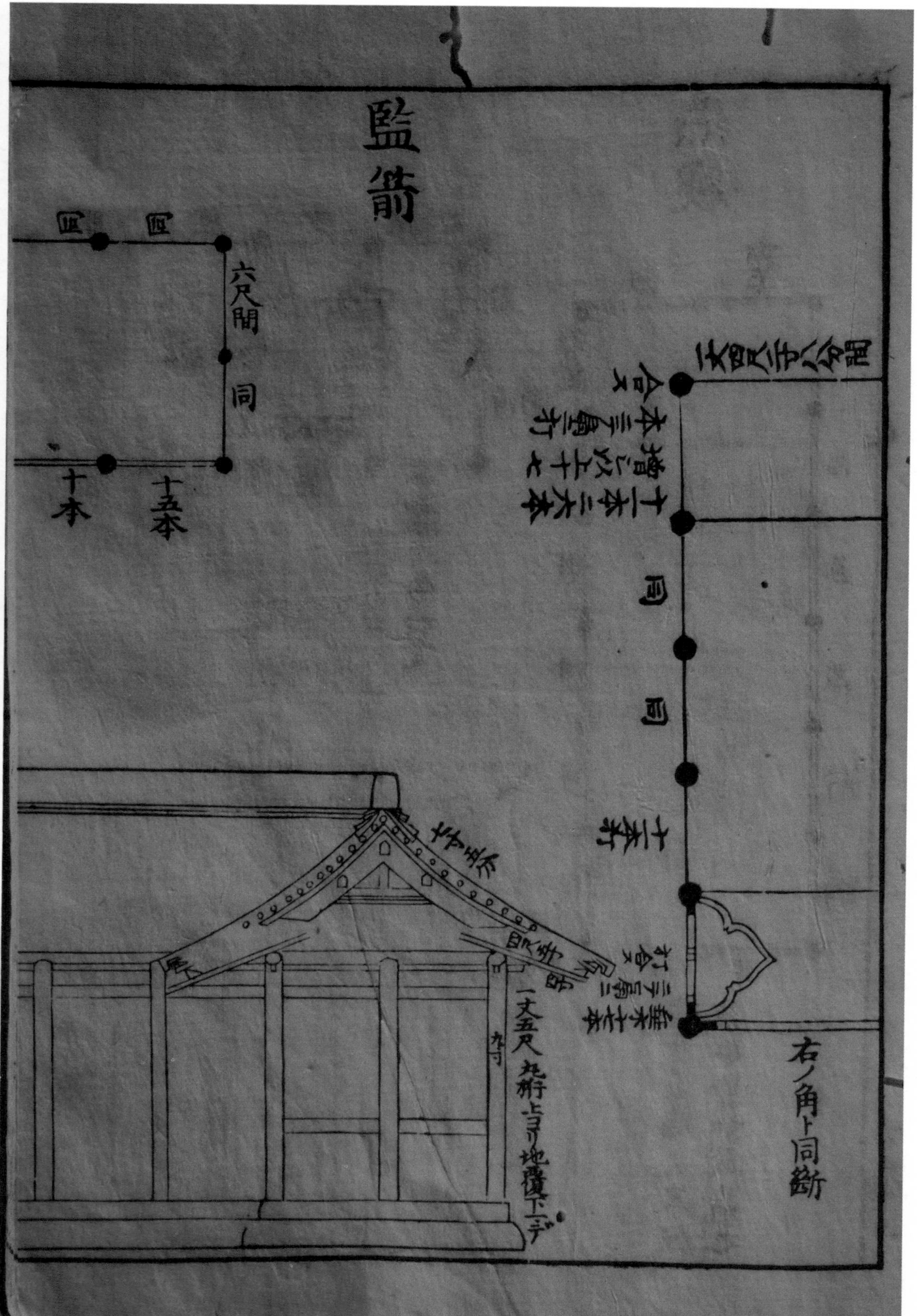
監
箭
六尺間
同
十本
十五本
右ノ角ト同断

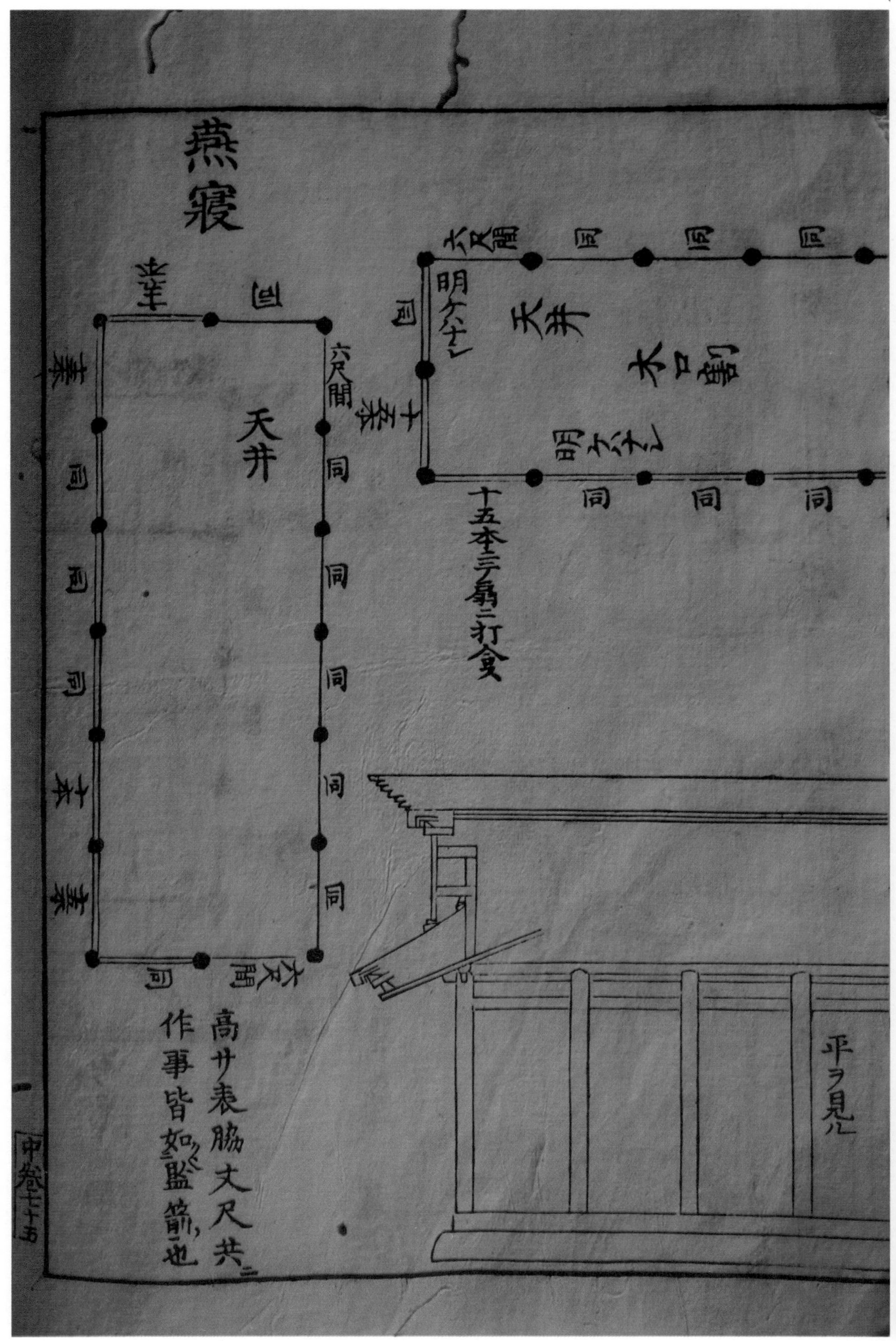
燕寢
天井
六尺間
同
天井
高サ表脇丈尺共ニ
作事皆如ク監篇ニ也
平ヲ見ル
中卷七十五

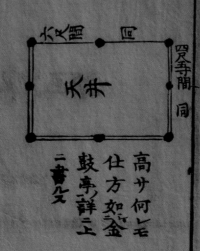

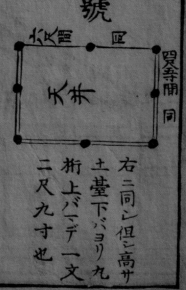

報鼓

六尺間　同
四尺五寸間　同
天井

高サ何レモ
仕方如釜
鼓亭ノ詳ニ上
ニ書ス

舉旗掌號

六尺間　同
四尺五寸間　同
天井

右ニ同シ但シ高サ
土臺下バヨリ九
桁上バマデ一丈
二尺九寸也

饌房六宇

實籩所　酒醴所　蒸饎所

鼎俎所　烹飪所　潔牲所

右高サ并作り様皆同シ但シ潔牲所ハカリ表ヲ

十二軒ニ作ル残リ五ケ所ハ表八軒ツヽ也詳ニ作事ノ記ニ書ス

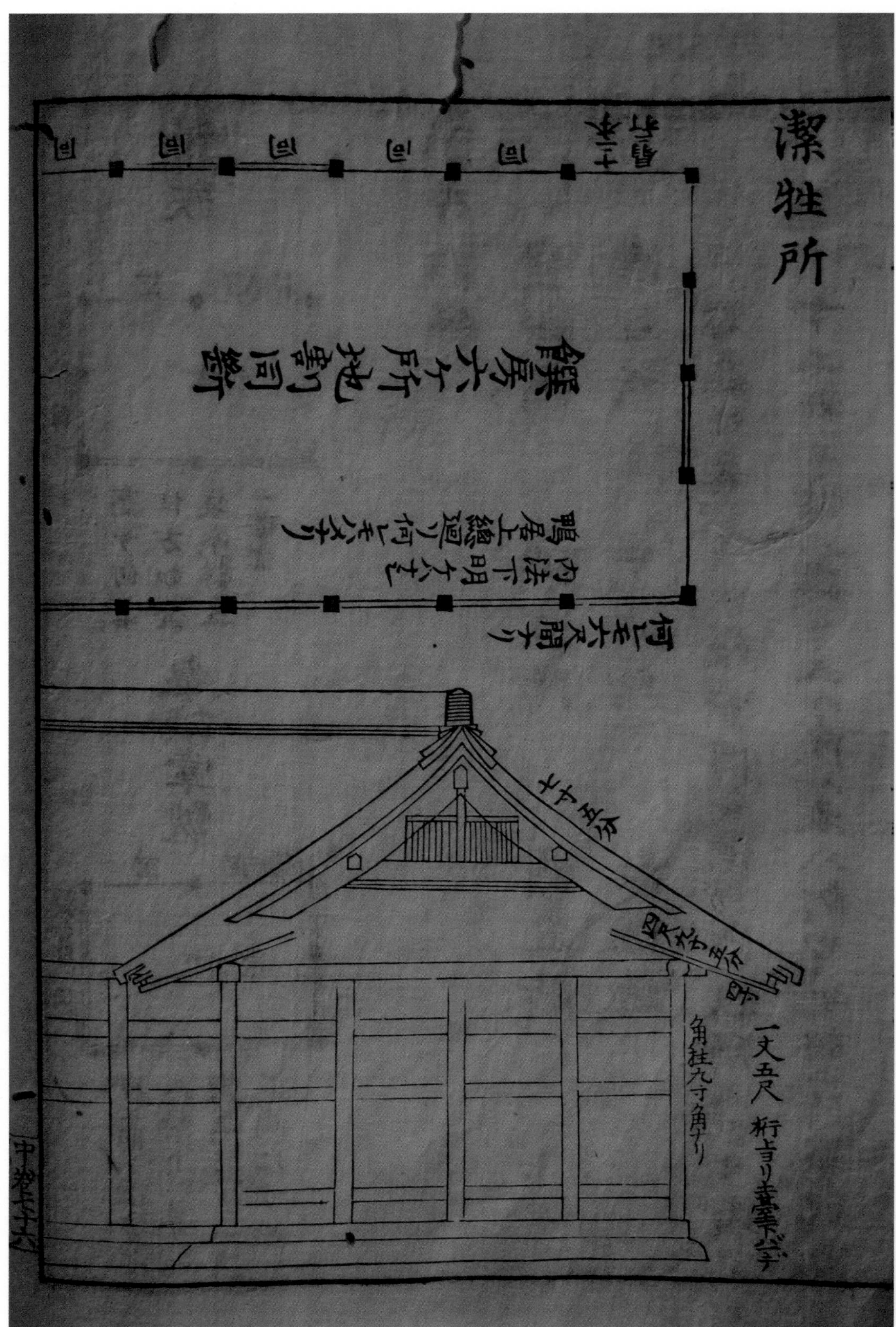
潔牲所
饌房六ヶ所地割同斷
一丈五尺
角柱九寸角ナリ

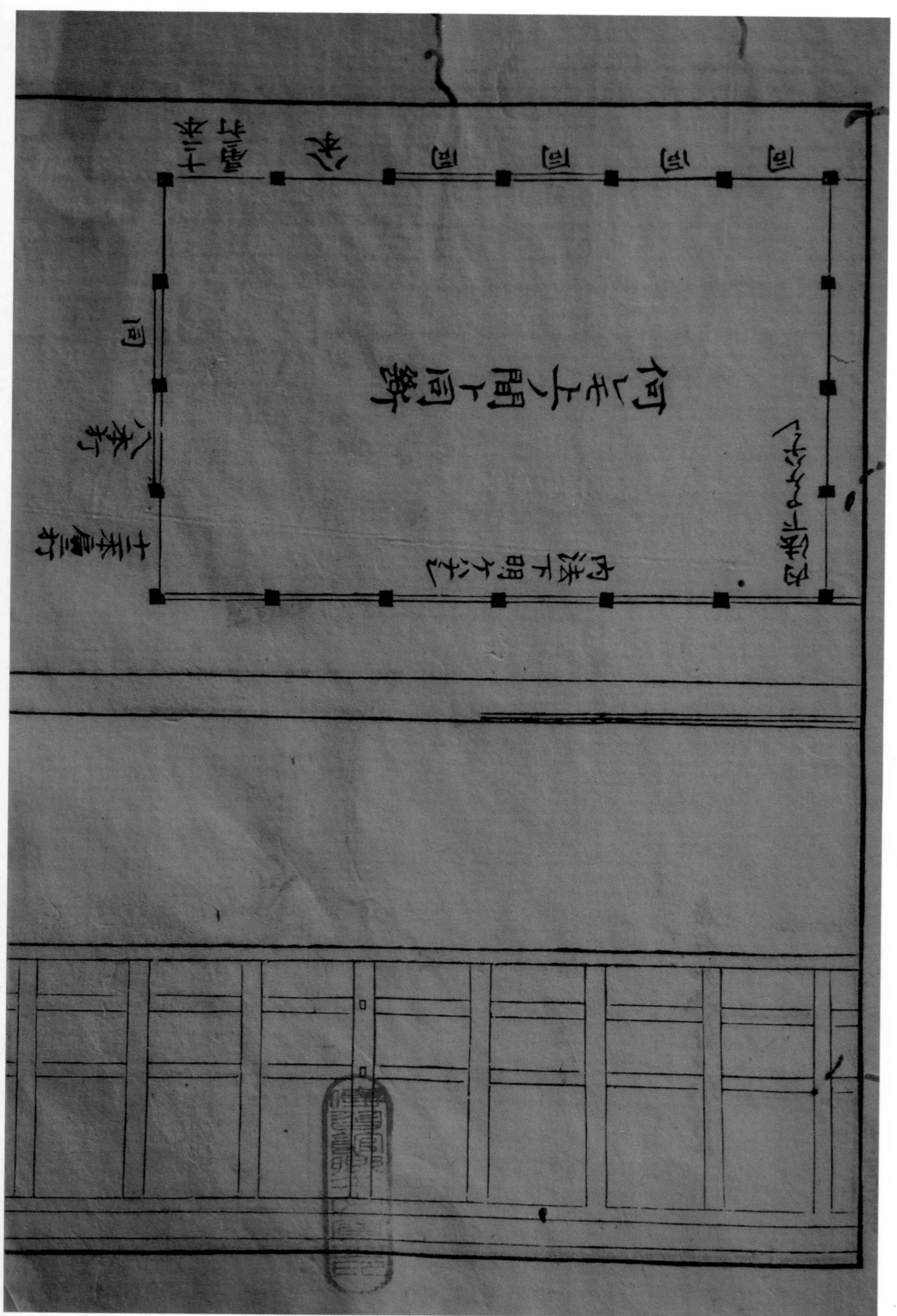
何レモ上ノ間ト同斷

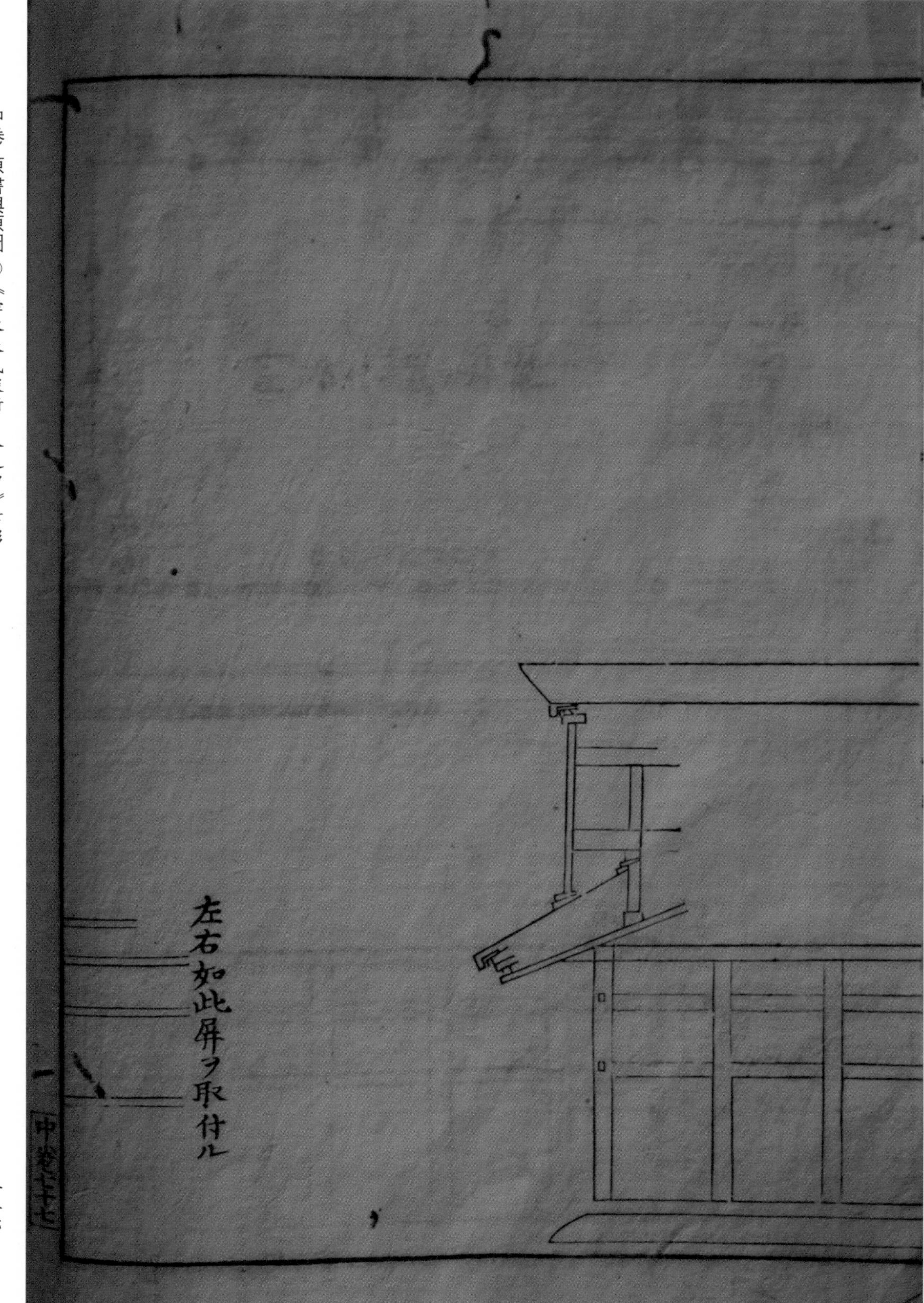
左右如此屏ヲ取付ル
中巻七十七

孔廟總圖

檽星門

高内法九尺一寸五分

幅内法一丈二尺

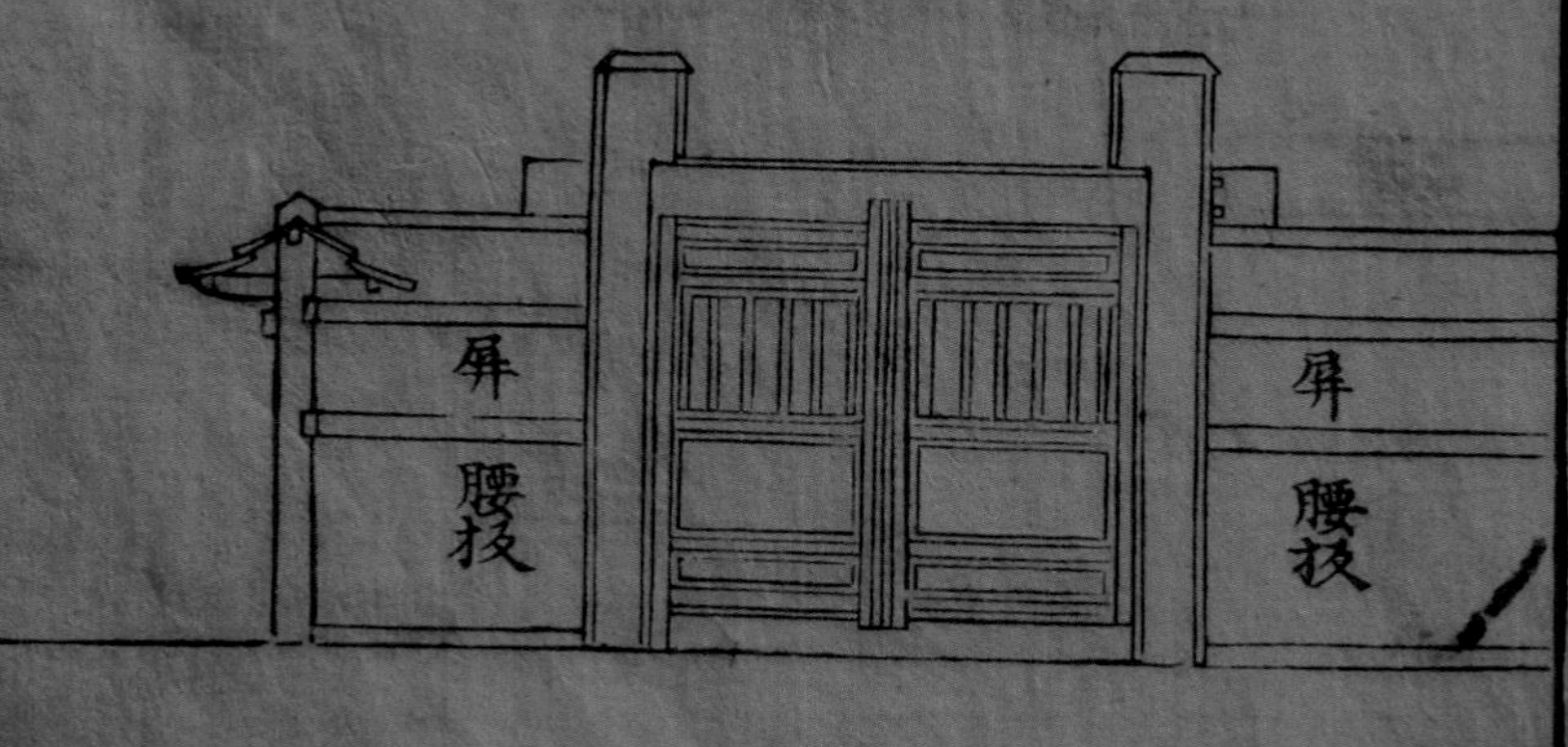

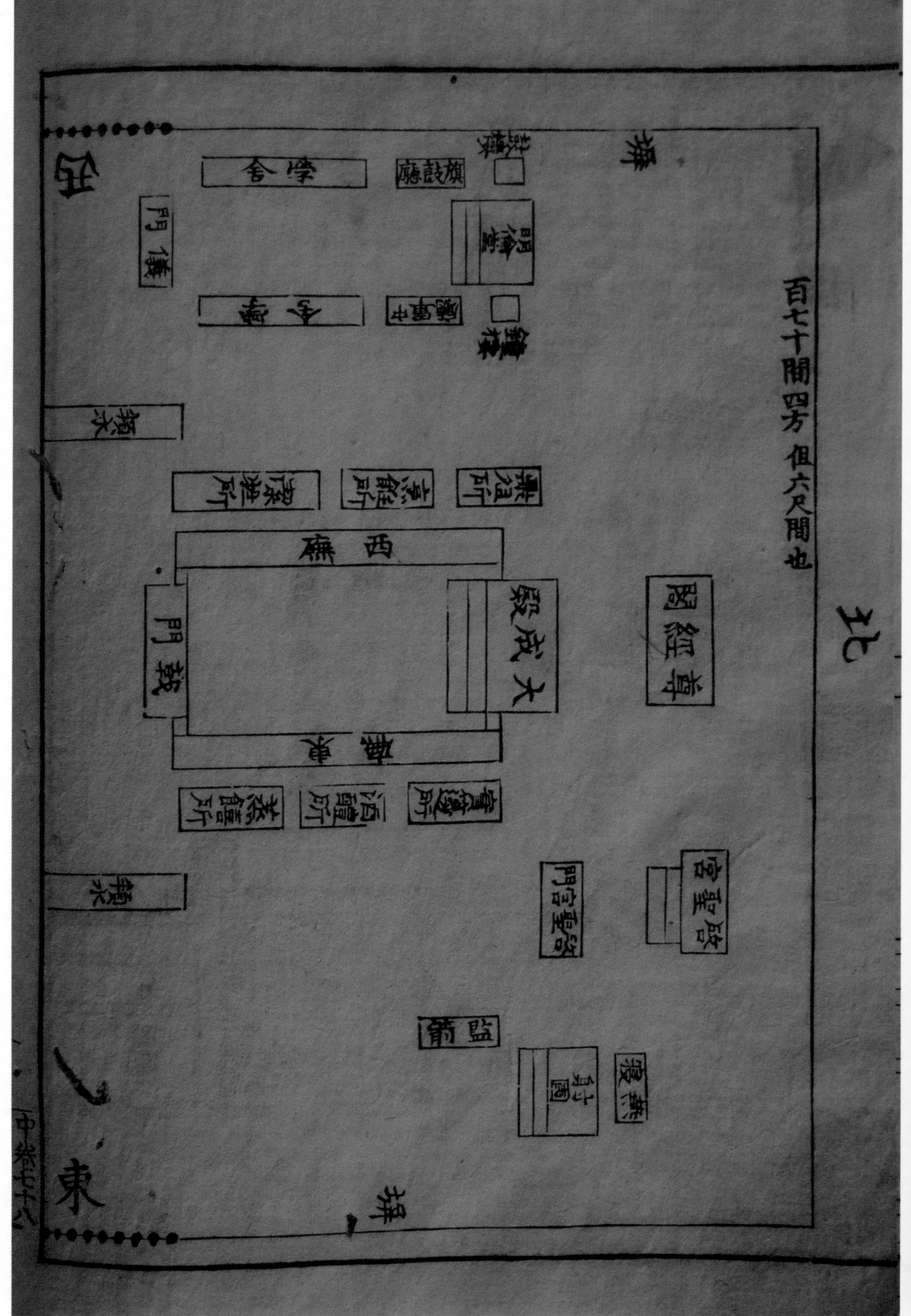
北
百七十間四方 但六尺間也
尊經閣
大成殿
西廡
東廡
戟門
儀門
明倫堂
學舍
啓聖宮
西
東

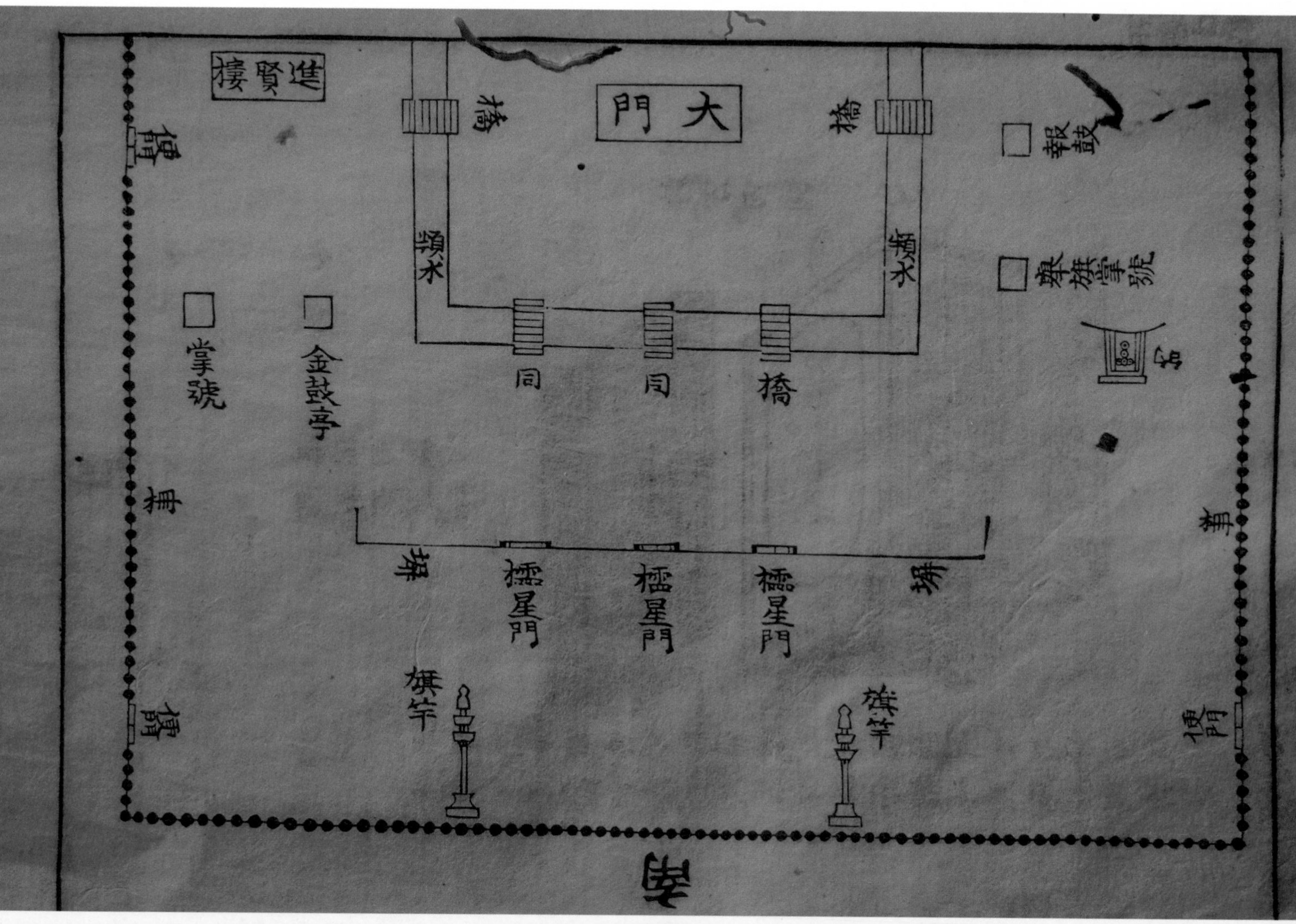
進賢樓
大門
橋
橋
報鼓
頖水
頖水
舉旗掌號
同
同
橋
掌號
金鼓亭
櫺星門
櫺星門
櫺星門
旗竿
旗竿
便門

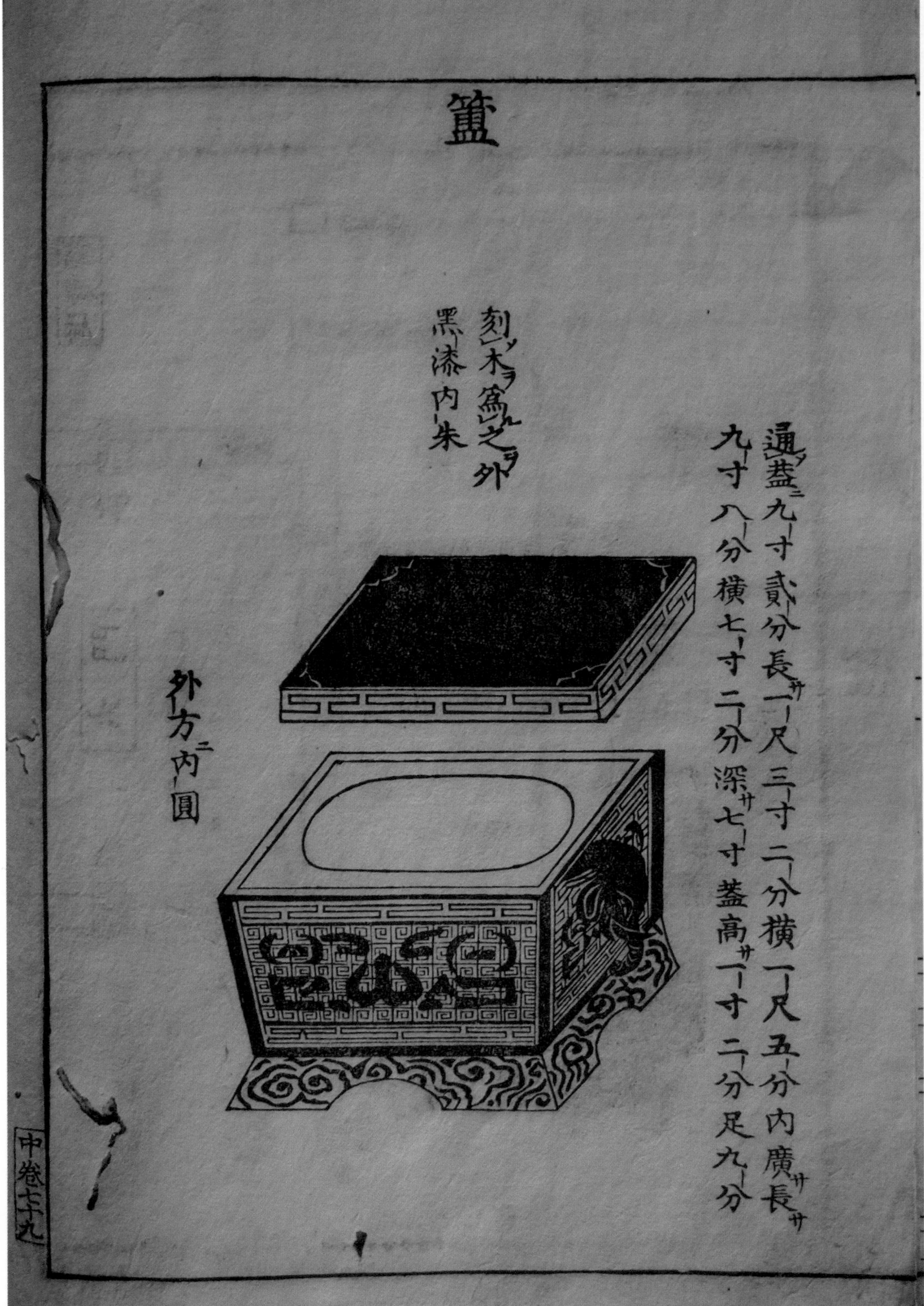
簋
刻木為之外黑漆内朱
通蓋九寸貳分長一尺三寸二分横一尺五分内廣長九寸八分横七寸二分深七寸蓋高一寸二分足九分
外方内圓
中卷七十九

簠

通蓋高九寸貳分腹徑長一尺三寸二分橫一尺五分內長九寸八分橫六寸八分深七寸蓋高一寸四分足九分

刻木爲之外黑漆內朱

外圓內方

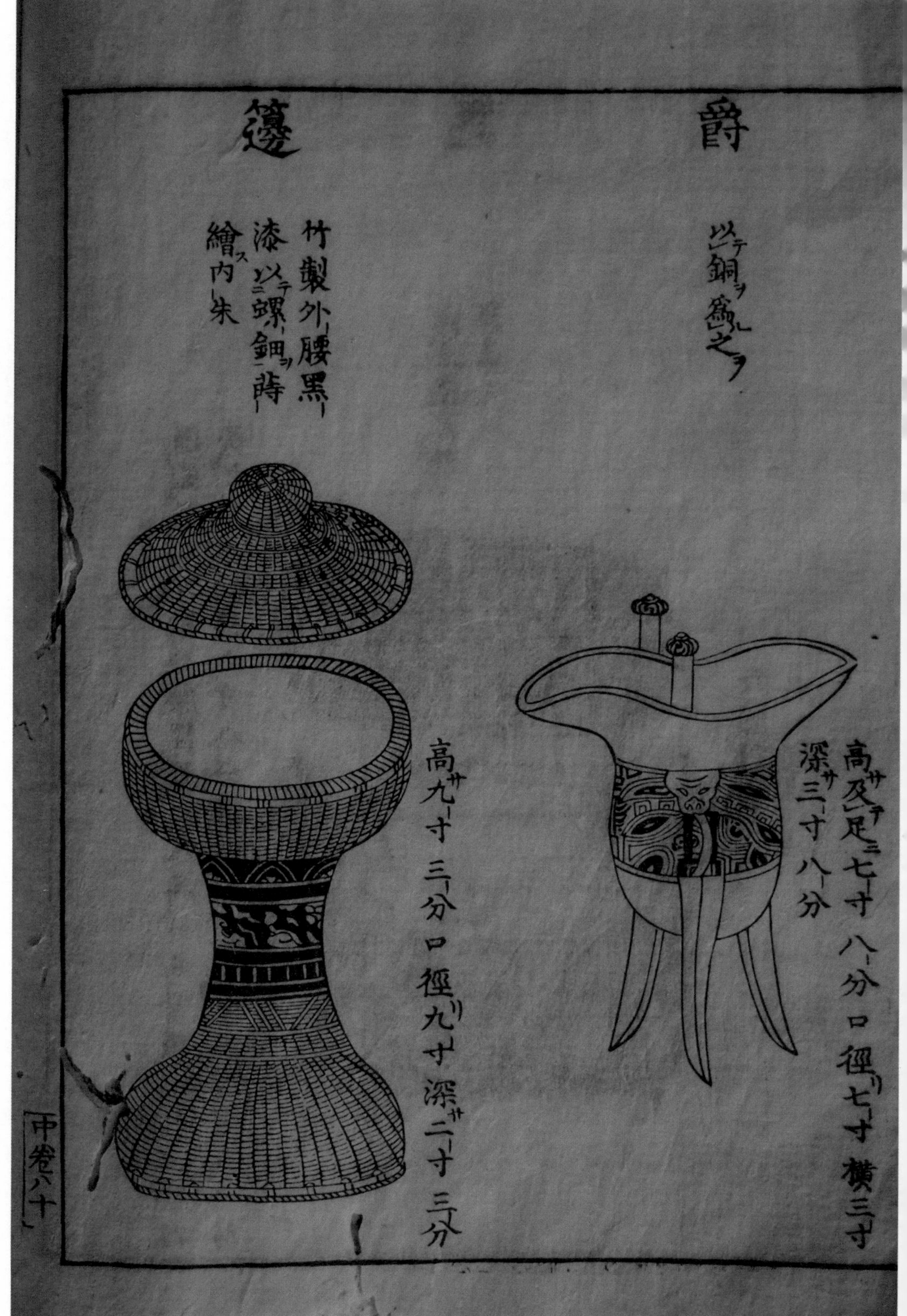
爵
以テ銅ヲ爲ル之ヲ
高サ及テ足ニ七寸八分口徑リ七寸橫三寸
深サ三寸八分
籩
竹製外腰黑漆以テ螺鈿ヲ蒔ク
繪ス內朱
高サ九寸三分口徑リ九寸深サ二寸三分
中卷八十

登

以銅爲之

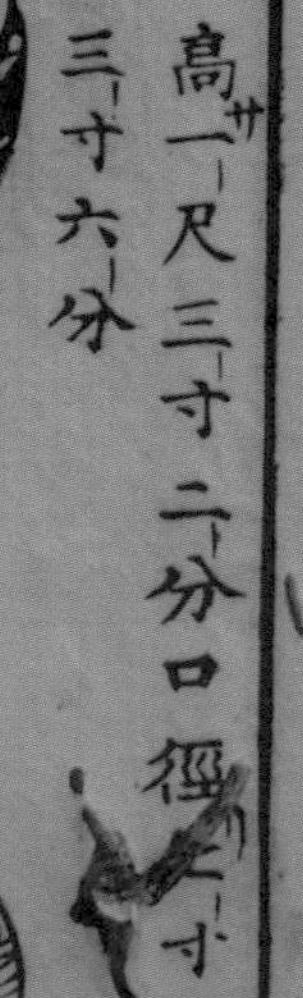

高一尺三寸二分口徑七寸五分深三寸六分

豆

刻木爲之腰邊用銅外黑漆內朱外以象牙爲浮紋

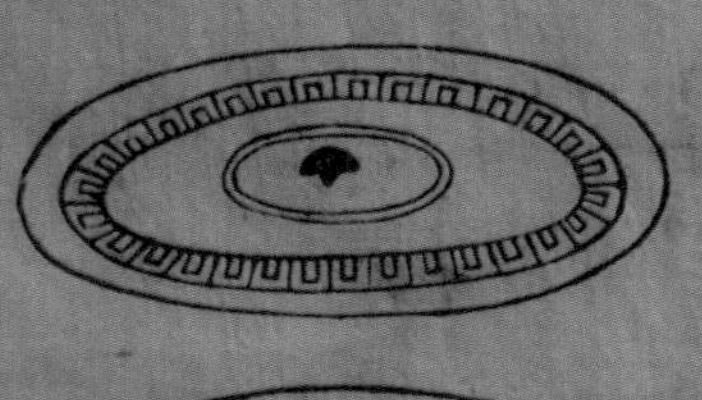

高九寸二分口徑九寸

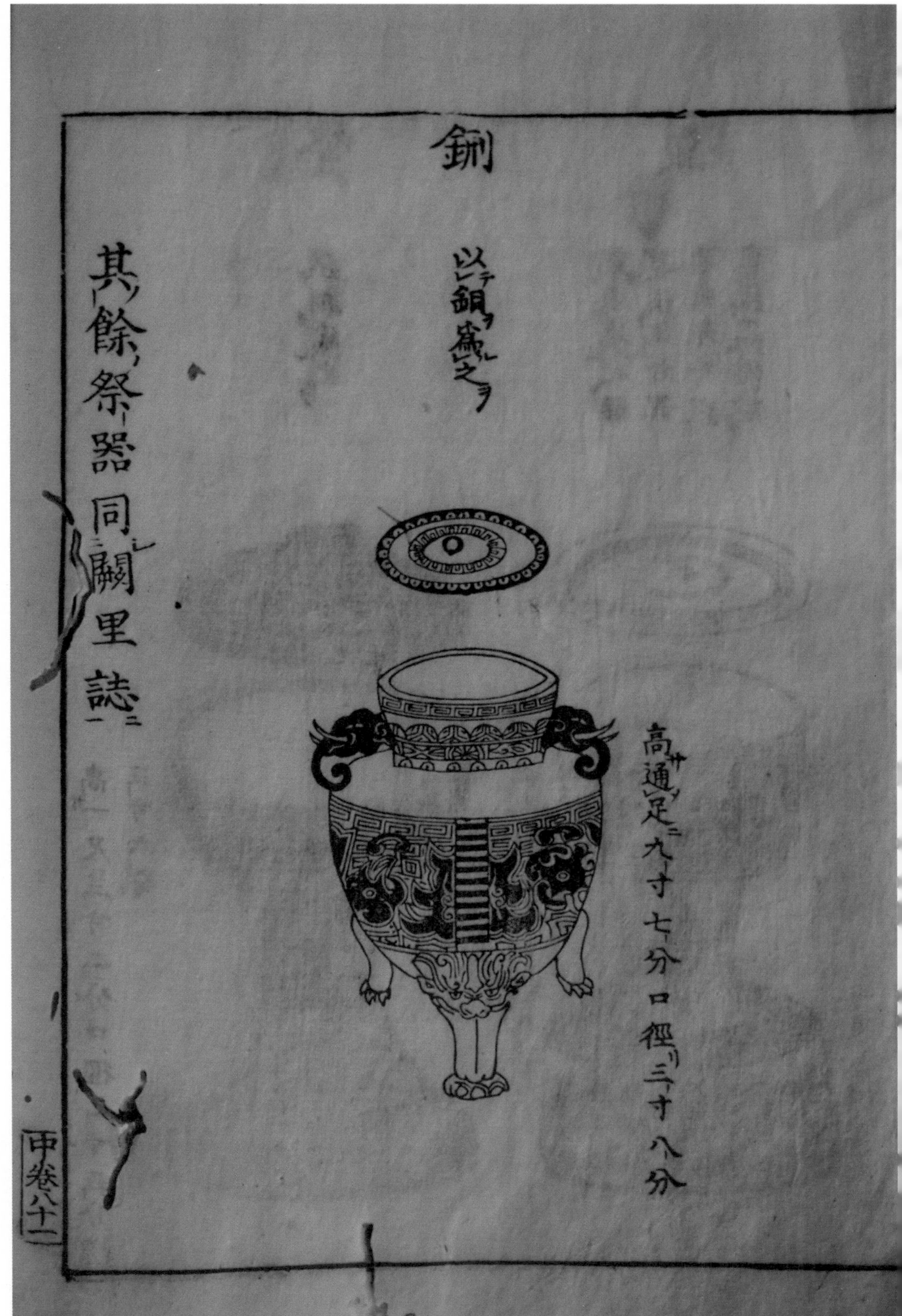
鉶
以テ銅ヲ爲レ之ヲ
其ノ餘ノ祭器同ニ闕里誌一二
高サ通ノ足ニ九寸七分口徑リ三寸八分
中卷八十一

旗竿
裏面

高サ七丈八尺八葫蘆頂ヨリ石垣下バマデ
竿ニ旗五色ニ染メ二流ツリ小旗ノ末ニモ
葫蘆頂付ル竿太サ七尺五寸廻リ上ボリ石
垣ノ高サ四尺六寸指亙シ七尺八寸四方也
右詳ニ木形ト見合スベシ

啓聖宮圖

捲蓬ハ如ニ本堂ノ

表長サ七丈五尺
此ヲ五軒ニ割ル但シ一丈五尺間ヅヽナリ
五軒ノ内兩脇一軒ハ廡ナリ但シスガル破
風取付ケ
脇四丈二尺八寸

中卷八十三

此ヲ六架ニ割ル内前後緣頰九尺間也
中四架ハ六尺二寸間ヅヽナリ
總高サ五丈一尺四寸五分 古老錢上バヨリ伏蓮花下バマデ
但シ高サ二丈五尺二寸ハ 丸桁上バヨリ伏蓮花下バマデ
庇ノ高サ一丈九尺八寸 丸桁上バヨリ地覆下バマデ
柱ノ上ニ三ツ斗ノ組物アリ同軒ノ長サ四
尺八寸 丸桁中墨ヨリ疊負ノ外マデ
居石四角同緣石總迴リ中仕切共ニ如本堂
總高サ柱太サニテ九分取ル同四分ハ伏蓮花

ノ高サ同五分ハ總臺ノ高サ仕方如孔子堂
地覆ノ高サ柱ノ太サニテ九分取リ同厚サニ
テ四分取リ腰貫比貫ノ幅柱ノ太サニテ七
分取リ厚サニテ三分取リ柱貫ノ幅柱ノ太
ニテ八分取リ厚サ肱木ノセイホドハナ出
シ繪様アリ
平桁厚サ肱木ノセイホド幅ハ柱ホドハナ出
シ繪様ハ如孔子堂
高サ定メ様ハ柱貫ノ下バニ柱ノ太サホドノ

中巻八十三

小壁アリ其下ニ比貫アリ比貫下バ地覆上バヲ取テ十ニ割リ四ツハ地覆ノ上バヨリ腰貫ノ中墨ニ定メ六ツハ腰貫ノ中墨ヨリ比貫ノ下バニ定ムベシ

平桁ノ上ニ出組物アリ組物割様ハ如本堂同ク丸桁柱ノ太サニテ八分取ル

垂木カウバイ三寸六分同軒ノ長サ六尺七寸五分丸桁中墨ヨリ萱負ノ外マデ萱負ノ反リカヤヲヒノセイニ本半ナリ同屋上タルミ

一尺二寸八分ノ内ニ九分ノタルミ有リ
妻入母屋作リ前包同三ツ斗ノ組物蛙腰二重
梁太平短拳ハナ有リ同破風立所丸桁外面
ト破風ノ外ト合スベシ同シカヒ垂木數破
風共ニ七本同古老錢高サ三尺疊上ゲ樣ハ
如本堂
右ノ外平妻内室ノ地割柱木口ノ亘等ハ
圖ニ詳ニ出シ丈尺ヲ記ス此ヲ以テ引合
セ可考見也

中卷八十四

門

表長サ七丈五尺

此ヲ五軒ニ割ル但シ一丈五尺間ヅヽ也

脇長サ一丈八尺

此ヲ二架ニ割ル但シ九尺間ヅヽ也

高サ二丈一尺六寸

地覆下バヨリ丸桁上バマデ

右何レモ造作ノ仕方戟門ノ如シ故ニ詳ニ圖セズ

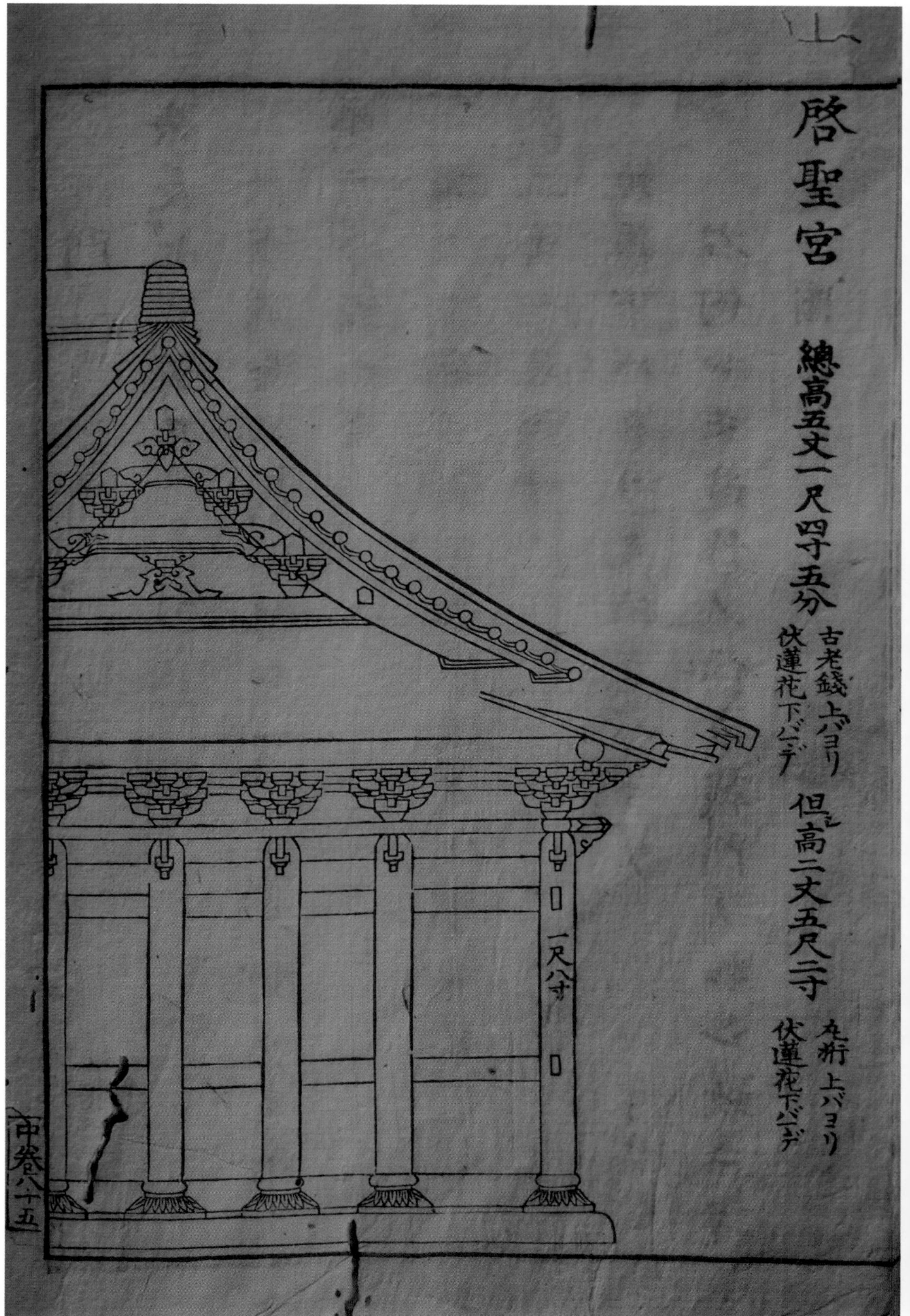
啓聖宮
總高五丈一尺四寸五分
古老錢上バヨリ
伏蓮花下バデ
但高二丈五尺二寸
丸桁上バヨリ
伏蓮花下バデ
一尺八寸
中卷八十五

一尺八寸

庇高一丈九尺八寸
九桁上バヨリ
地覆下バマデ
中卷八十六

内室

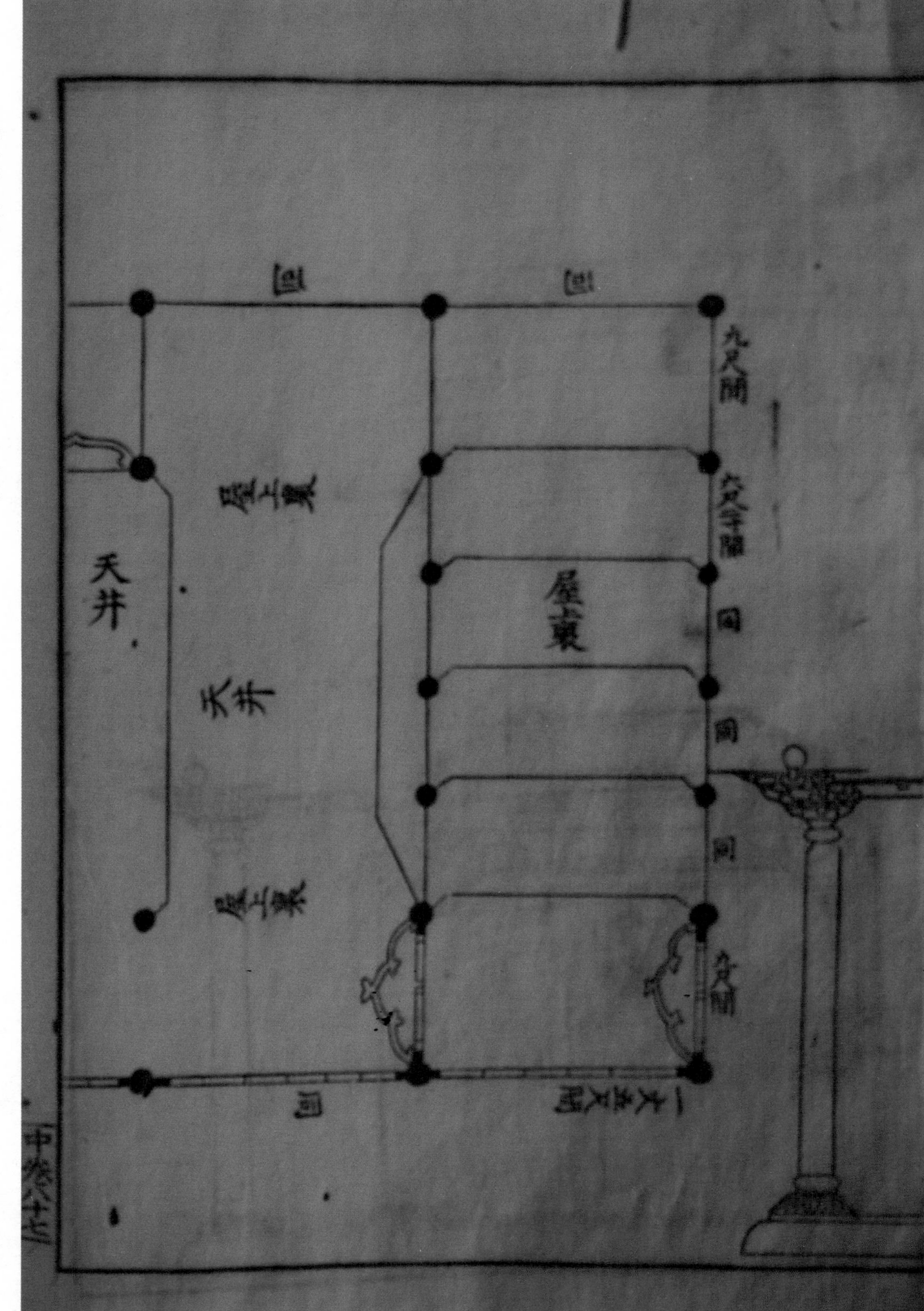
天井
天井

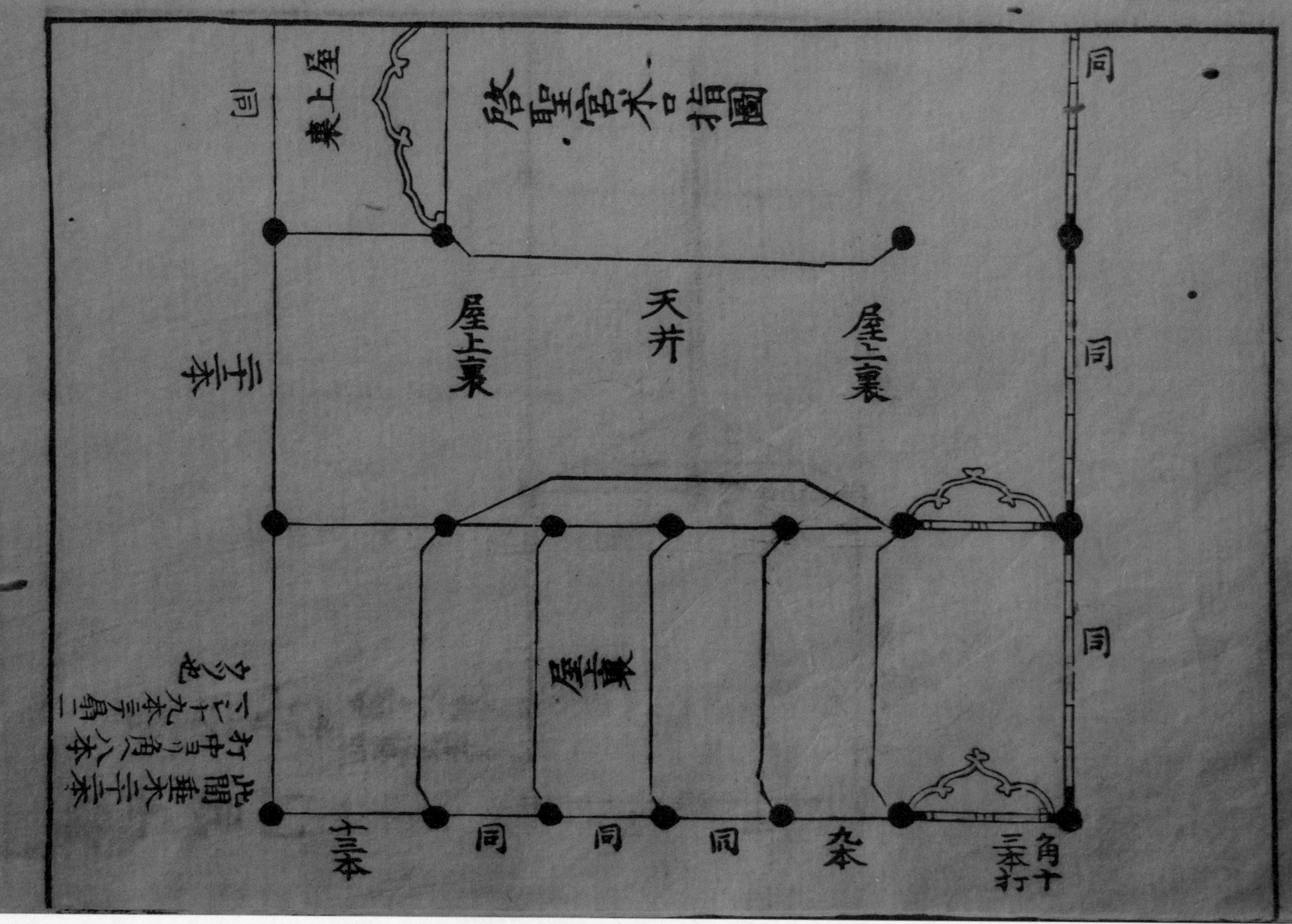
啓聖宮木口指圖
屋上裏
天井
屋上裏
屋上裏
屋上裏
同
同
同
同
三十本
同
同
同
九本
角十
三本打

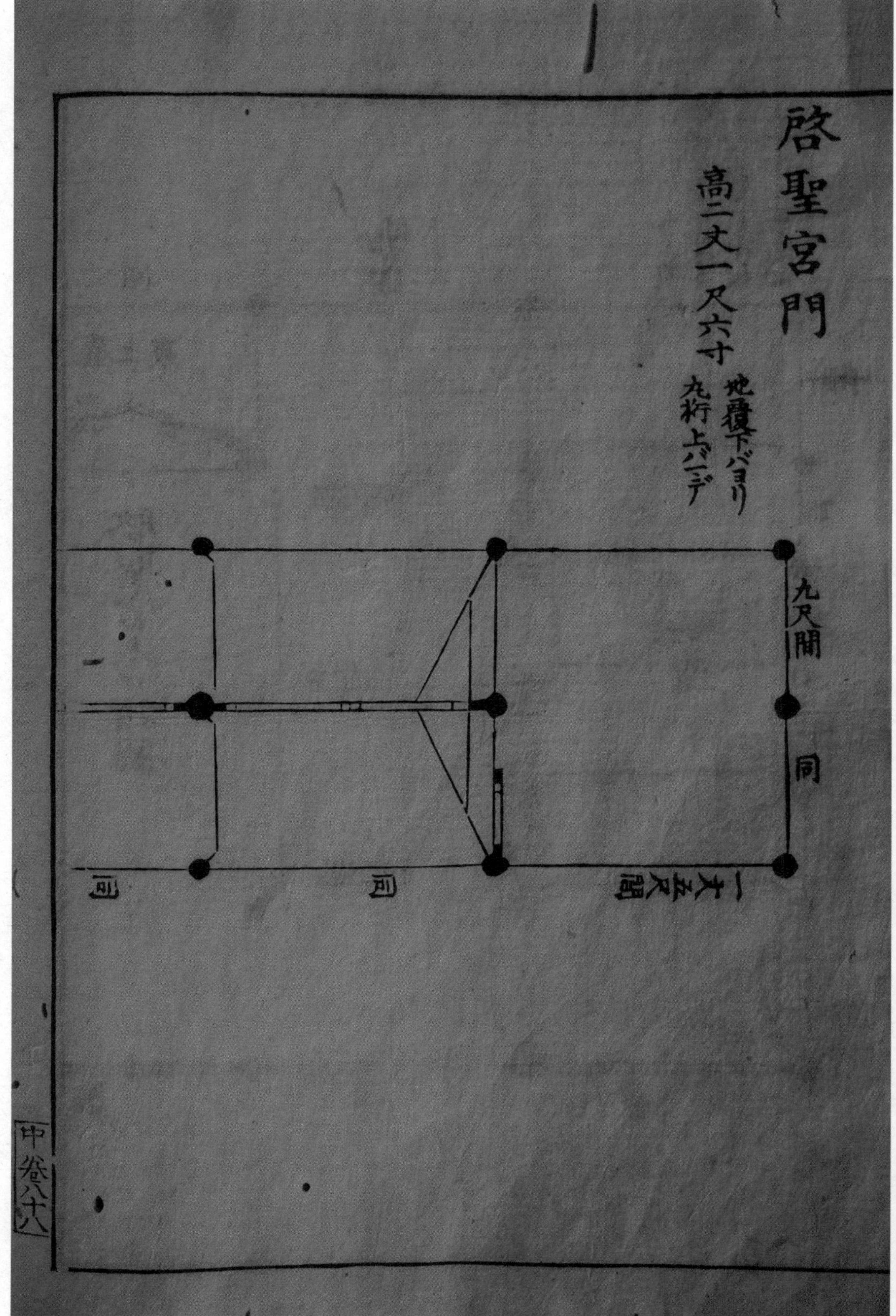
啓聖宮門
高二丈一尺六寸
地覆下バヨリ
九桁上バ迄
九尺間
同
一丈五尺間
同
同
中卷八十八

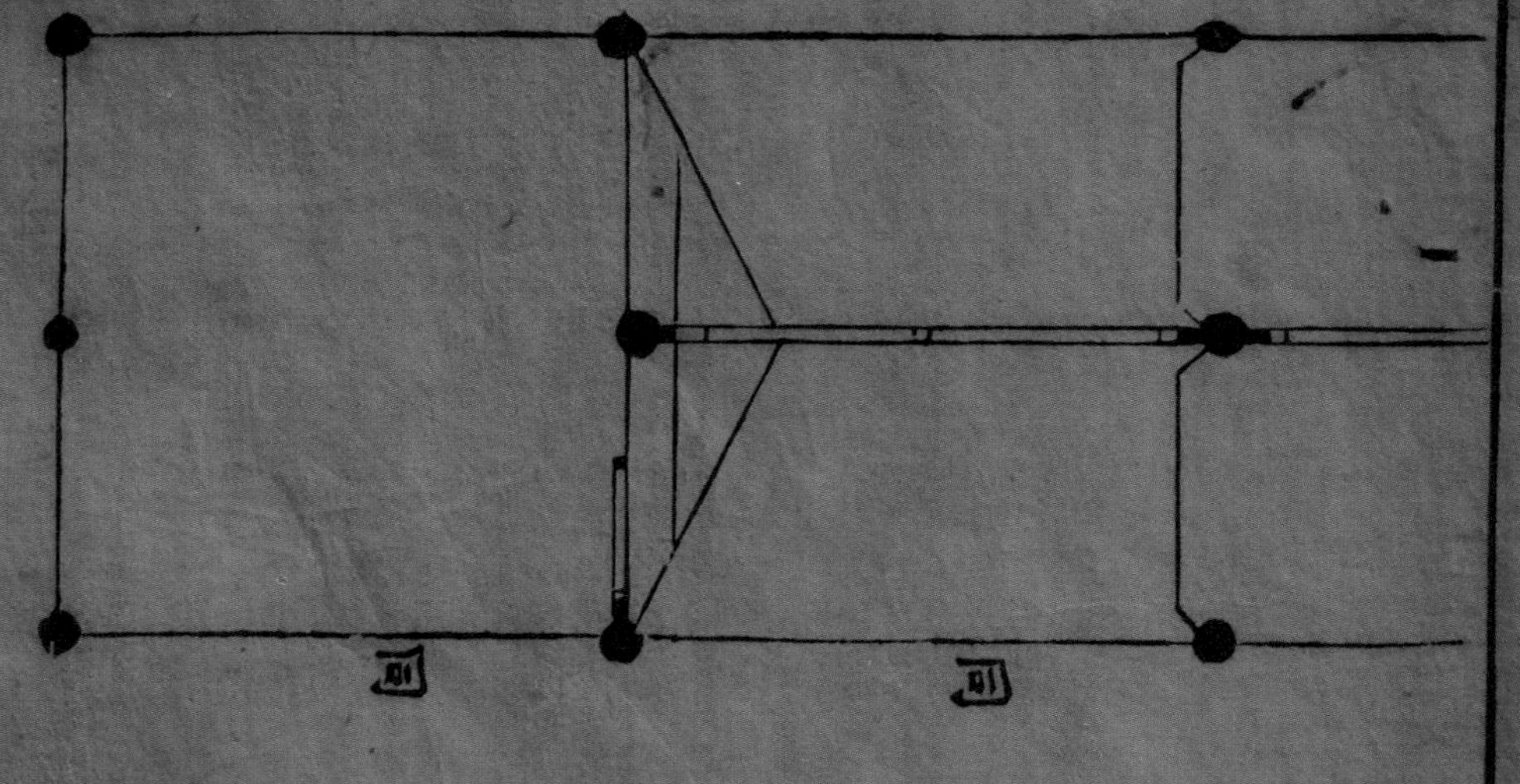

右作リ樣ハ
如二戟門一也

改定釋奠儀注

士三人擇謹慎周摯者爲之至東塾前專理祀事奠上命命之攝祭則專理自余之一人自東角門進歷東丹墀視盥洗諸物外自東側階視尊爵勺冪視籩豆至堂中視各項陳設過西榮視簠簋登鉶俎篚盤之類降自西側階歷西丹墀西角門至東塾門外跪奠濯具言潔而且備此即詩絲衣朱傳所謂告濯具也一人出東角門外遍視牛羊豕訖回至東塾門外跪奠牲牷博碩肥腯此即反告充也一人

過西入潔牲之所遍視屠牲之具及鼎鼎冪諸物
訖至東塾門外跪稟鼎冪諸物並皆潔淨此卽啓鼎
冪告潔也告畢牽牲二繇中門入餘十二繇西角門
入至潔牲所燗治士十二人自潔牲所捧毛血
正廟四人開中門入隨閉餘八人繇東階陞薦
正廟西盤四配兩哲兩廡各一盤薦訖退至月
臺朝上叩一首各散立起鼓初嚴遍燃庭燎香
燭專理祀事監禮典儀監饌各官至捲篷下行
拜禮序立典儀隨唱執事者各司其事執事者

中卷　原書與原圖◎《舜水朱氏談綺·卷之中》書影

至月臺行一拜禮訖籩人司籩豆人司豆司尊者實酒於尊餘俱同正壇陳設先簠簋次籩豆登鉶並兩俎陳於西榮前登鉶俎俱自潔牲所次陳登次陳鉶又四人舉盤二至西榮階下階上人升肉於俎每俎兩人舉至正壇陳設次陳饌盤鼓再嚴通贊贊引祝至捲蓬下行拜禮樂舞生各序立於丹墀兩傍鼓三嚴贊引引各獻官至戟門外立候通贊唱樂舞生各就位樂舞生各以序進立於殿庭奏樂之所司節者分引

舞生至丹墀東西兩階各序於舞佾之位司節
在東則退至東四班舞生之首在西則退至西
四班舞生之首相向立通贊唱開門管門者開
戟門中門訖外施行馬先時行馬在西側通贊
唱陪祭官各就位衆官繇東角門入就位訖以
後俱同通贊唱分獻官各就位各贊引引各分
獻官至拜位各贊引退立東西訖通贊唱亞獻
終獻官各就位各贊引引亞獻終獻官至拜位
各贊引退立東西訖通贊唱獻官就位贊引引

獻官至拜位贊引退立於獻官東西兩傍相向
立訖通贊唱瘞毛血執事者捧毛血正廟由中
門出四配東西哲由左門出東廡隨之過西西
廡隨之瘞於坎西丹墀將餘存毛血同瘞遂啓
俎蓋簠簋籩豆登鉶等蓋通贊唱參神舞生執
羽籥麾生擧麾唱樂奏咸和之曲擊祝作樂通
贊唱鞠躬拜興拜興拜興拜興平身獻官以下
俱拜訖麾生偃麾樂盡擽敔通贊唱行初獻禮
贊引引獻官外階取一爵於坫授執爵者捧虛

爵四配四爵隨之贊引唱詣盥洗所引獻官降
階至盥洗所東面立司盥者捧盆贊引唱搢笏
獻官搢笏盥盥畢進巾贊引引獻官至洗爵所北
面立洗爵並洗四配爵拭訖贊引唱出笏獻官
出笏贊引唱詣酒罇所引獻官至酒罇所贊引
唱司罇者舉冪酌酒執爵者以爵受酒司帛者
捧帛同捧爵者俱由中門入至神案之側朝上
立贊引引獻官由左門入唱詣　至聖先師孔
子神位前麾生舉麾唱樂奏寧和之曲擊柷樂

樂贊引引獻官至神位前唱跪獻官跪唱搢笏獻官搢笏捧帛者轉身西向跪進帛於獻官右獻官接帛贊引唱奠帛獻官獻帛以帛授接帛者奠於神位前案上執爵者轉身西向跪進爵於獻官右獻官接爵此時司帛者即將帛篚蓋訖移至第三行甕下朝西奠訖贊引唱奠爵獻官獻爵以爵授接爵者奠於神位前贊引唱出笏獻官出笏贊引唱俯伏興平身詣酒罇所贊引引獻官由左門出至西配酒尊所贊引唱司

罇者舉冪酌酒先時捧四配已洗之爵者以爵
受酒同捧帛者四人俱在獻官前行贊引引帛
爵獻官俱由左門入帛爵至神位前朝上立贊
引唱詣　復聖顏子神位前引獻官至神位前
唱跪搢笏獻官搢笏捧帛者跪於獻官右進帛
於獻官獻官接帛贊引唱奠帛獻官獻帛以帛
授接帛者奠於神位前案上執爵者跪於獻官
右進爵於獻官獻官接爵此時司帛者移帛如
正壇但移於邊西南朝北奠訖贊引唱奠爵獻

官獻爵以爵授捧爵者奠於神位前贊引唱詣
笏獻官出笏贊引唱俯伏興平身贊引唱詣
宗聖曾子神位前儀同復聖但捧帛執爵者跪
於獻官左進帛爵訖移帛者移於籩東北朝南
奠訖贊引唱詣　述聖子思子神位前儀同復
聖贊引唱詣　亞聖孟子神位前儀同宗聖贊
引唱詣讀祝位讀祝位即在香案前贊引引獻
官至香案前麾生偃麾樂暫止讀祝者跪取祝
文退立於獻官之左贊引唱跪獻官並讀祝者

皆跪通贊隨唱衆官皆跪陪祭官俱跪訖贊引
唱讀祝讀祝者讀畢仍將祝文跪置於祝案上
退堂西朝上贊引與通贊同唱俯伏興平身麾
生擧麾不唱樂生接奏先未終之樂贊引同唱
復位贊引引獻官至原拜位訖通贊隨唱行分
獻禮各贊引詣各分獻官前同唱詣盥洗所各
贊引引兩哲兩廡分獻官外階贊引引東廡獻
官循捲篷外過東至東廡西廡獻官循捲篷外
至西廡盥洗獻爵並同正壇兩哲分獻官取爵

於拈東哲八爵西哲八爵四人捧爵前行降階至盥洗所司盥者酌水贊引同唱搢笏各分獻官搢笏盥畢進巾贊引引分獻官至洗爵所北面立洗爵進巾拭訖贊引同唱出笏各分獻官出笏兩廡各有盥盆爵洗酒尊帛儀同兩哲但唱贊時升階即入兩廡與此稍異贊引同唱詣酒罇所引各分獻官詣酒罇所同唱司罇者舉冪酌酒各執爵者以虛爵受酒與捧帛者俱在分獻官前行各至堂東西神案之側朝神位立

贊引唱詣東哲西哲神位前各贊引引各分獻
官詣東哲西哲俱由左門進各至香案前同唱
跪同唱搢笏各分獻官搢笏東哲東廡捧帛者
轉身跪於分獻官右西哲西廡捧帛者跪於分
獻官左進帛分獻官接帛贊引同唱奠帛分獻
官獻帛以帛授接帛者奠於神位前案上捧爵
者轉身進爵如進帛儀此時司帛者移帛於案
南西哲移於案北分獻官接爵贊引同唱奠爵
分獻官獻爵以爵授接爵者奠於神位前案[illegible]

五爵捧爵者每作前奠一爵次進三爵卽奠於
案上贊引同唱出笏各獻官出笏贊引同唱俯
伏興平身贊引同唱復位麾生偃麾櫟敔樂止
各贊引引各獻官至原拜位立執事者亦隨至
罇所立候通贊唱行亞獻禮贊引引獻官升階
至以爵受酒並同初獻但捧爵者一人由中門
入贊引引亞獻官由左門入唱詣至聖先師
孔子神位前麾生擧麾唱樂奏安和之曲擊柷
作樂贊引引獻官至神位前如初獻獻爵之儀

淡奇中

行禮訖贊引引獻官如前出至原位麾生偃麾
擽敔樂止通贊唱行終獻禮贊引引獻官升階
取爵並執事者儀同亞獻但麾生擧麾唱樂奏
景和之曲擊柷作樂行禮復位俱如初惟熱爵
者不必出廟外俱在廟內兩傍立候徹饌麾生
偃麾擽敔樂止通贊唱飲福受胙執事者設下
席於廟中門外中霤前西盥之東北向贊引引
獻官升階於捲篷東盥進至所設席南過西就
飲福位席端朝北立祝取正壇爵上取復聖宗

聖爵和之進福胙者捧盤立於神位之東文俟

一執事取正壇羊左肩胙置於盤贊引唱升飲

福位令二執事立於獻官西贊引引獻官至飲

福位祝與捧福胙者出立於獻官東獻官西二

執事與捧爵捧胙者相對立贊引唱跪通贊唱

衆官皆跪贊引唱搢笏獻官搢笏祝跪於獻官

右進爵於獻官贊引唱飲福獻官接爵祭酒啐

酒奠爵於席北端贊引唱出笏俯伏興拜興拜

興跪搢笏卒爵西傍接福酒者跪於獻官左接

爵捧福胙者跪於獻官右進胙於獻官贊引唱
受胙獻官接胙西傍接福胙者跪於獻官左接
胙捧胙由中門出管門者啓行馬出後復施贊
引唱出笏獻官出笏贊引通贊同唱俯伏興平
身獻官衆官皆同贊引唱復位贊引引獻官至
原拜位通贊唱鞠躬拜興拜興平身各官俱拜
訖通贊唱徹饌麾生舉麾唱樂奏咸和之曲擊
柷作樂執事者各於神位前將籩豆稍移動復
立於原位舞生直執其籥與翟同司節者在東

進至於東一班舞生之首在西者進至於西
班舞生之首舉節朝上分引舞生於丹陛東西
序立相向樂盡麾生偃麾擽敔樂止通贊唱辭
神麾生舉麾唱樂奏咸和之曲擊柷作樂通贊
唱鞠躬拜興拜興拜興拜興平身各官俱拜訖
樂盡麾生偃麾擽敔樂止通贊唱讀祝者捧祝
進帛者捧帛執事者各詣神位前讀祝者先跪
取祝文捧帛者跪取帛齊轉身向外立通贊唱
各詣瘞所正殿由中門出四配十哲由左門出

兩廡執事者取帛隨班出通贊唱望瘞麾生舉
麾唱樂奏咸和之曲擧祝作樂捧祝帛者過詣
贊引唱詣望瘞位各贊引引獻官亞獻終獻官
分獻官陪祭官至瘞所贊引唱祝板一帛一段
數至九段待焚訖樂盡麾生偃麾樂止贊引通
贊同唱禮畢各官俱朝北一揖回至露臺上初
獻官亞終獻官分獻陪祭各官以次東邊西面
立事理祝事監禮典儀監饌各官以次西邊東
面立通贊贊引祝北面以西爲上圓揖
談綺中終

《朱舜水規划孔子廟様圖》影印（玉川大學教育博物館藏）

『朱舜水計画孔子廟指図』影印（玉川大学教育博物館蔵）

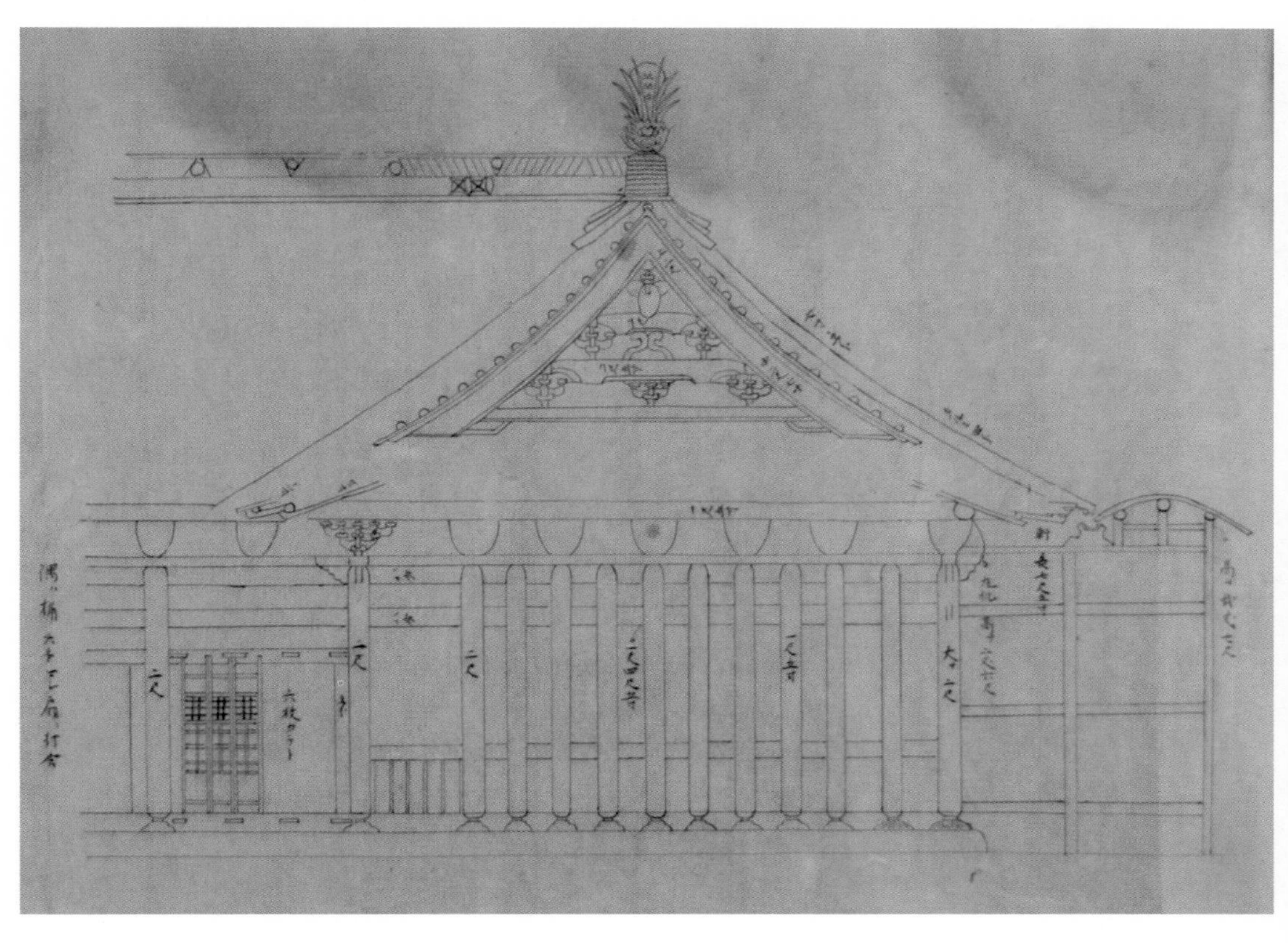

大成殿

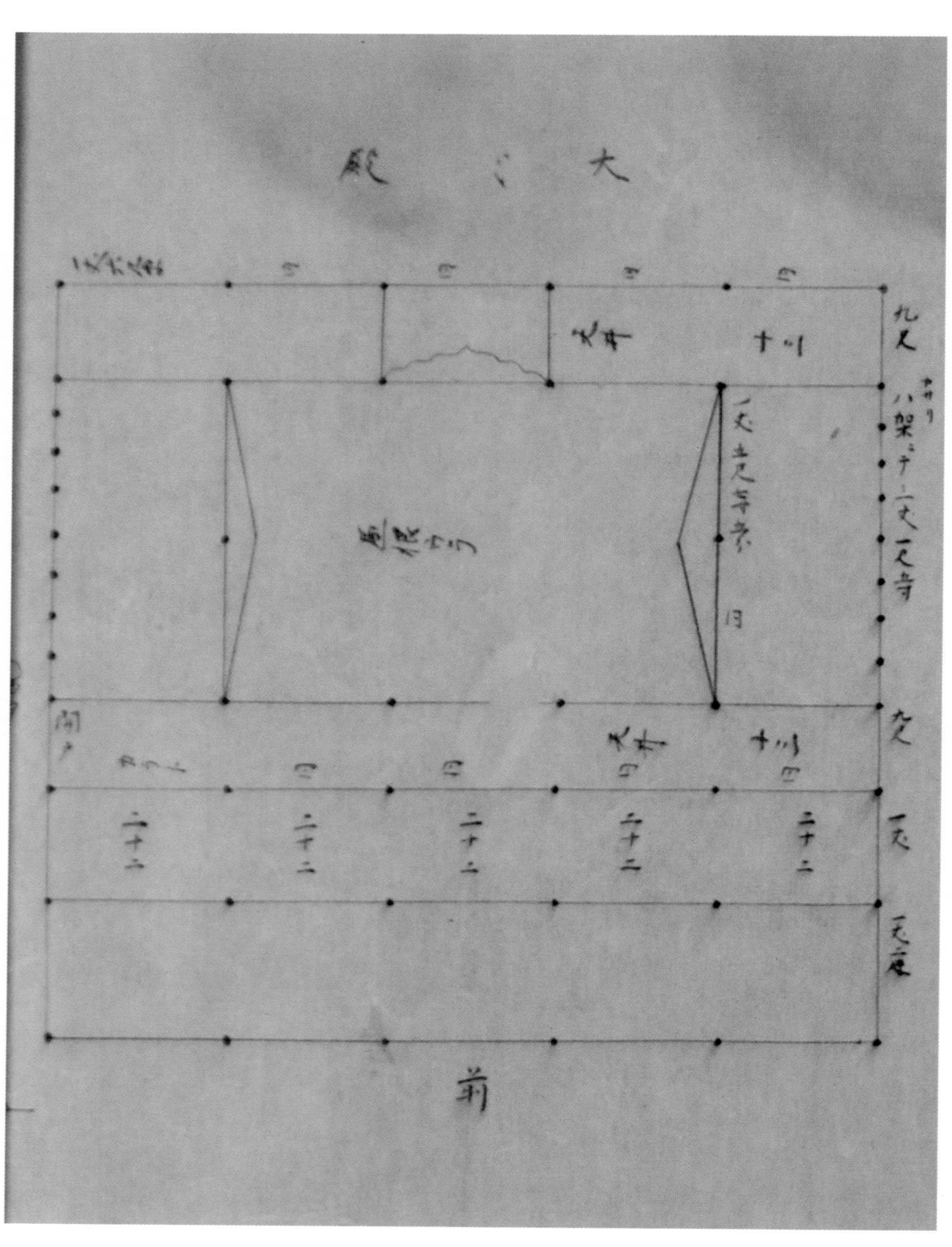

大成殿平面樣圖
大成殿地指図

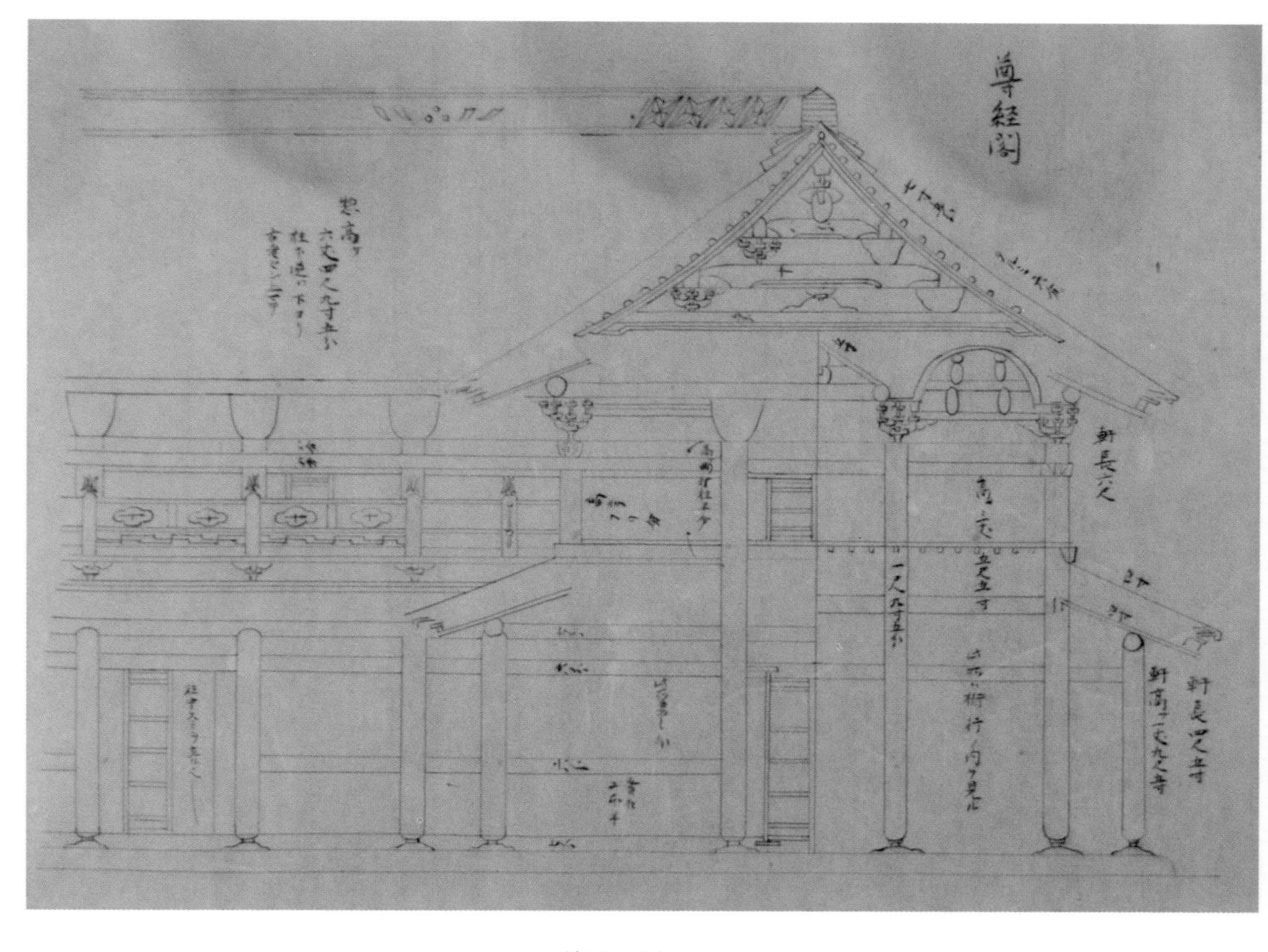

尊經閣
尊経閣

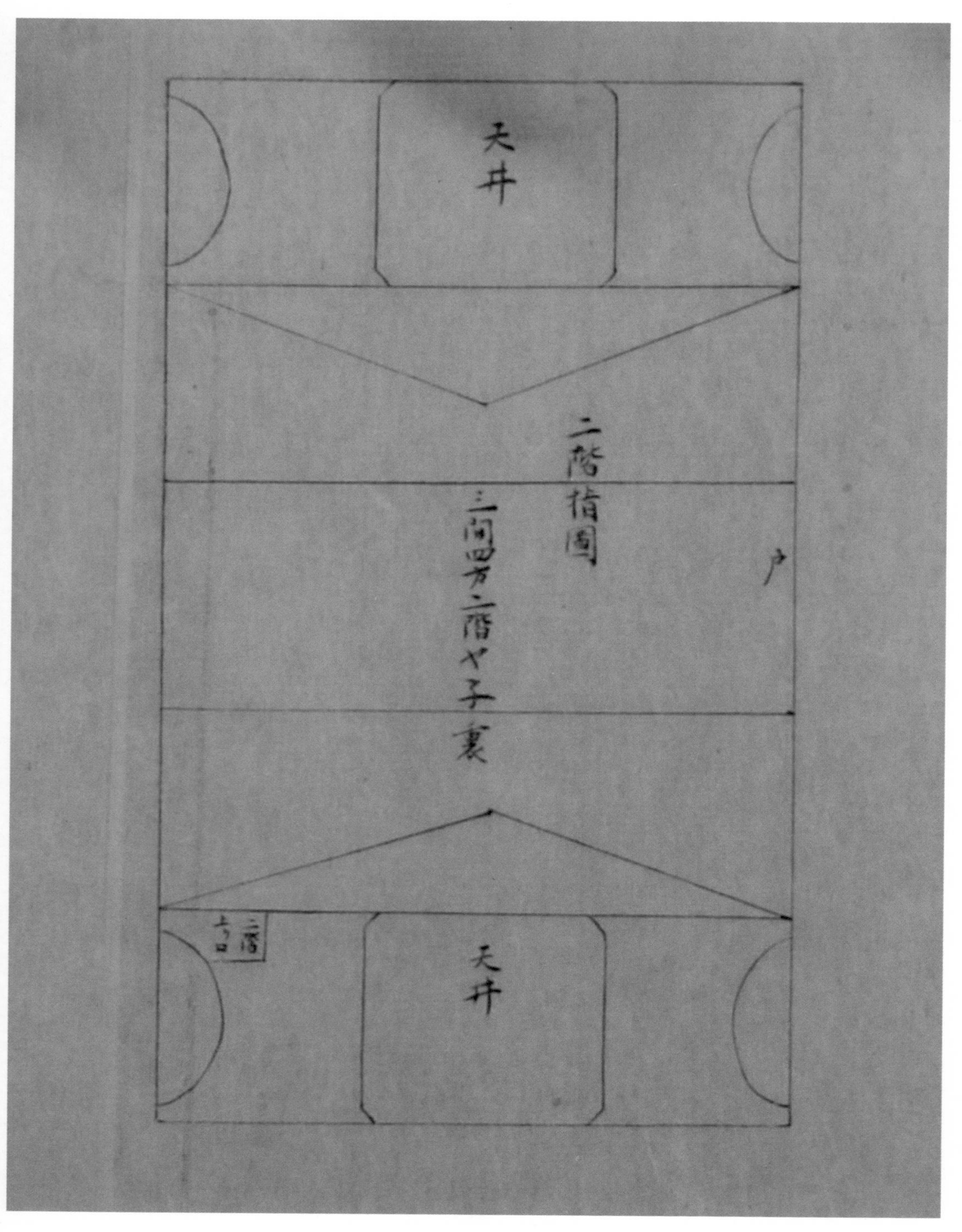

尊經閣二層樣圖
尊経閣二階指図

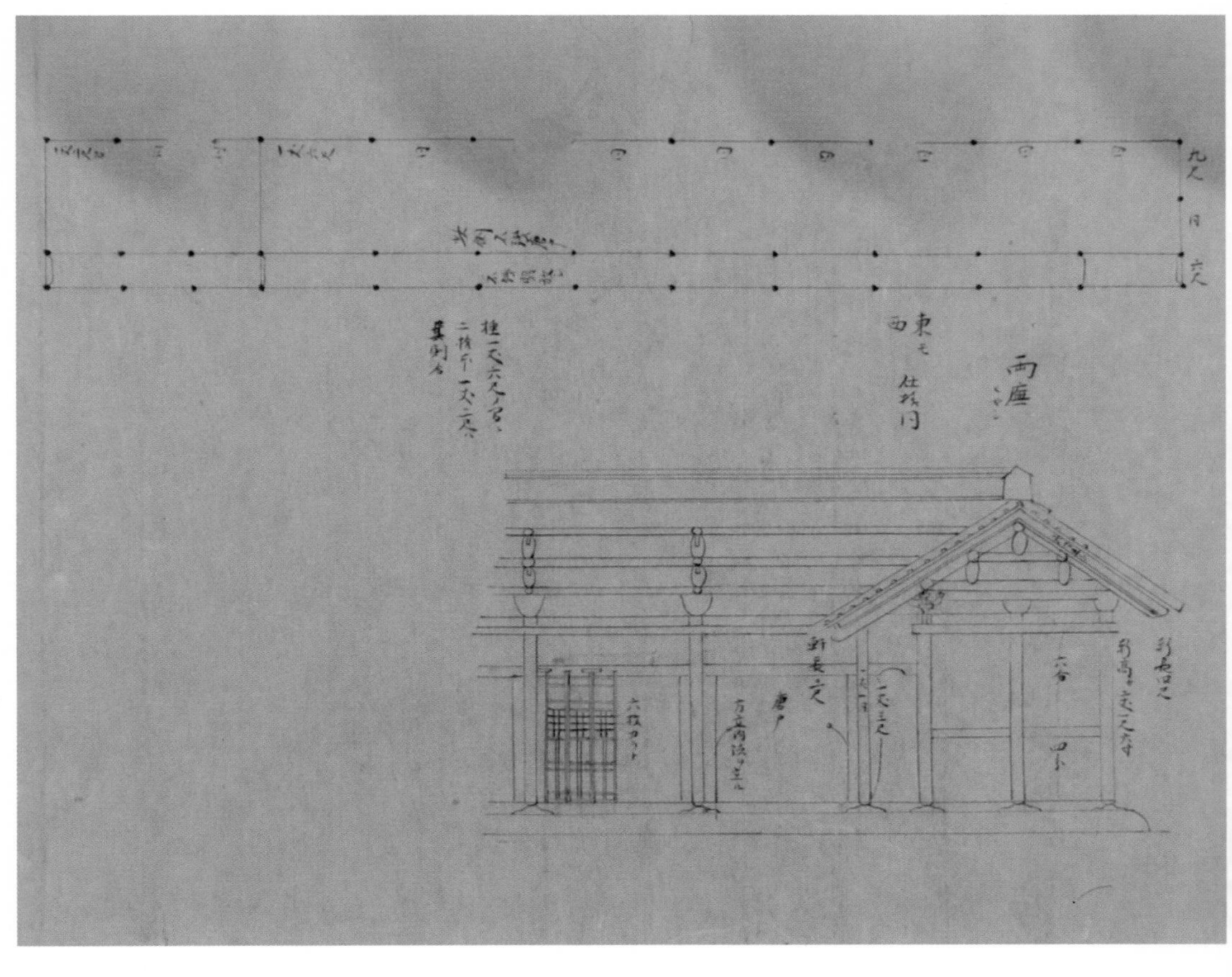

東西兩廡様圖
東西両廡指図

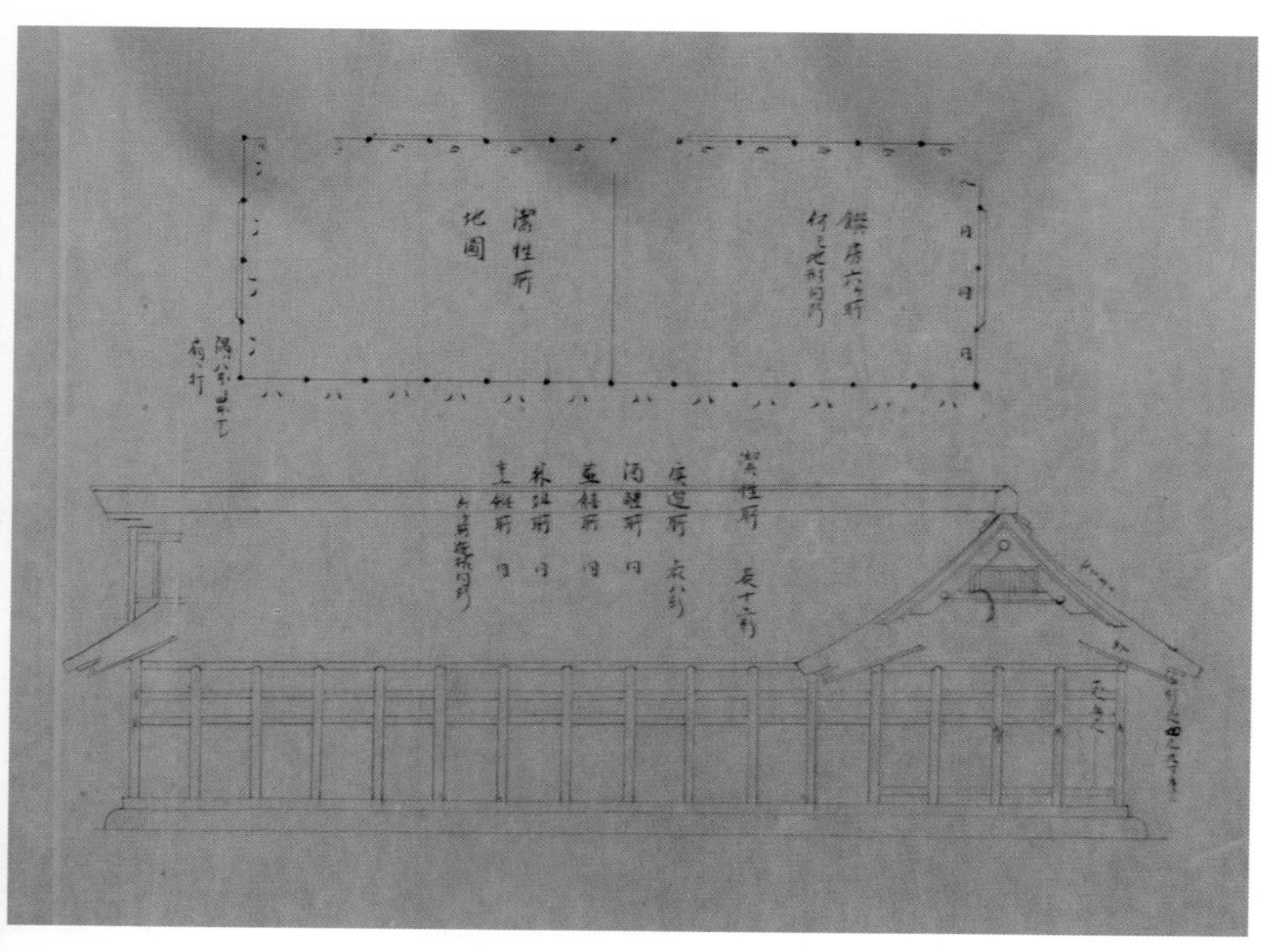

東西兩廡樣圖
東西両廡指図

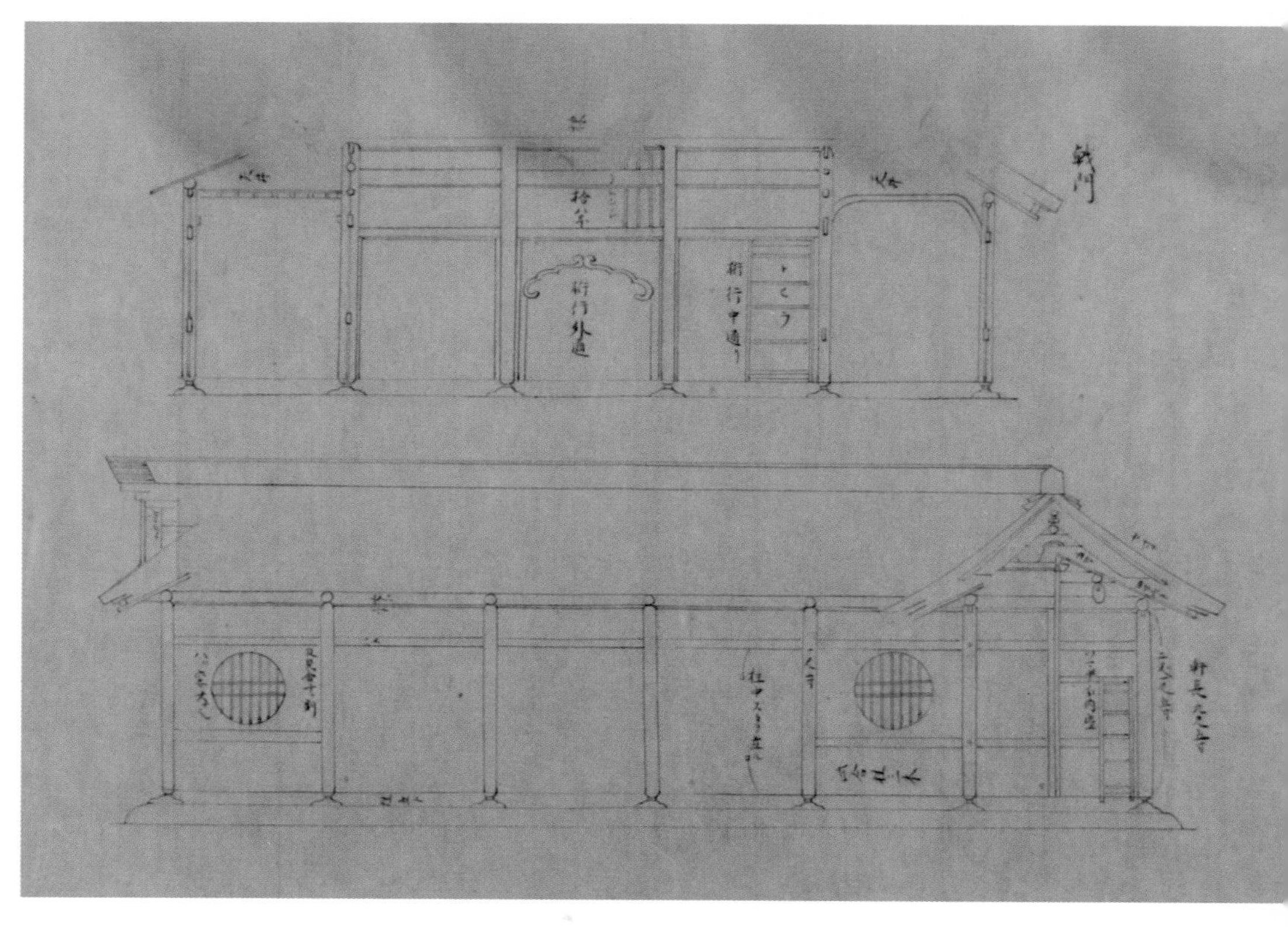

戟 門

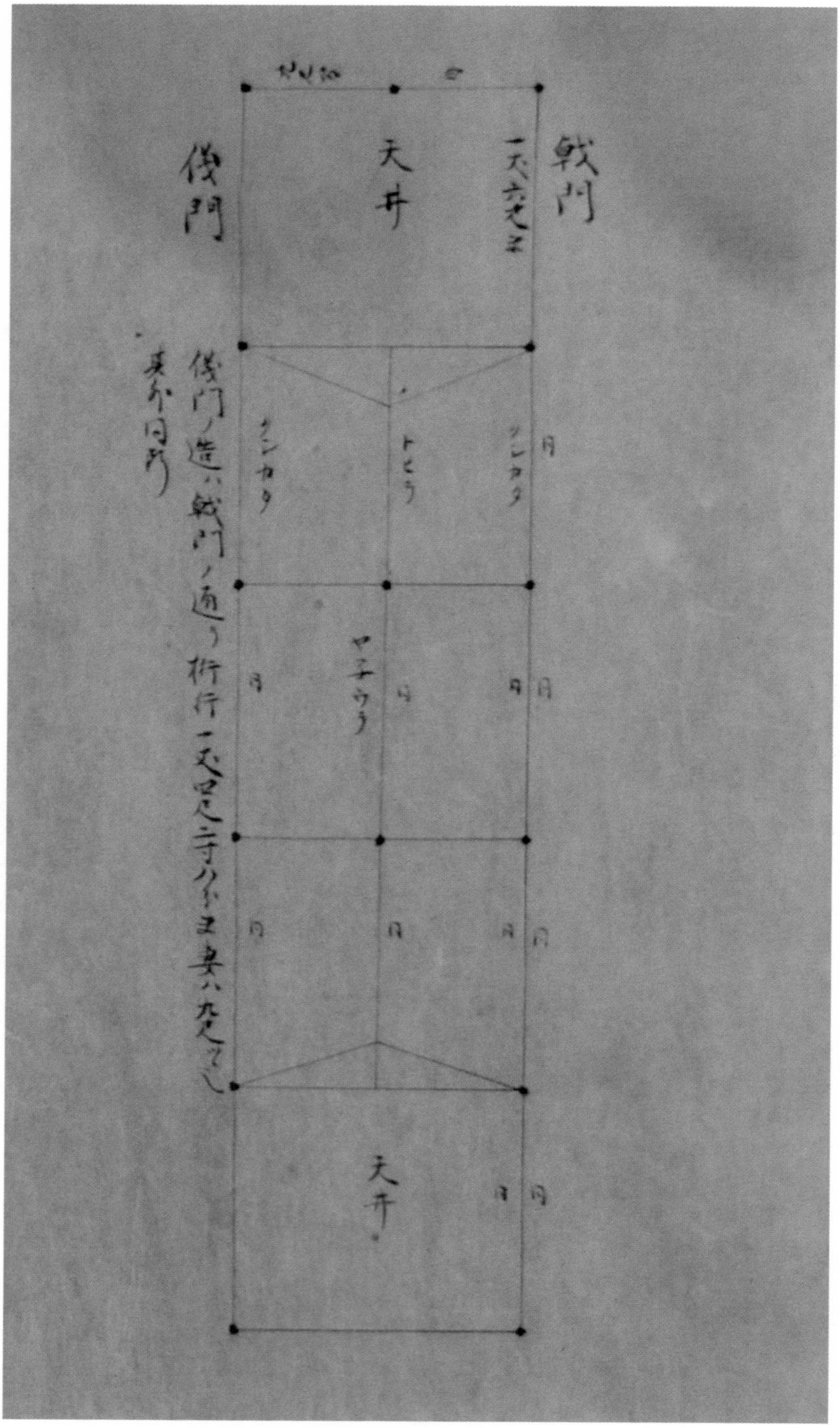

戟門、儀門平面樣圖
戟門、儀門地指図

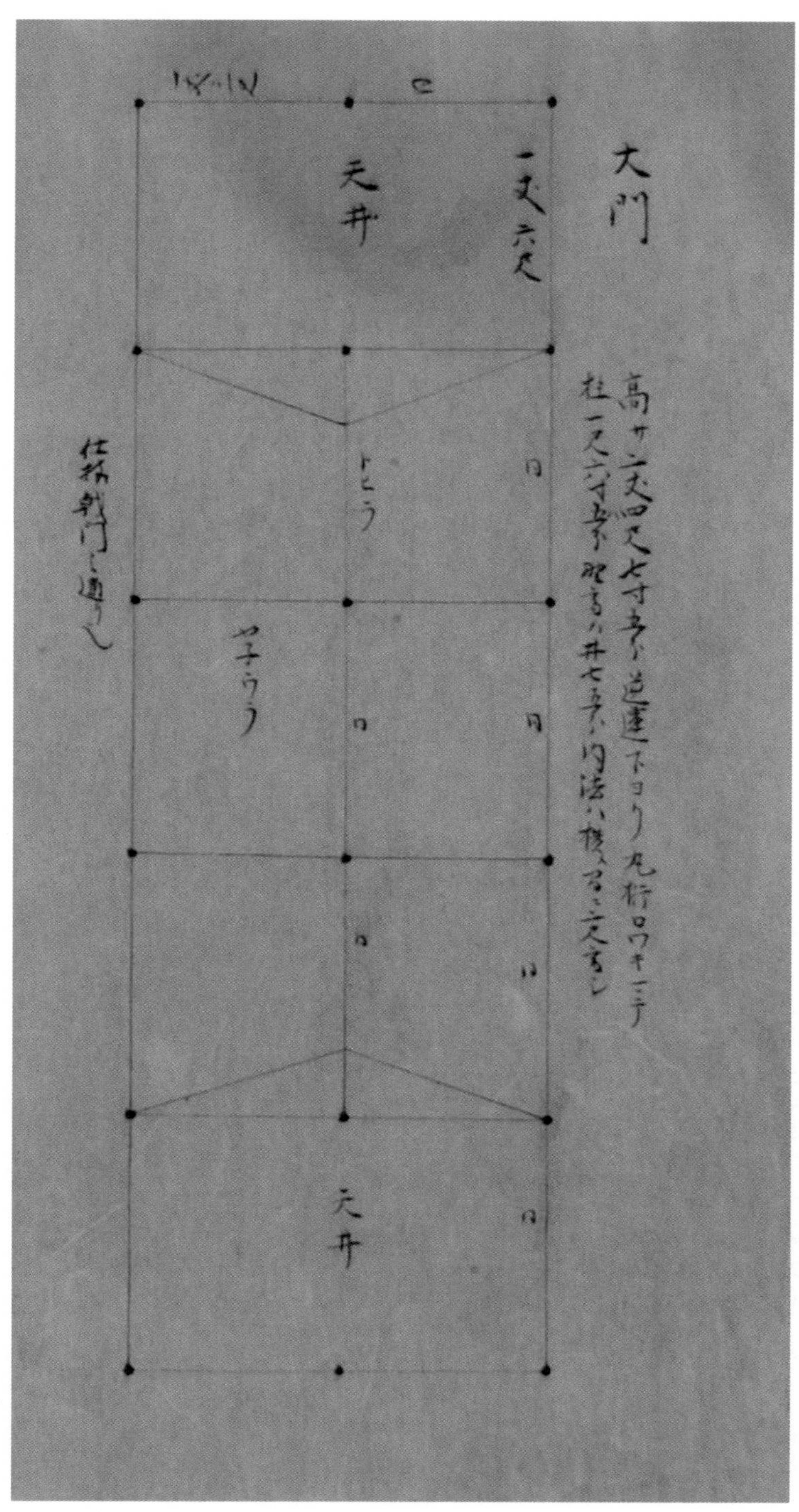

大門平面樣圖
大門地指図

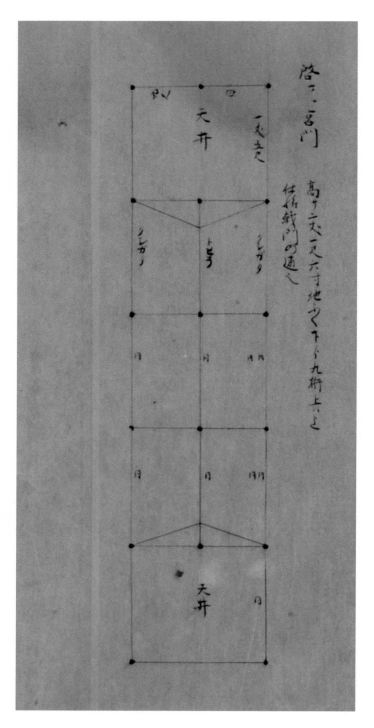

啓聖宮門平面樣圖
敢聖宮門地指図

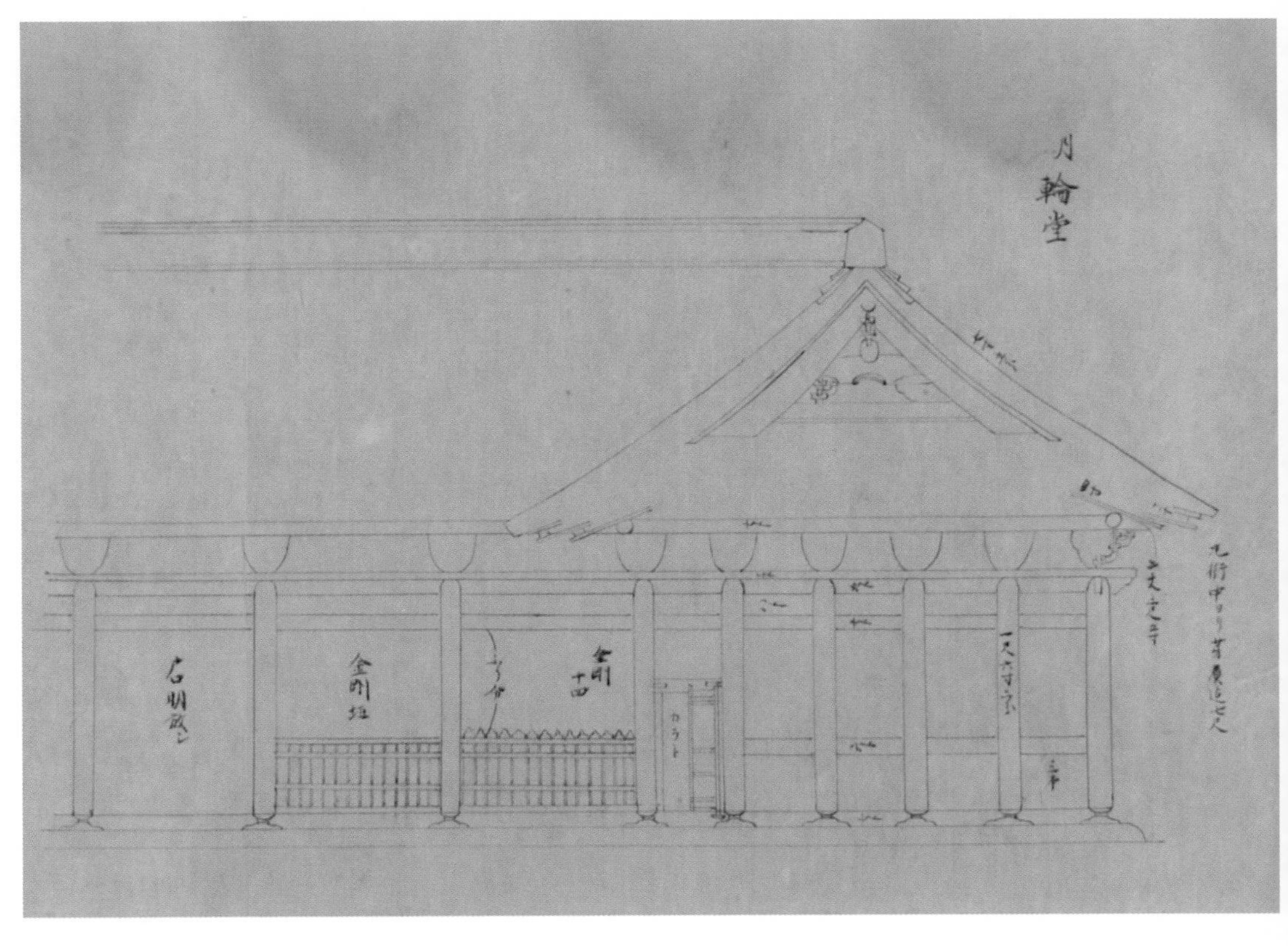

明倫堂

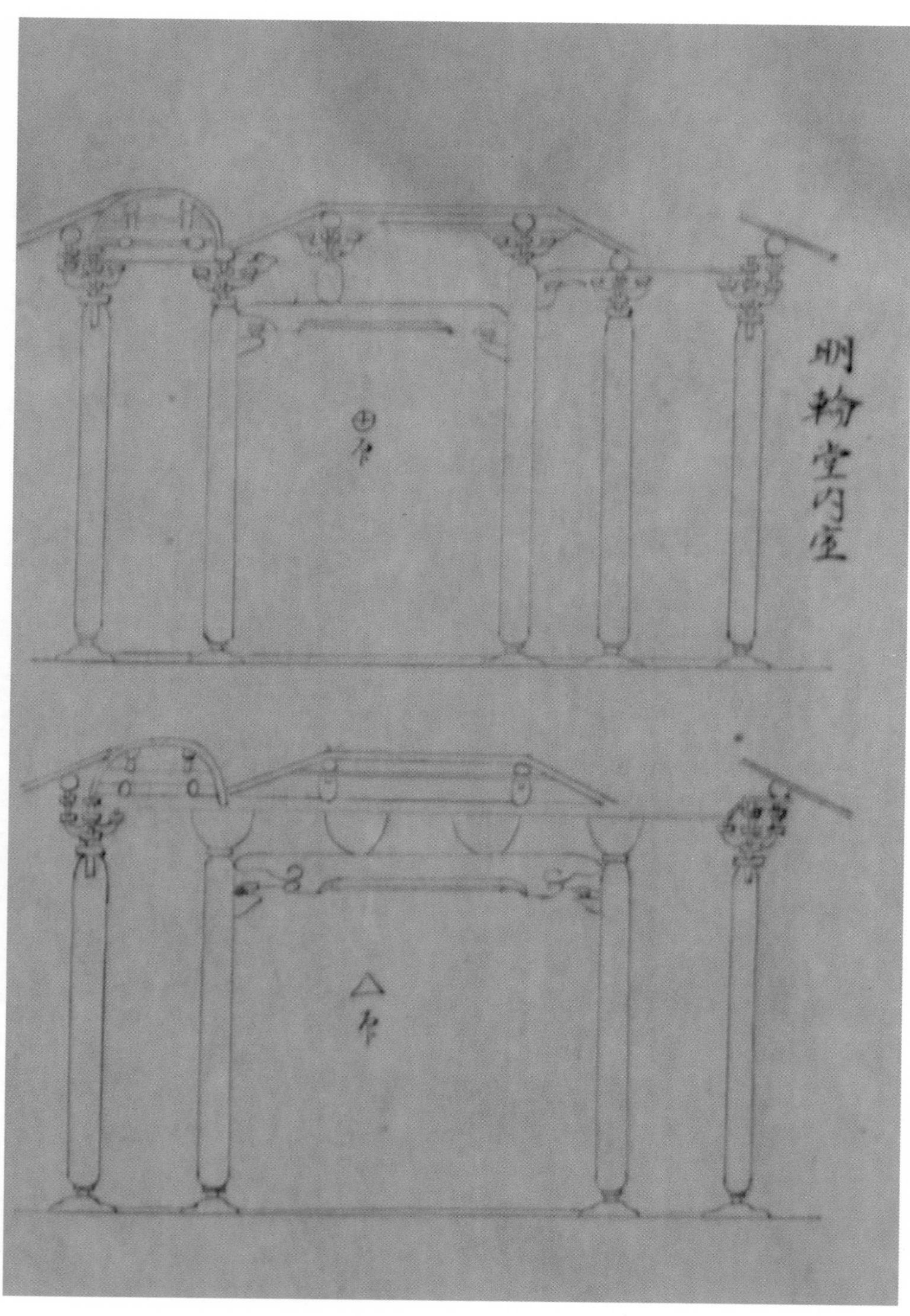

明倫堂内室

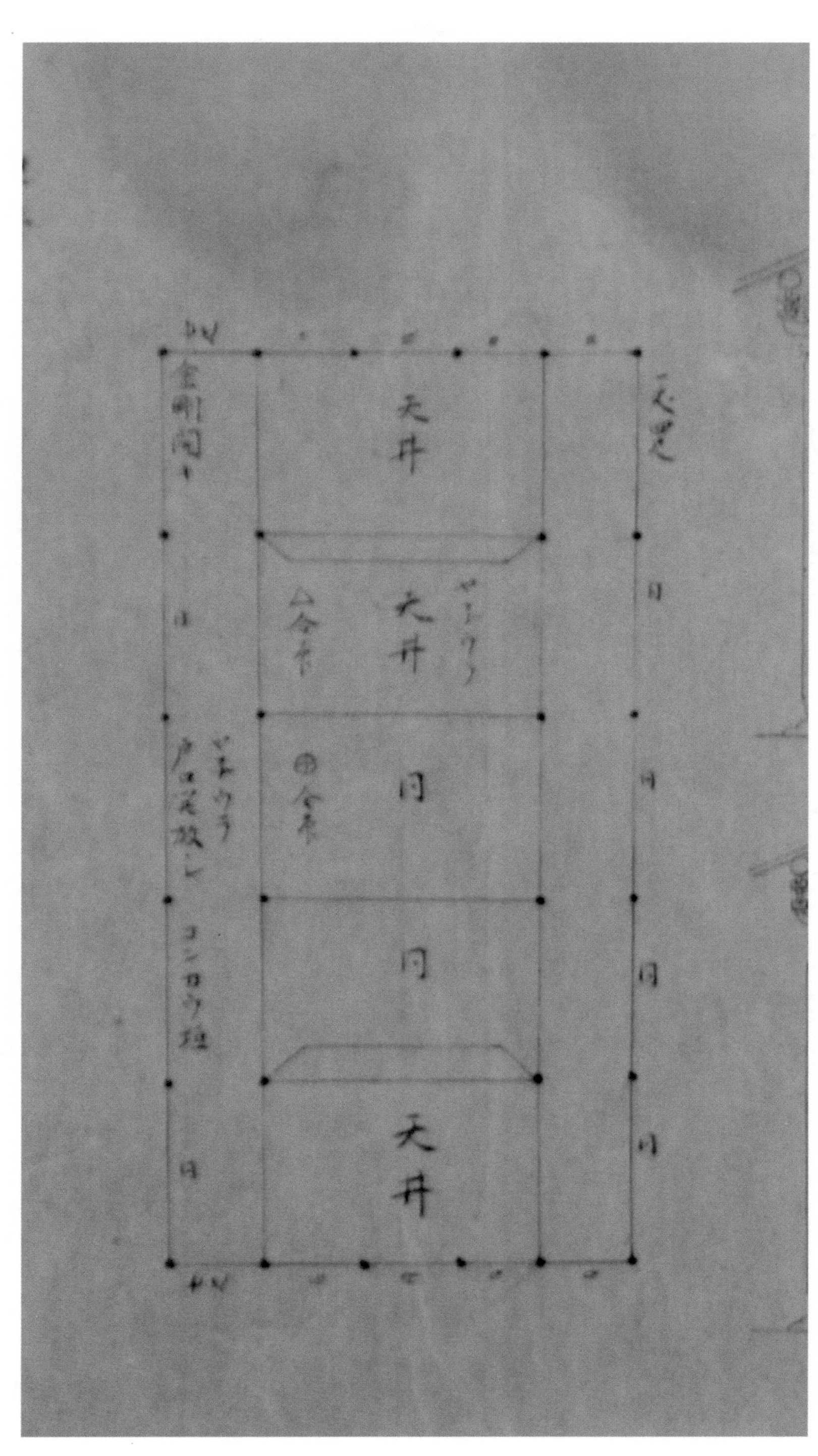

明倫堂平面樣圖
明倫堂地指図

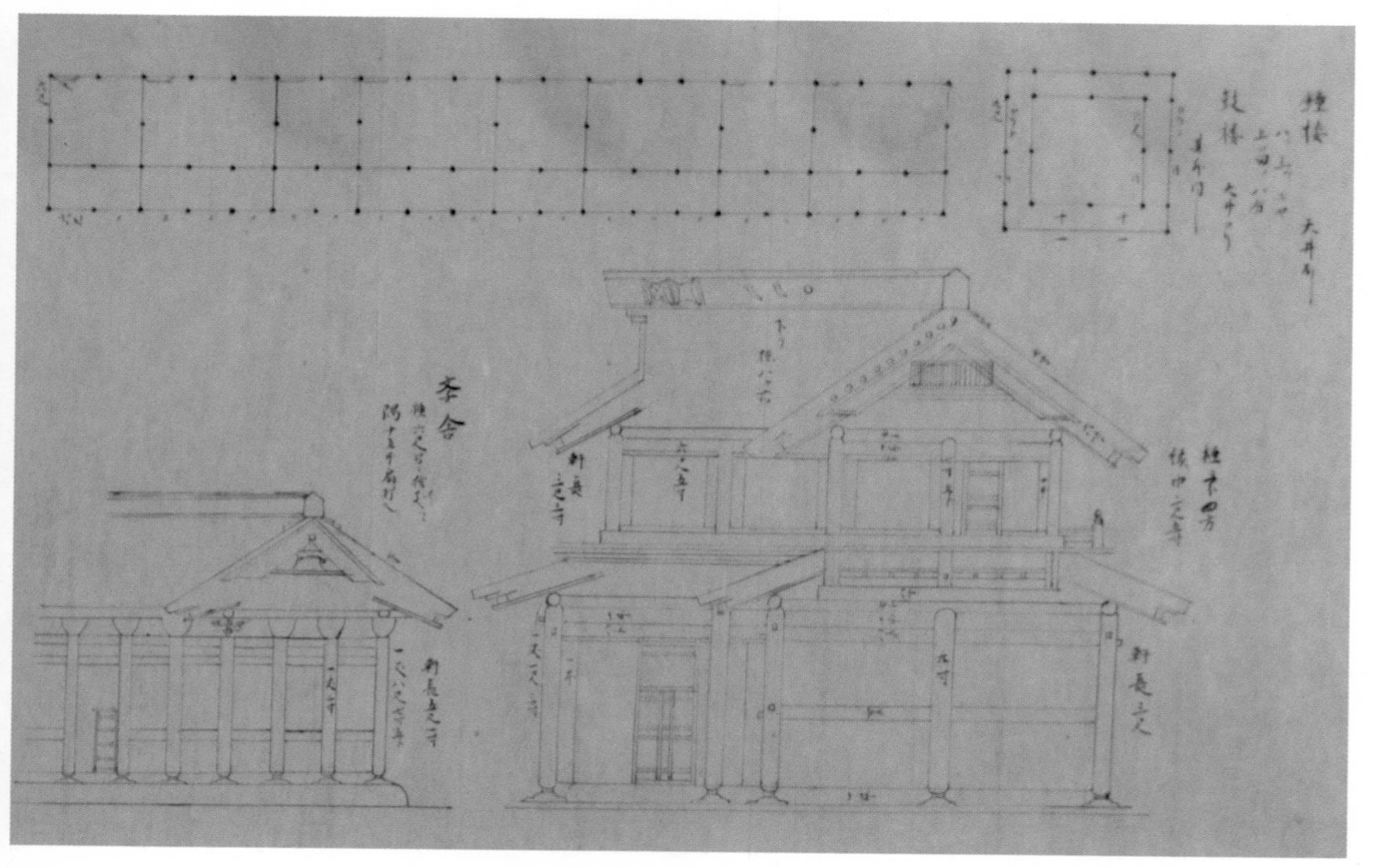

鐘樓、齋舍
鐘樓、斎舎

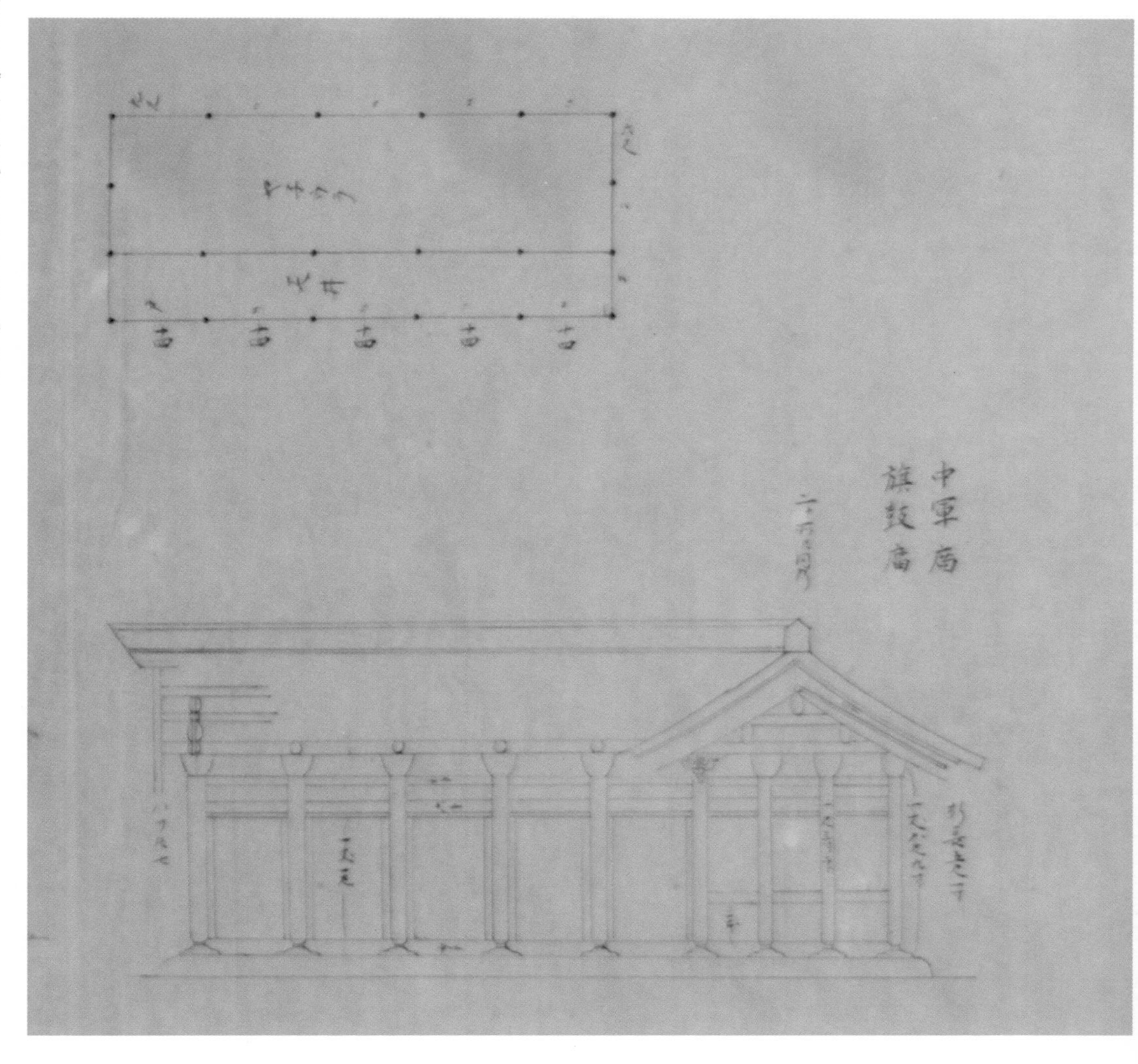

中軍廳、旗鼓廳

中軍廳内室

進賢樓

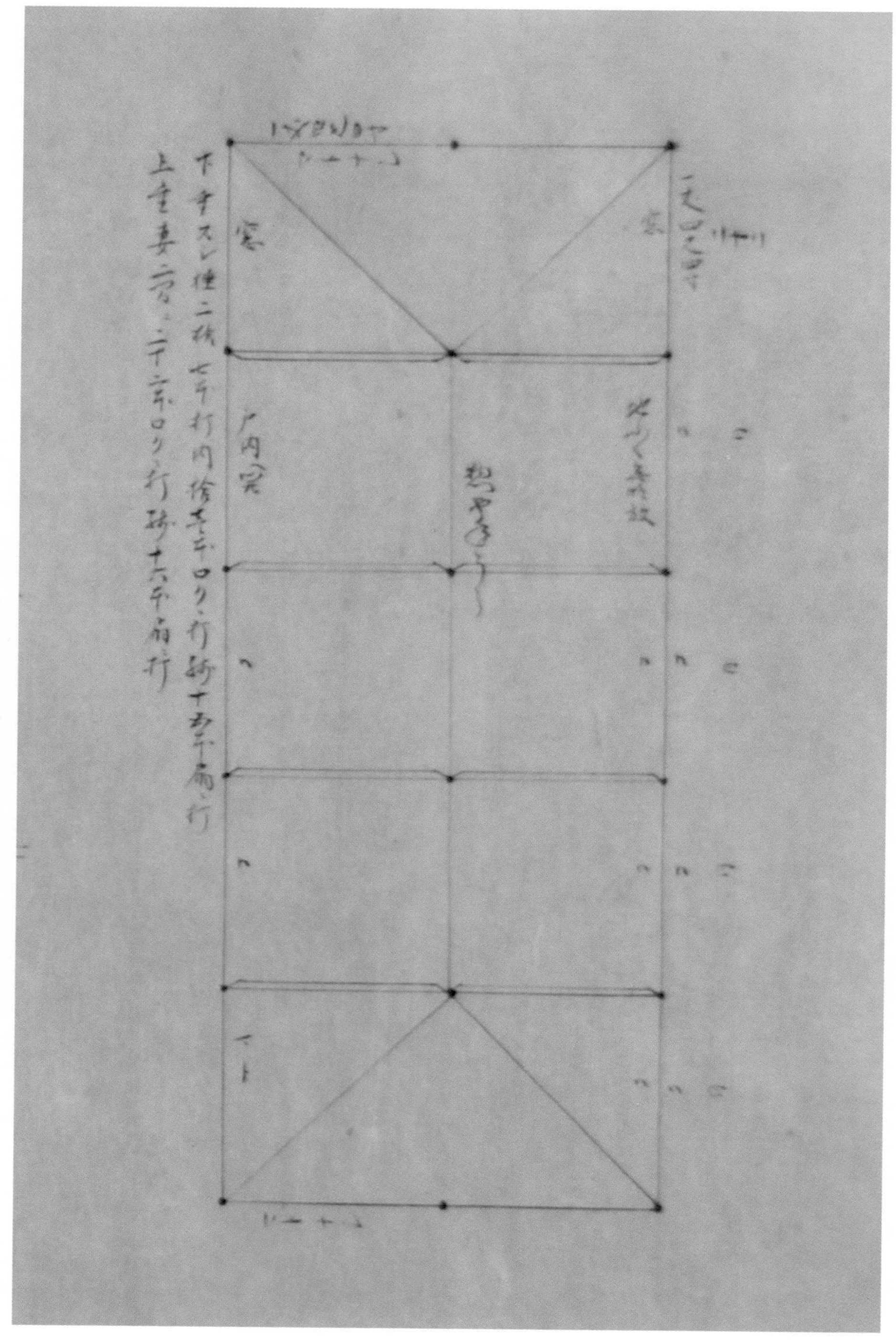

進賢樓平面樣圖
進賢樓指図

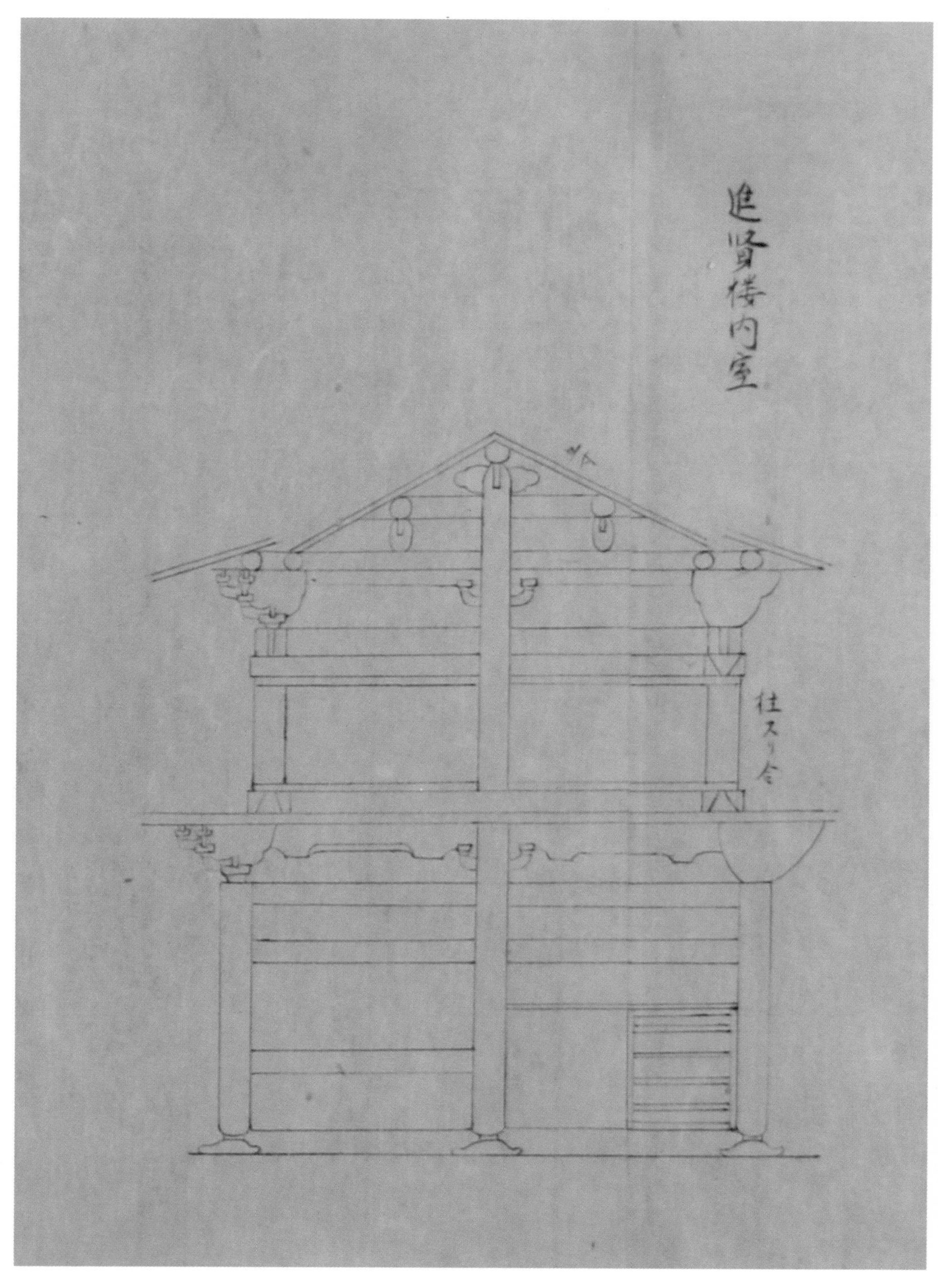

進賢樓内室

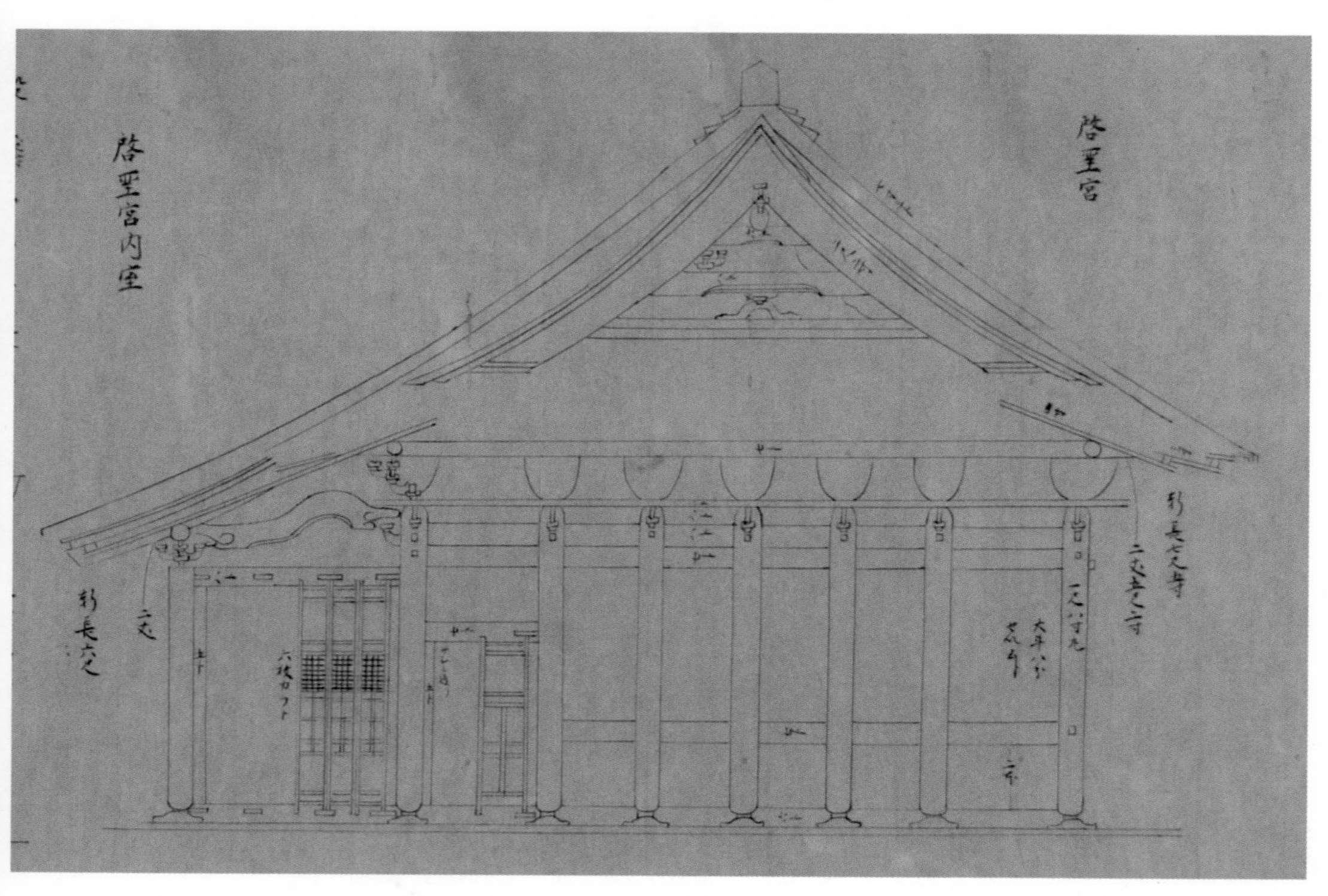

啓聖宮

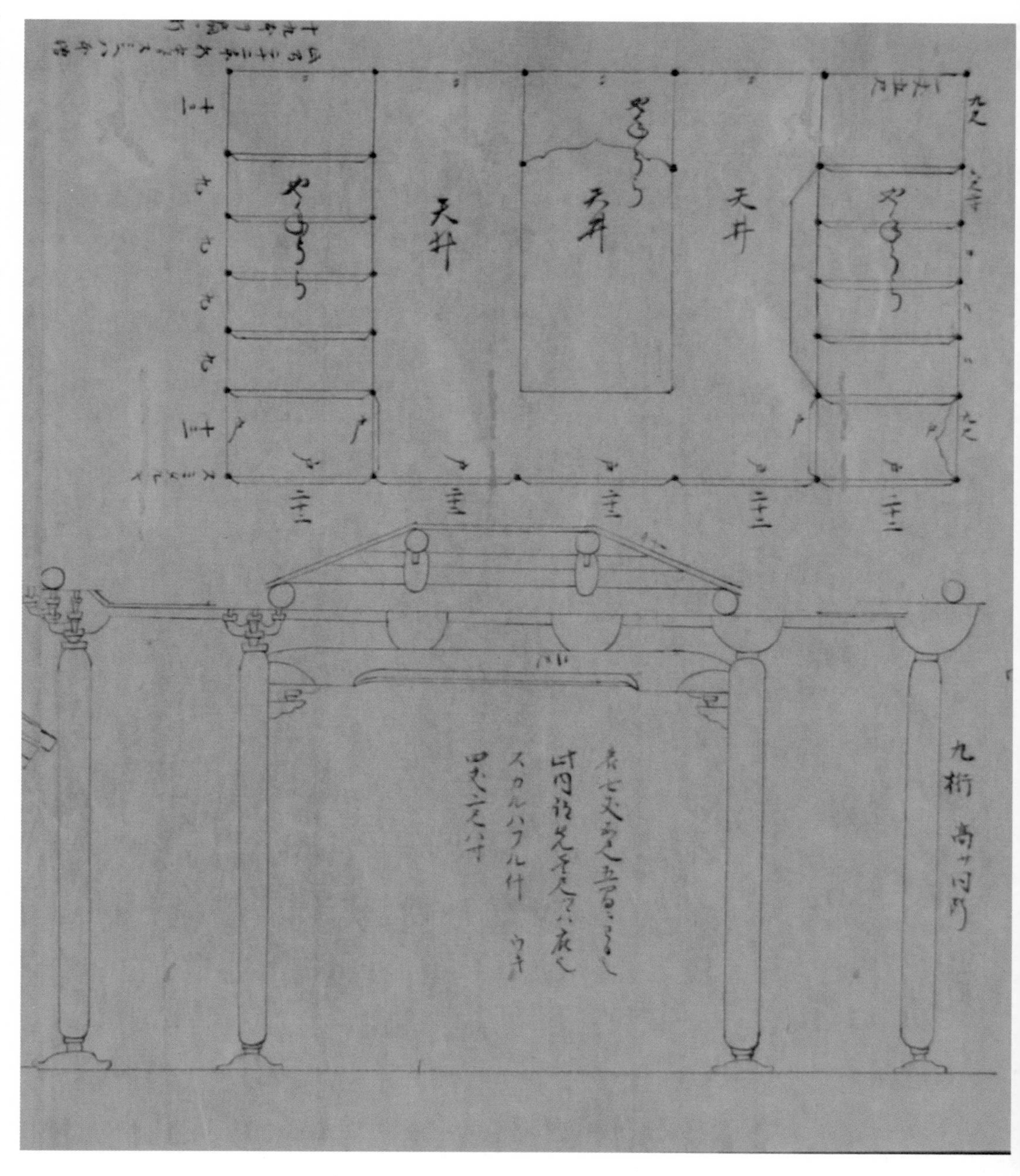

啓聖宮内室、平面様圖
敵聖宮地指図

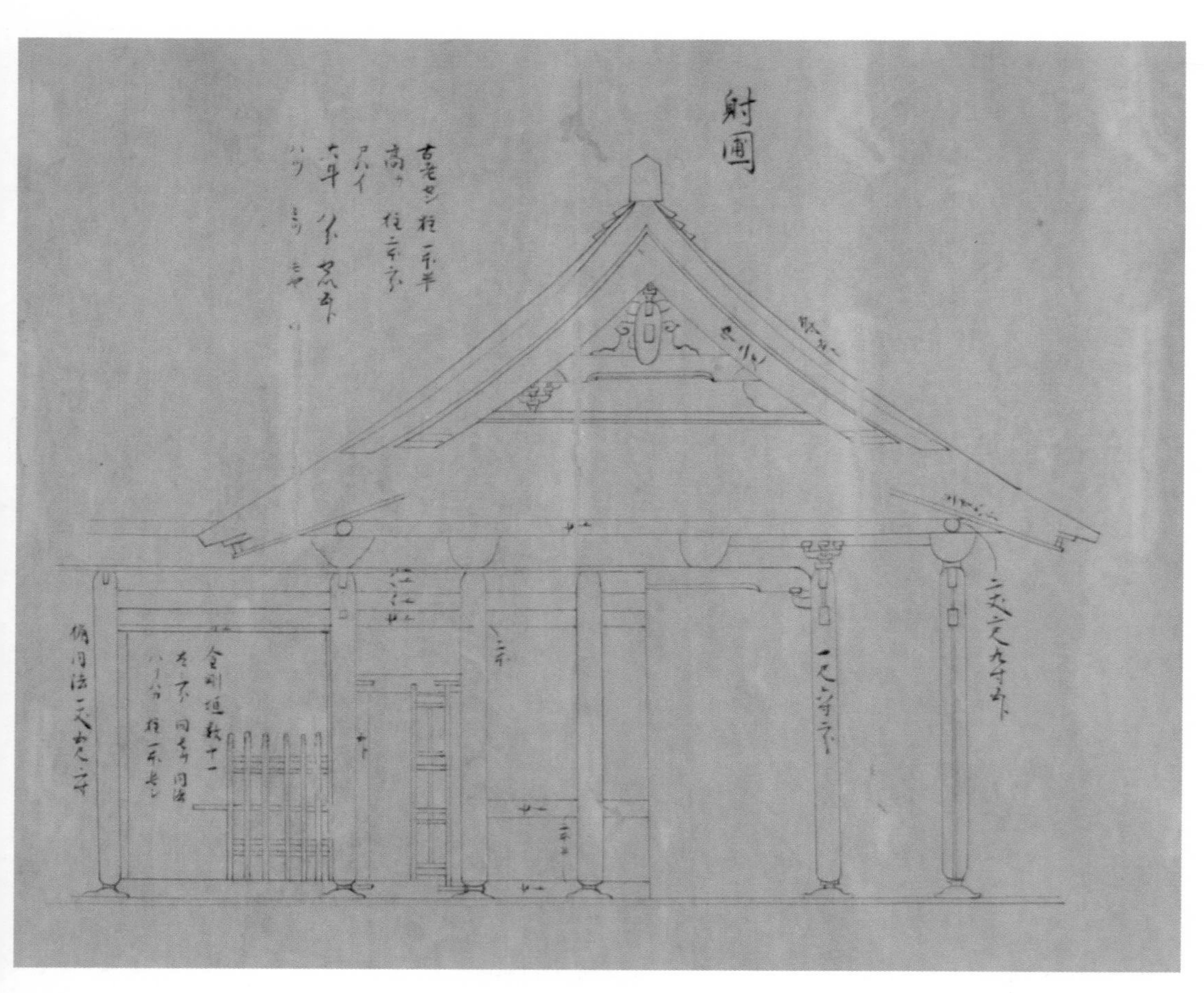

射　圃

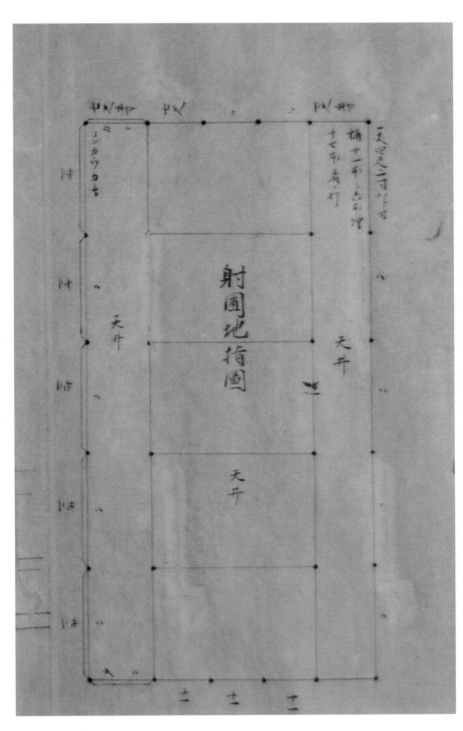

射圃平面様圖
射圃地指図

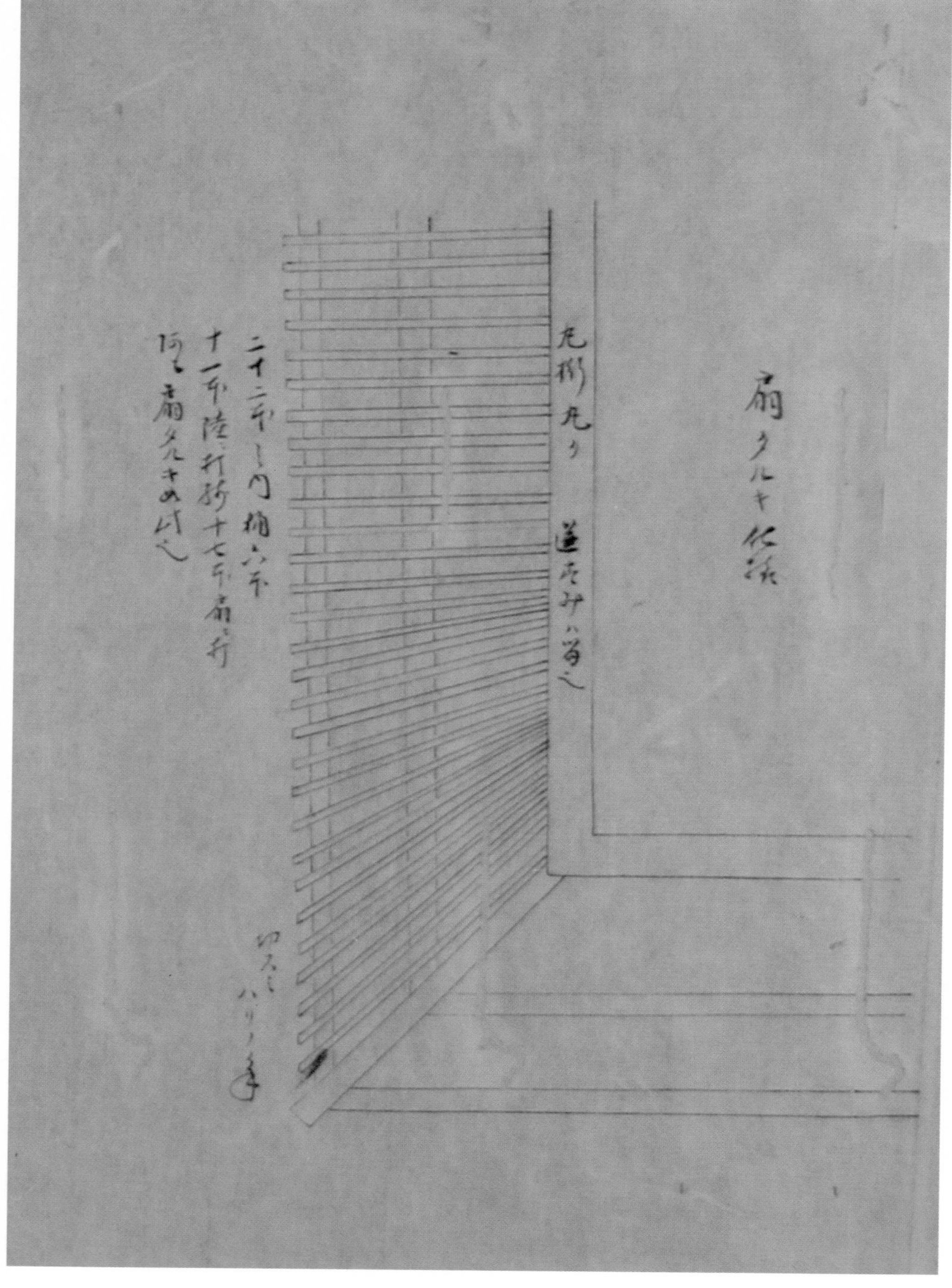

椽木
檐垂
角扇

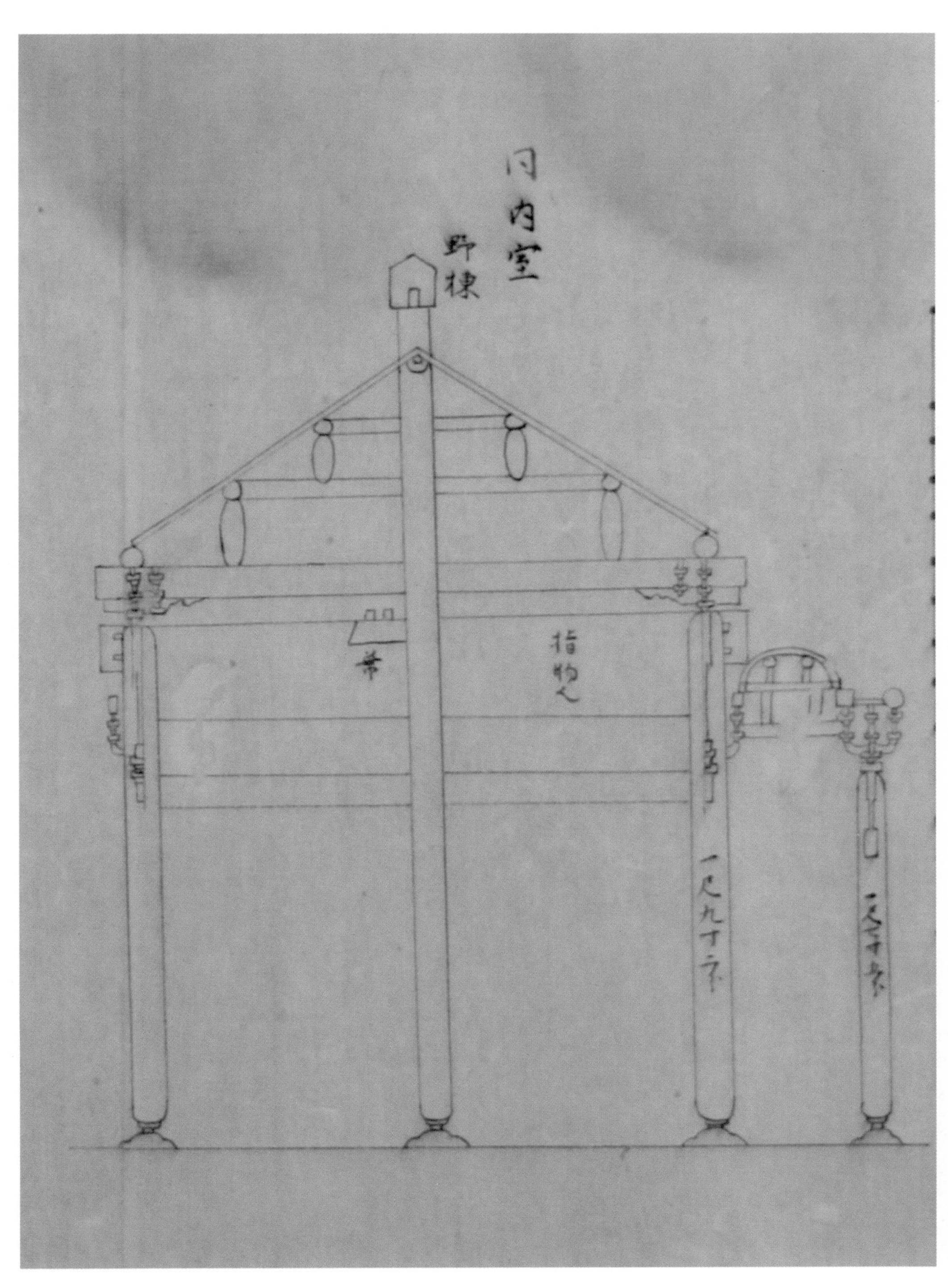

射圃内室

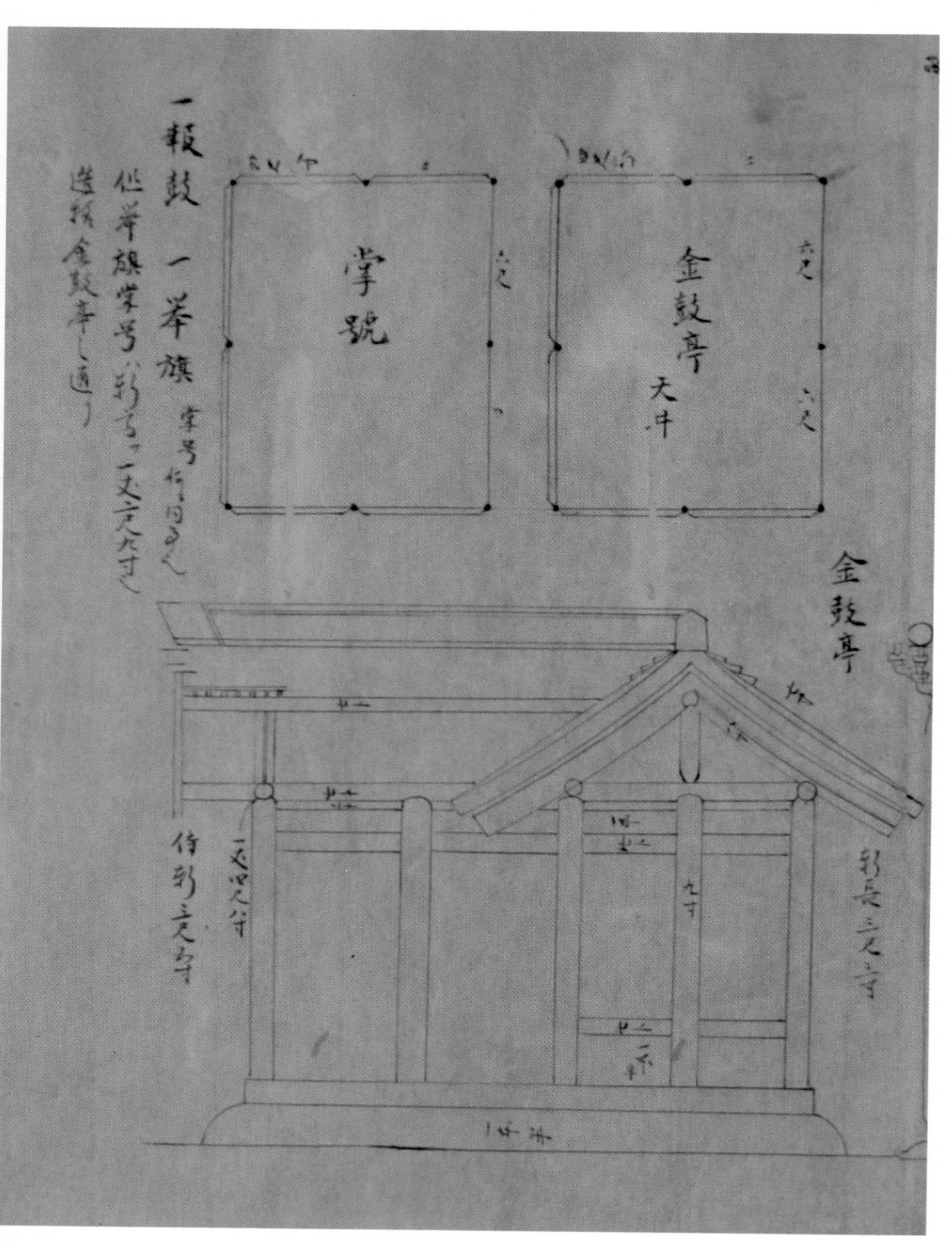

金鼓亭、掌號

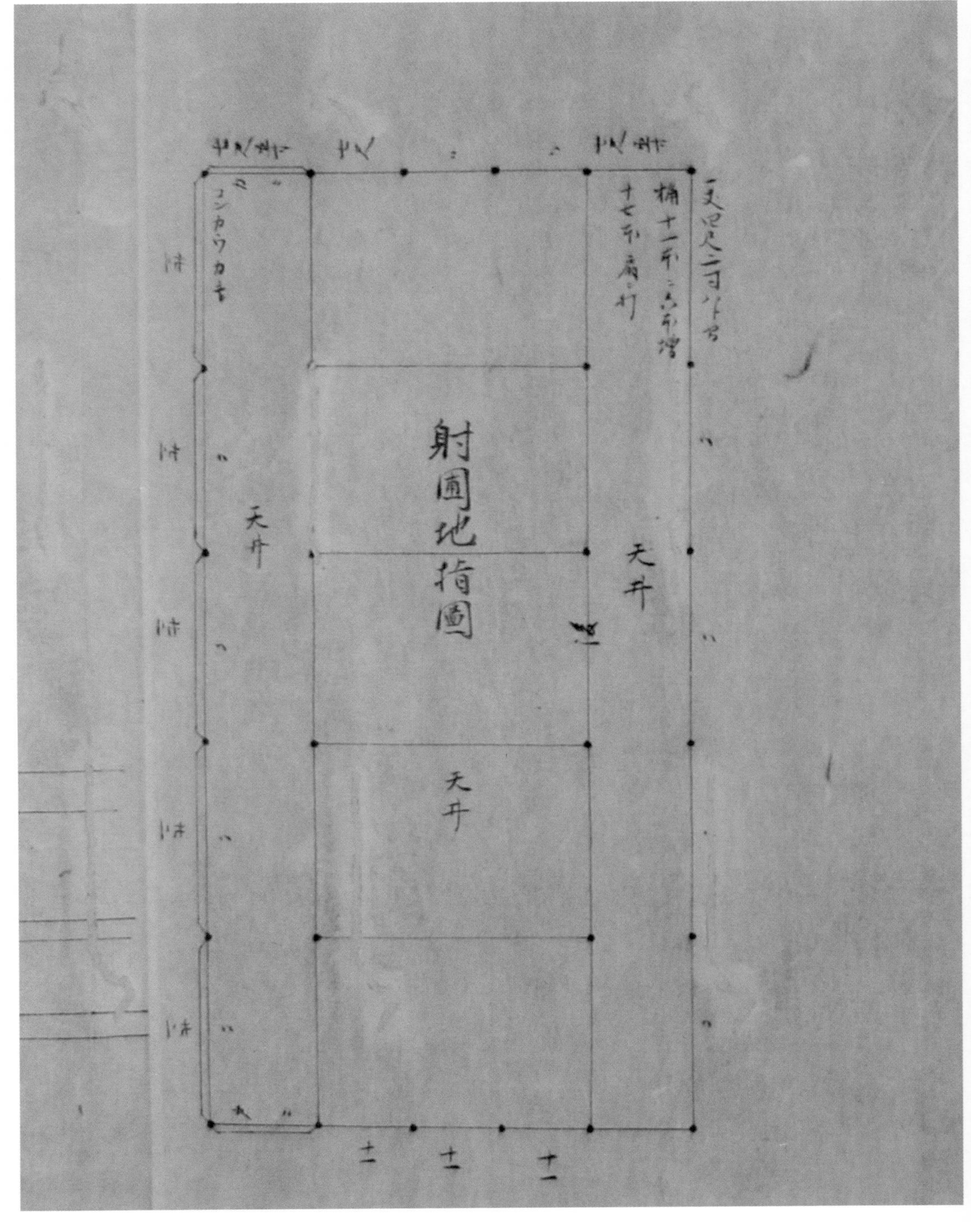

射圃平面樣圖
射圃地指図

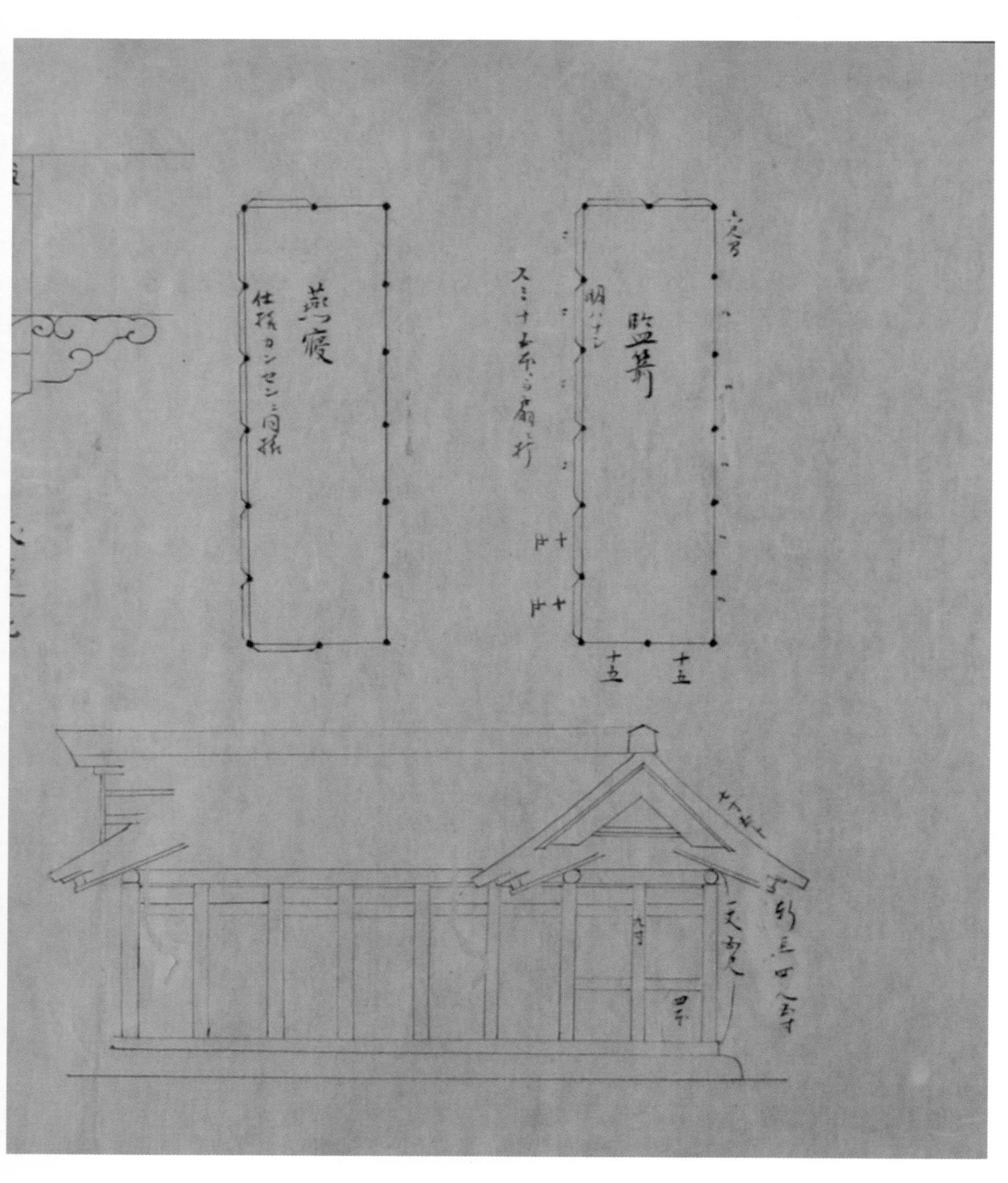

監箭、宴寢

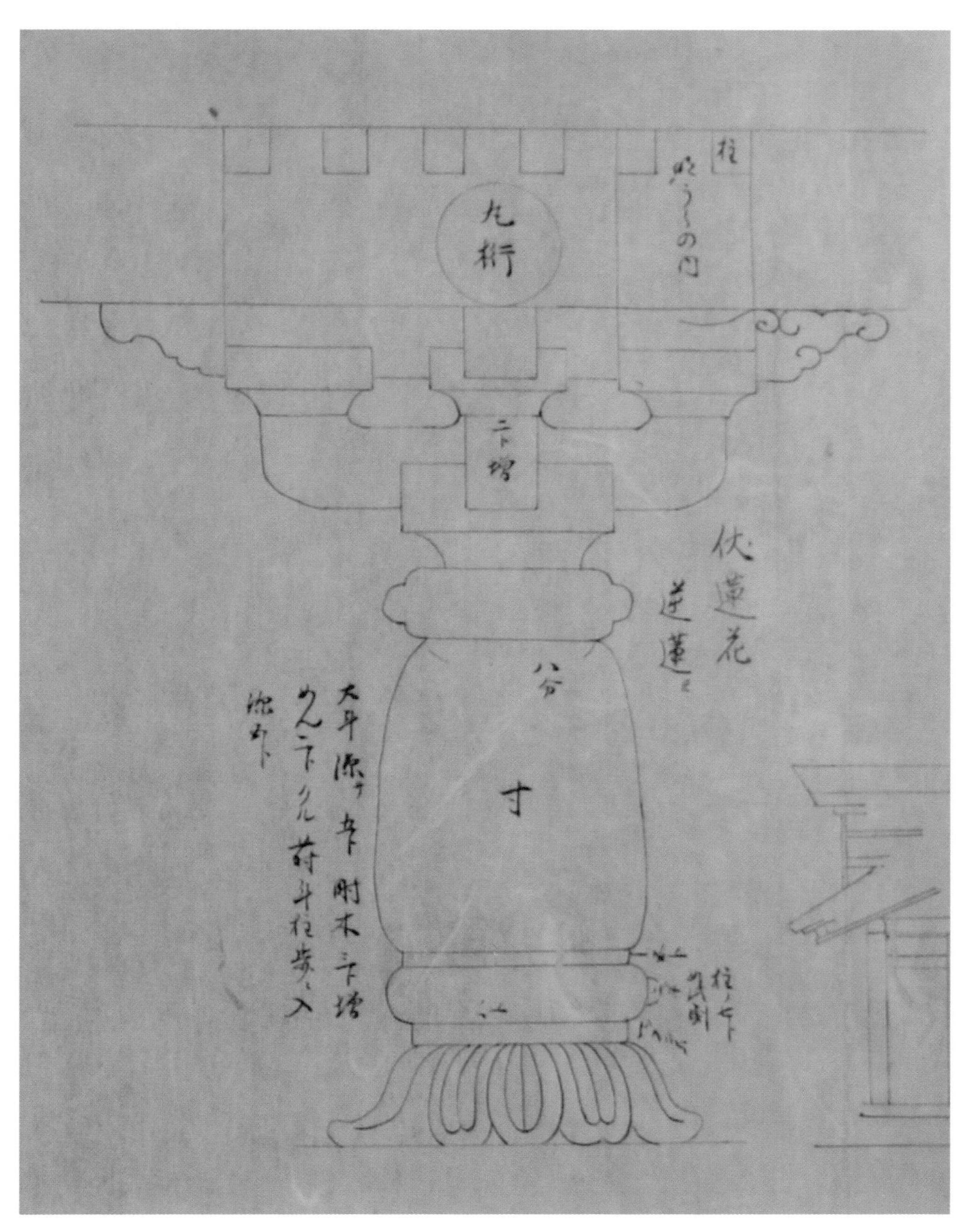

覆蓮華、檐柱、枓栱、檐桁
伏蓮華、丸柱、組物、丸桁

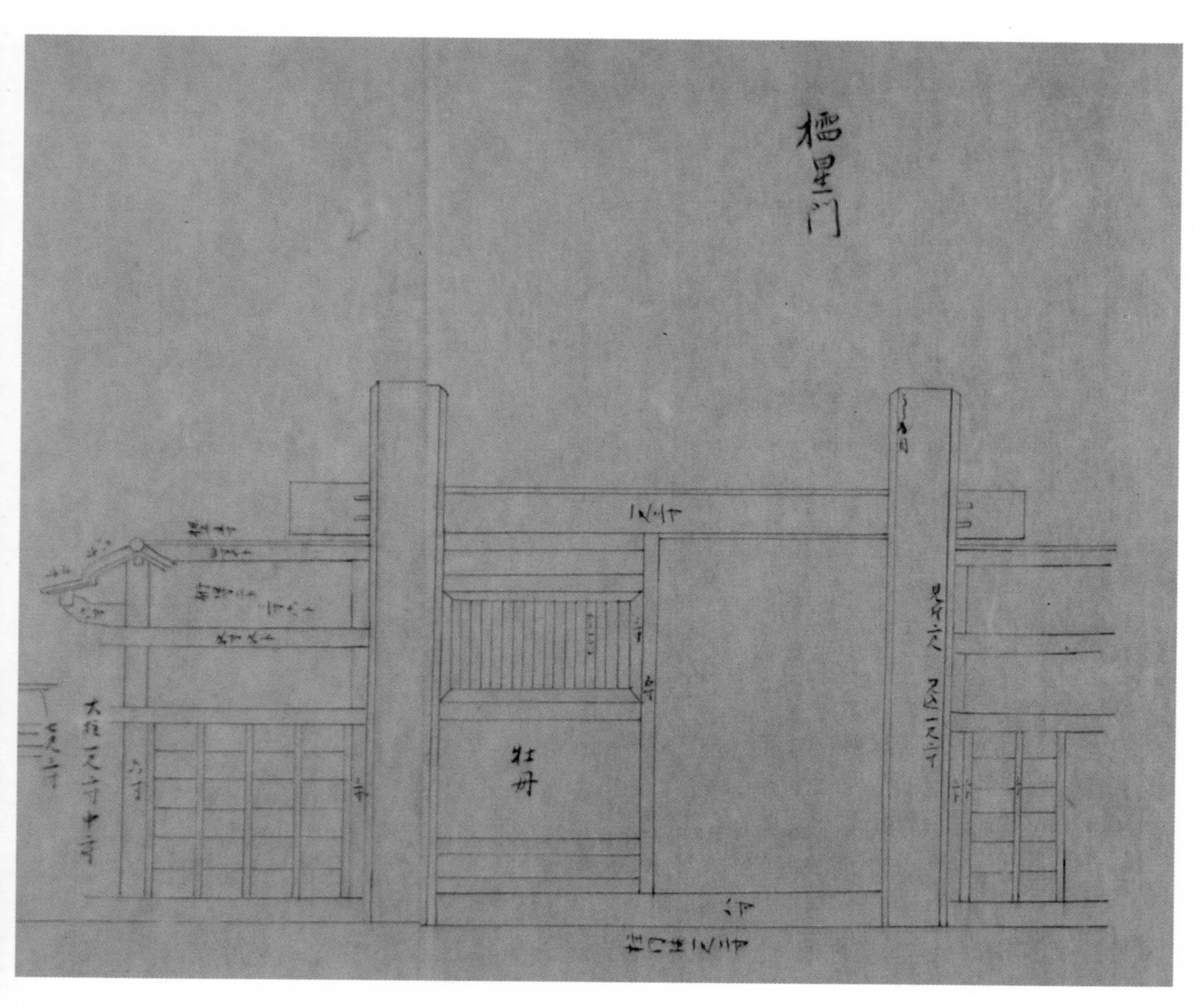

櫺星門

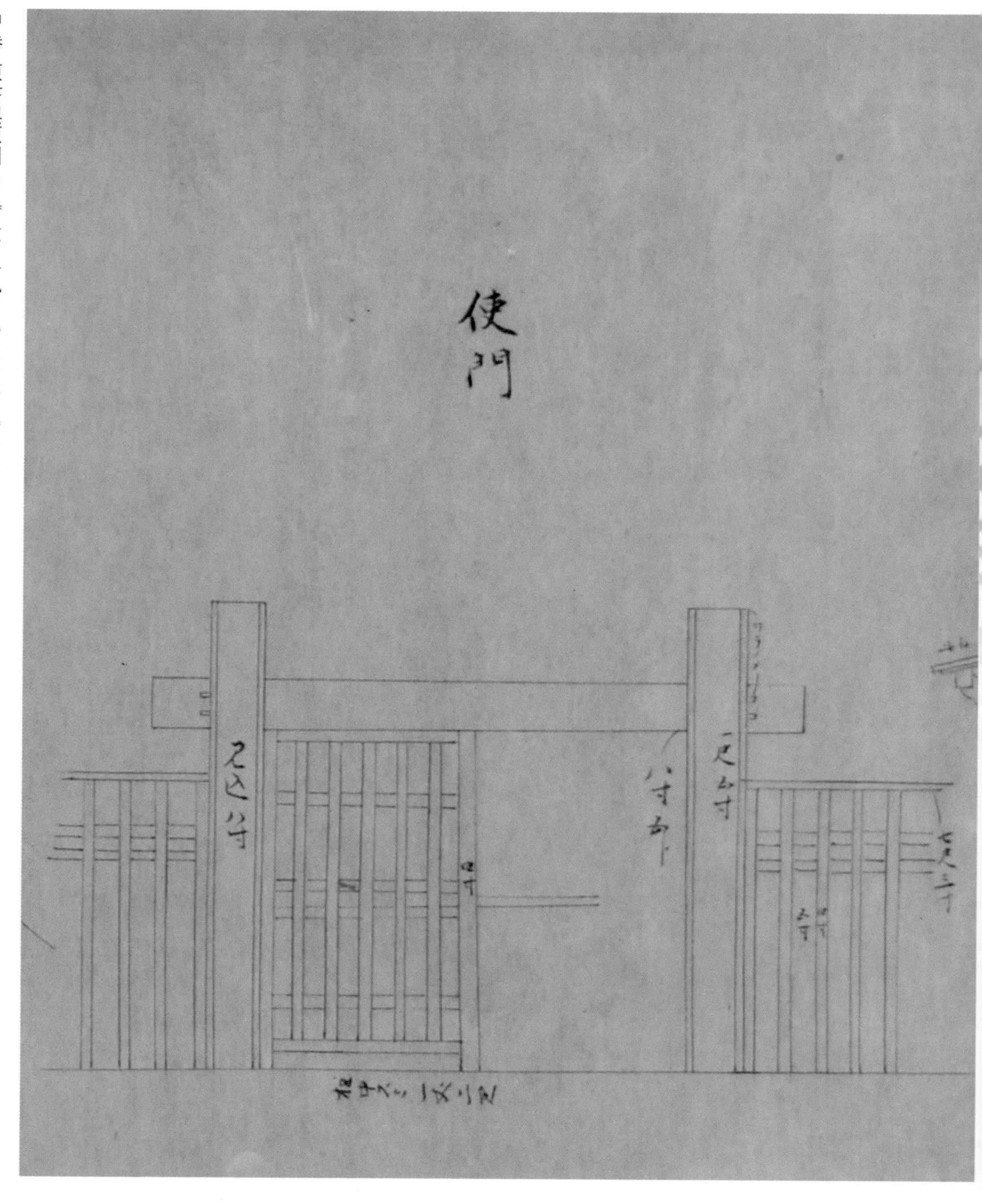

使 門

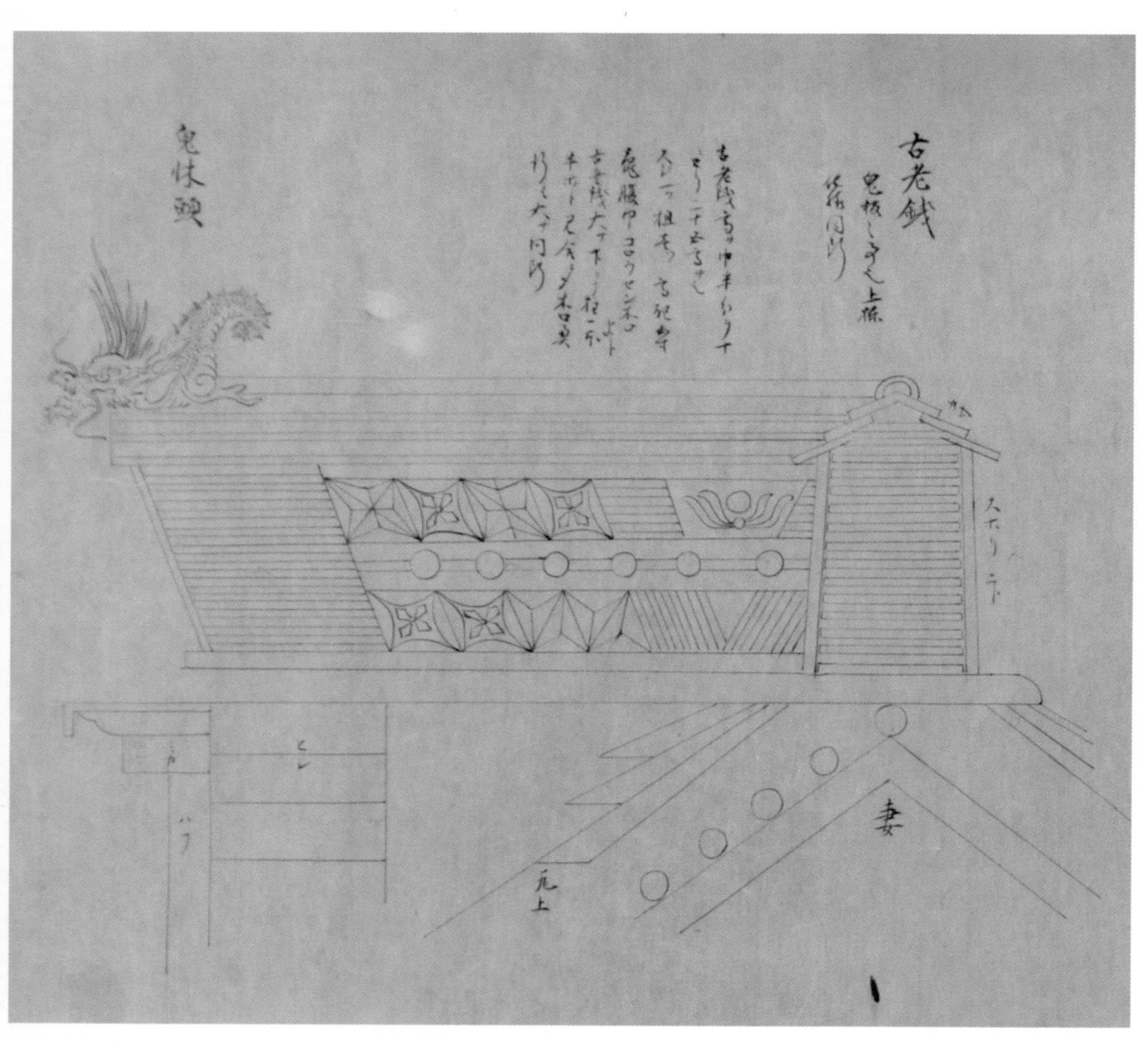

吻獸、古老錢
鬼狄頭、古老銭

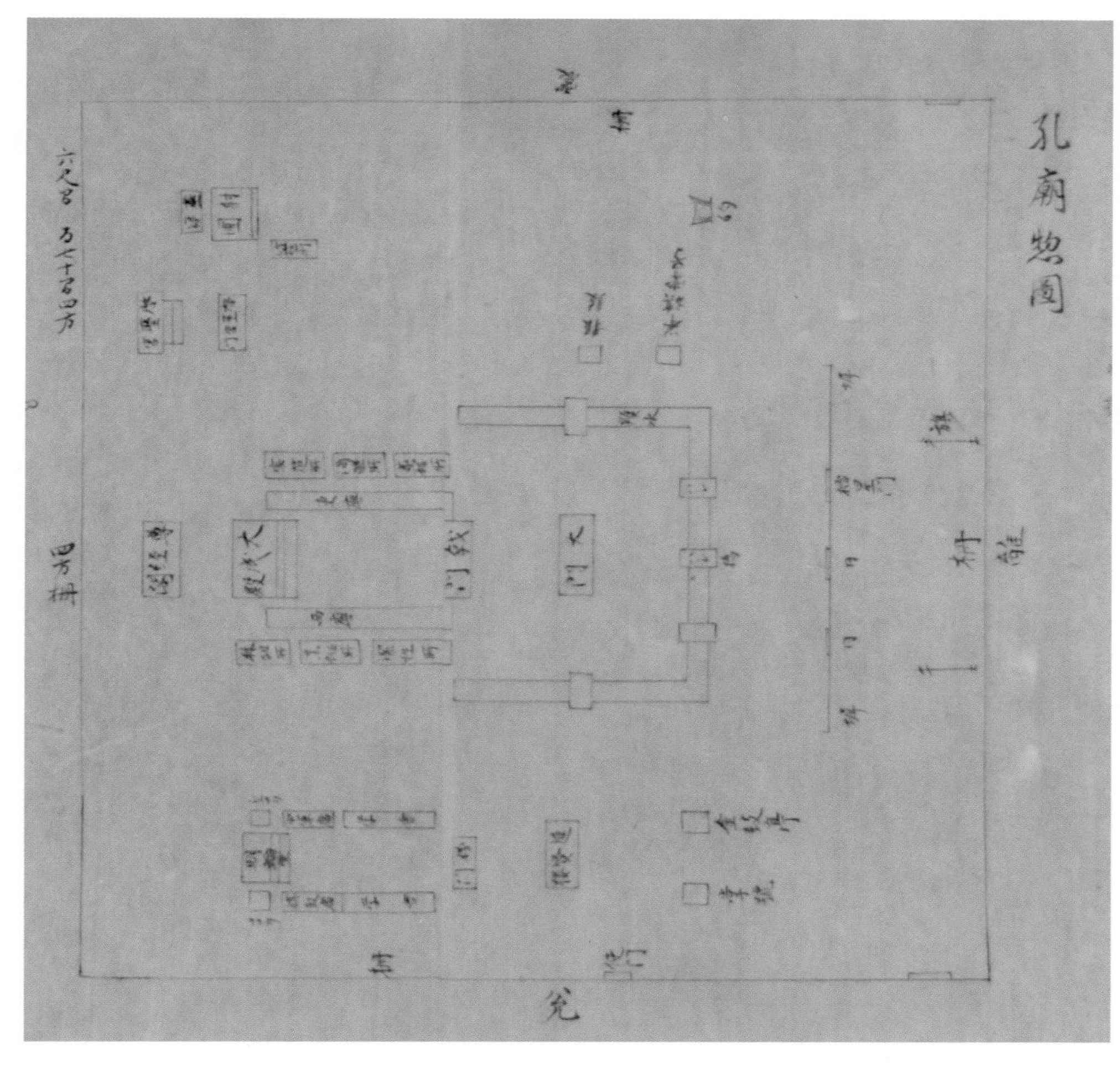

孔廟總圖
孔廟総図

葫芦頂

旗

旗高七尺八寸四寸……
石垣于竿上色源のく北め偈て
中旗上三尺五寸九寸竿大七尺五寸四寸上竿
石垣高四尺八寸折ほ七尺寸四方許木形々く

六尺四寸五七寸四方

四方枏

青色

雷色

黄色

黑色

青色

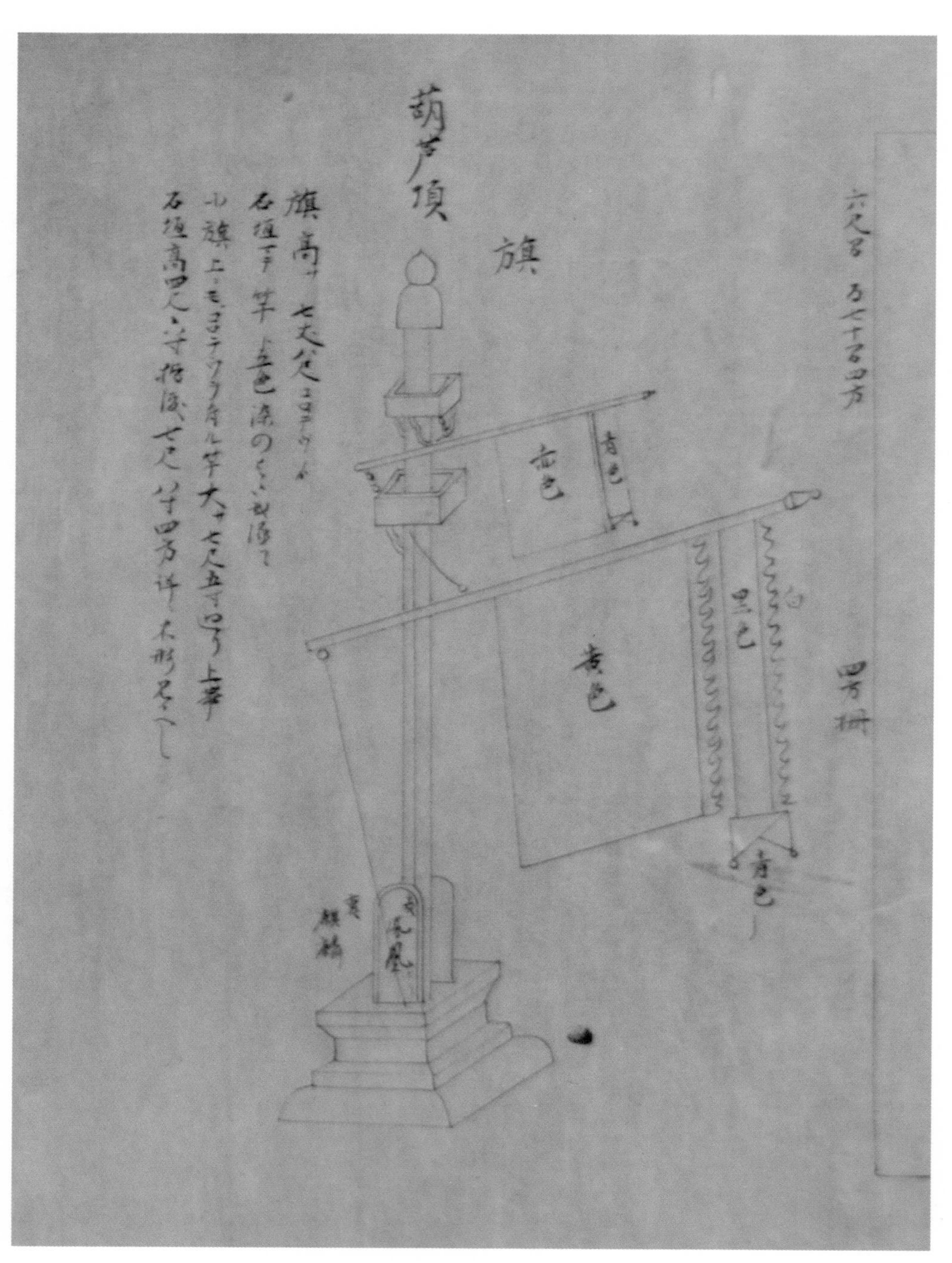

旗杆

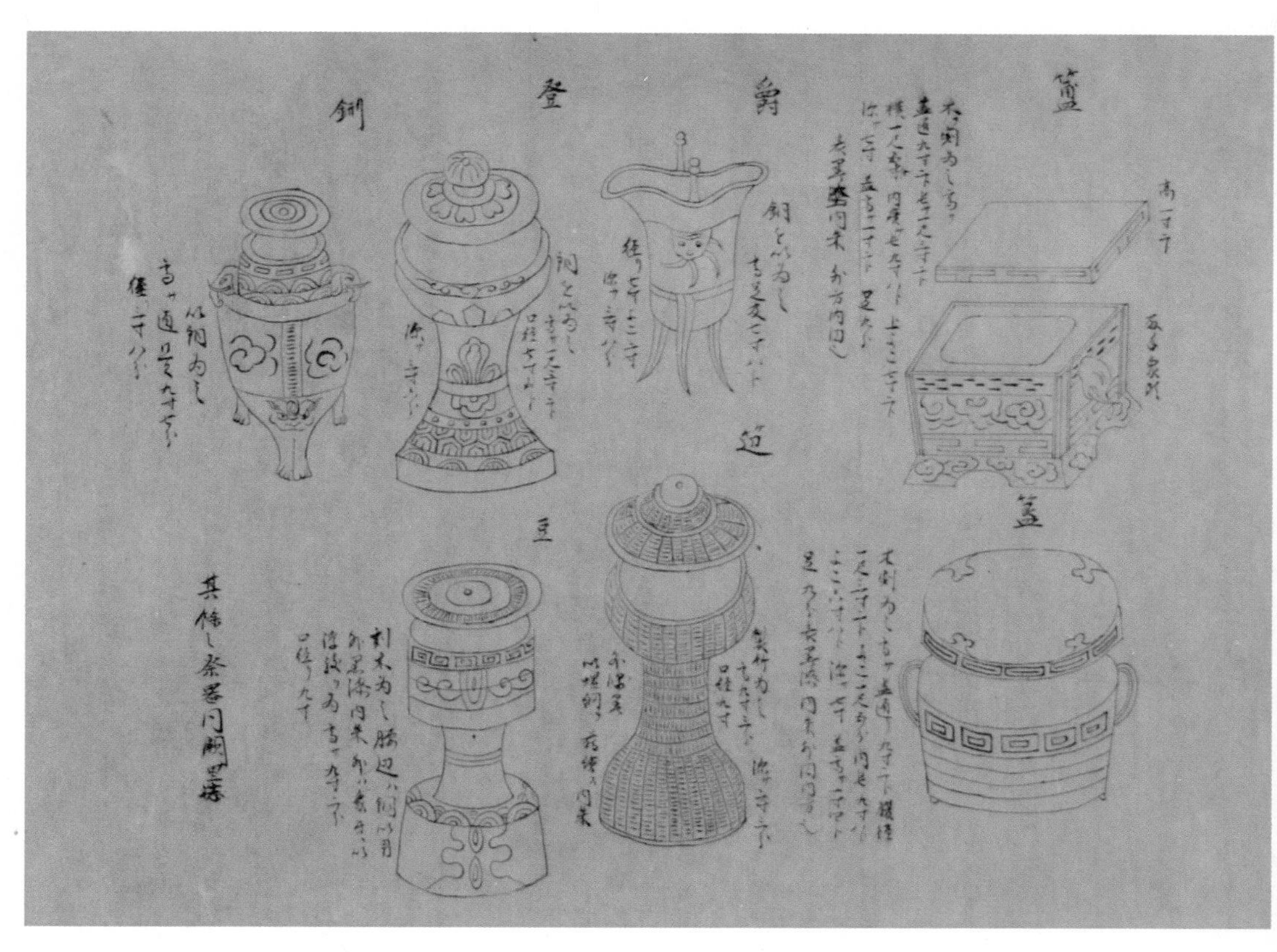

簠、簋、爵、籩、登、豆、鉶

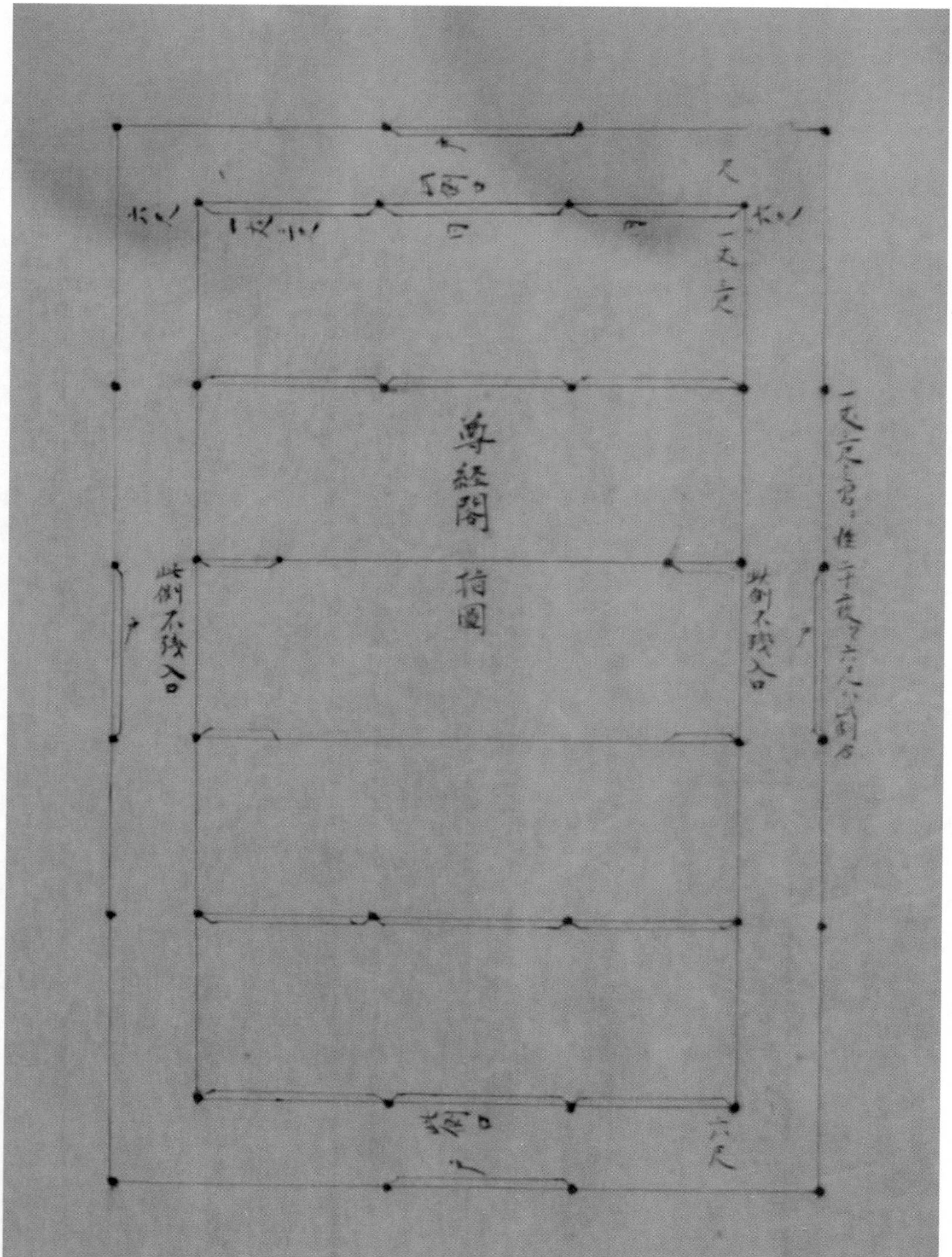

尊經閣平面樣圖
尊経閣地指図

下卷附錄

下巻付錄

朱舜水《學宮圖說》譯注餘論

引言

江戶時代初期，中國儒家學者朱舜水（一六〇〇—一六八二）亡命日本二十三年。他的主要著作有《南安供役記》、《中原陽九述略》、《學宮圖說》、《宗廟圖說》、《太廟典禮議》〔一〕等。而《學宮圖說》是朱舜水經世致用實學中極為重要的學宮建築的學問。

《學宮圖說》是朱舜水七十歲時對他設計的中國學宮建築圖的解釋，由日本水戶藩學生和木工們記錄。水戶藩儒臣安積覺所著《舜水朱氏談綺序》中稱：「先生商榷古今，著《學宮圖說》。公使梓人依圖而造木樣，大居三十分之一，先生親指授之。」〔二〕朱舜水在傳授學宮建築樣式、營造方法的同時，也介紹了學宮建築的制度。水戶藩的藩主德川光國、藩儒等得以初知中國明代學宮建築的樣式與制度。

水戶藩的儒臣安積覺，從十歲開始的十九年間，跟隨朱舜水學習儒學〔三〕。朱舜水逝世後，德川光國命安積覺整理、編集朱舜水的著作。安積覺在《舜水朱氏談綺》編集中，收錄了當初木工記錄的《學宮圖說》全部原稿。寶永四年（一七〇七），完成了初稿。安積覺在初稿前撰寫了七百字的序文。之後，在朱舜水誕辰一百〇八周年（一七〇八）之際，一部新書出版，書名稱《舜水朱氏談綺》。

一九八八年，上海著名的日本語翻譯家丁義忠先生認為：「此書是用江戶時代初期的古語寫成，譯注十分困難。」現在，《舜水朱氏談綺》是中日學術界公認的朱舜水的重要學術著作。《舜水朱氏談綺》卷中的《學宮圖說》是江戶時代初期，朱舜水以傳授目的向日本學生們介紹中國的學校與孔子廟的建築法式的記錄。實際上，《學宮圖說》是朱舜水的經世致用實學的中心、水戶學的中心。遺憾的是，因《學宮圖說》閱讀之困難，當代舜水學界一般的學者在研究時都避開了《學宮圖説》。

然而，《學宫圖説》是朱舜水的重要學術著作，筆者對此書抱有濃厚的興趣。因此，筆者從二十五年前開始努力學習中國古代建築學，對古代建築專業詞彙多少理解一些。二〇一三年四月開始的一年間，筆者隨日本福岡大學人文學部的石田老師學習江戸時代日本語，並嘗試對《學宫圖説》進行譯注。另外，在這期間，筆者帶著各種問題，訪問了日本各地，考察了八處古學校（孔子廟），發現、收集了有關朱舜水《學宫圖説》的重要資料。

比如，在東京玉川大學教育博物館發現了《學宫圖説》的原圖（《朱舜水規划孔子廟樣圖》）；在柳川市古文書館拜讀了三百年前的《舜水朱氏談綺》原書的卷中之《學宫圖説》，並全部攝影翻拍。

在學習《學宫圖説》中，筆者發現了各種各樣的問題。其中，重要問題有兩個。第一是關於朱舜水經世致用的學宫建築的學問。第二是《學宫圖説》出版前後的日本學宫建築之分析。下面就這兩個問題依次進行討論。

一、關於朱舜水經世致用的學宫建築學問

（一）、關於朱舜水經世致用的學宫建築學問的由來

首先，關於朱舜水自身的學宫建築學問的由來，是中日學術界存在的一個問題。筆者對此問題進行了考證，在此推論：朱舜水的手頭原本有宋代和明代的建築等專門書籍，那些書應該是《營造法式》、《魯班經》和《闕里誌》等。或許這些書籍是朱舜水閱讀過的。讀《學宫圖説》可以看到，書中有宋代和明代的建築專業詞彙。而關於建築寸尺的表述方法與《魯班經》相同。

例如：《魯班經・正七架三間格》：「七架堂屋：大凡架造，合用前後柱高一丈二尺六寸，棟高一丈零六寸，中間用闊一丈四尺三寸，次闊一丈三尺六寸，段四尺八寸。地基闊窄、高低、深淺，隨人意加減則為之。」〔四〕

《學宫圖説・大成殿》：「堂総高五丈六尺四寸。古老銭ノ上ハヨリ、伏蓮華ノ下ハマテ。但丸桁上バヨリ総臺下バマ

テノ高サハ二丈五尺八寸ナリ。」〔五〕

然而《魯班經》表述的是建築的一般營造方法、建築風水學、室内傢具的製作方法。而《學宫圖説》是闡述中國明朝州府學宫建築的制度、營造方法。因此，閲讀此二冊書可以看到，在建築學上《學宫圖説》比《魯班經》的專業程度要稍微高一些。

另外，明代是中國古代歷史上繁華的時代。那時，松江府和蘇州府經濟與文化等皆位於全國的先列。朱舜水在松江府學學習了二十年。明代末期，松江府學宫是中國東南部一帶的一座美麗的學宫。此學宫建於元代初期，明代達到了繁榮的頂點。

明代崇禎年間，陳繼儒編《松江府志》云：「元貞初，復行貢舉。知府張之翰即魁星樓故址作新堂，因此貢舉，名之大成殿，後故有藏書閣。丙申，教授馬允中重建二俊堂於閣之西廡……庚寅，教授倪駿復新學金，撤櫺星門而易以石。於是，學始巨麗。」〔六〕

朱舜水在這所學宫的二十年間，每當學宫建築修理的過程中，他出於對建築學的興趣，向建築木工匠師們請教有關建築的各種學問。因此，從中可以看到並分析，他在學習學宫建築學問的同時，應該有一冊筆記原稿。

其實，在《學宫圖説》中，有很多江戸時代的古語，還有日本語中沒有的專業詞彙，朱舜水獨立思考用中國的專業詞彙記録它們。那些中國的專業詞彙中，還有中國的松江府方言。

比如：《學宫圖説》中詞彙「伏蓮華」是中國建築的古語。宋代以降的覆蓮紋樣。宋代《營造法式》中稱「仰覆蓮華」、「鋪地蓮華」，是礎石上的蓮花紋飾。

此外，中國式隔扇上抹頭，《學宫圖説》中稱「セン」，此单词的汉字是「川」。現在，筆者故鄉松江一帶木工語言中依舊稱「川」。

由此思考和分析，朱舜水學習了《營造法式》和《魯班經》等書籍。同時，在學宫建築修建時，向木工匠師們請教各種各樣有關建築的問題。這是朱舜水獲得學宫建築學問之兩個途徑。

(二)、《學宮圖說》中的學宮建築的儀禮與制度

首先，《學宮圖說》中的儀禮制度十分嚴格。

例如：《學宮圖說》：「頖水、養老ノ礼ノ時バカリ、三老五更勿論、天子諸侯中橋、中門ヨリ出入ス。常ニハ誰ニテモ不通ナリ。」〔七〕（現代日本語：頖水で、養老礼の時に限り、三老五更は勿論、天子、大名が中橋、中門より出入す。普段は何人とも通行不可なる。中國語：頖水，僅限於養老禮之時，長者、天子、諸侯從中橋中門出入。平時任何人不可通行。）

另外，《學宮圖說》：「大門。中門ハ常ニハ不通、孔子ノ牲ヲ引キ入ル時バカリ通ル也。総シテハ東角西角門バカリ通ル事ナリ。」〔八〕（現代の日本語：大門。中門は普段は通行不可なる、孔子祭の牲を引き入る時に限り通行許可となる。常时には東角と西角門が限り通行ことなる。中國語：大門。中門平時不可通行，僅限於祭孔子的牲口引入時可通行。平時通行之事限於東角與西角門。）

《學宮圖說》中古代學宮的主要建築的等級制度相當嚴格。

例如：《學宮圖說》：「總圍百七拾間、四方」、「凡地方一里、四方ヲ地取シテ」〔九〕。

讀此可以看到，那學宮用地面積限定在約二十五萬平方米（縱五百米，橫五百米），這個等級相當於是中國明代中期以降，府、州的學宮。而一般縣級學宮用地面積與府、州學宮比較，約在一半以下。如：今上海市崇明縣的明代學宮用地的面積約十二萬平方米（縱一百四十五米，橫八十米）。

此外，從《學宮圖說》中的學宮圖上看到，朱舜水所介紹的學宮的建築物配置是「左廟右學」制度。「左廟右學」制度是始于唐代的《周禮》中「尚左」的制度。這個「左祖」的制度，明代中期以降，全國各地的學宮全部相同，即在學宮左部配置大成殿。

還有，《學宮圖說》中重要建築的丹墀的尺寸規定十分嚴格〔一〇〕。

例如：《學宮圖說》：「本堂丹墀深三尺、明倫堂丹墀二尺、啟聖宮一尺五寸。」〔一一〕

這可以看到，本堂、明倫堂、啟聖宮的丹墀的寸尺全然不同，這三座建築中，本堂的等級最高，啟聖宮的等級最低。

（三）、關於朱舜水在日本的見聞

那時，朱舜水已經在日本生活了十年時間，對日本的生活環境已十分了解。朱舜水也喜歡日本的陶瓷。例如：《學宮圖說》：「但瓦ノ厚サ一寸八分程、瀨戸燒ノ如ク燒ヘシ。」

瀨戸燒是江戶時代日本第一的陶瓷。當時的瀨戸燒擁有特別的技術。朱舜水在傳授學宮建築學問時，選擇了日本的瀨戸燒。

另外，日本是地震多發的國度。在朱舜水來日本的初期，曾發生了很多次大地震。

例如：「一六六二年六月六日（寬文二年五月一日）寬文近江、若狹地震，震級七點六。死者數千人。京都的大佛殿小破損。在小浜城的城樓、多門、石牆、倉庫被破壞。

一六六二年十月三十一日（寬文二年九月二十日）外所地震（日向大隅地震），震級七點一—七點三。死者很多。

一六六四年（尚質王十七年）琉球鳥島地震，有死者，海底火山噴發，發生海嘯。

一六六六年二月一日（寬文五年十二月二十七日）越後高田地震，震級約四—六點三。死者一千四百至一千五百人。

一六七〇年六月二十二日（寬文十年五月五日）越後村上地震，震級約六點三。死者十三人。江戶也有震感。

一六七一年二月二十七日（寬文十一年一月十八日）紀伊水道沖地震，震級七點三。在畿內、山陽道、南海道發生強震。在南海道有小海嘯。」〔一二〕

讀《學宮圖說》可以看到，為了防震，朱舜水獨自思考，發明了專用於防震的「平震枋」。《學宮圖說》：「右ノ平震貫ノ厚サニテ幅廣ク有之、故ニ柱穴平震貫其盡通シ用ユレハ柱ノ弱リニ成ルヲ以テ平震貫、又木細ニ付ケ柱穴ニ所ニ、穿臍入違テ付柱キワニコミセン竪サスヘシ」〔一三〕。

「平震枋」意為防震枋，宋代《營造法式》中無此詞彙，現代日本語中也沒有。製作方法為「穿臍入違」。「穿臍入違」乃古語。在中國建築的古語中沒有，而現代日本語中「穿臍」也沒有。日本語有「入違」，其意思是一方從那邊過來時，另一方從這邊過去。「穿臍入違」是「防震枋」安裝時，在建築的柱子中間從左右兩方穿入防震枋，是以實現耐震化。這樣是出於對地震突發之際學宫建築的安全考慮。

總之，《學宫圖説》是朱舜水的學宫建築專門學問的體現。朱舜水《學宫圖説》是中國人所著的九部建築專著中的一部。其他八部著作是：①春秋戰國齊國人著《考工記》（西周、東周時代的建築的基本的營造方法）、②北宋李誠編集《營造法式》（北宋的宫廷建築的嚴格的營造制度與方法）、③元代薛景石編著《梓人遺制》（元代建築的營造制度與方法）、④明代中期午榮編《魯班經》（古代的建築的風水、營造制度、尺寸、方法以及室内傢具製作方法等）、⑤明代末期計成著《園冶》（《奪天工》，明代江南蘇州一帶的園林營造方法）、⑥清代雍正十二年工部頒布《工程做法則例》（清代初期的宫廷建築嚴格的營造制度與方法）、⑦清代乾隆年間李斗著《工段營造録》（清代建築營造制度與方法）、⑧近代姚承祖編著《營造法源》（清代後期江南蘇州一帶的佛寺、神廟、民間的建築營造制度與方法）〔一四〕。

二、《學宫圖説》出版前後的日本的學校建築分析

（一）建設學宫是德川光國的一個理想

當時，建設學宫之事是水戸藩主德川光國的一個理想。但是，現實中存在三問題。

一是，水戸藩的地位在德川幕府之下。那時，德川幕府正在籌畫建設聖堂之事。水戸藩出於尊重幕府，故學宫營造之事不可行。

二是，當時，朱舜水的年齡已經有七十二歲。另外，德川光國策劃的《大日本史》正在編集中。又因健康問題而考慮退位之事。

例如：水戸藩儒顧言稱：「義公御遠慮之儀ハ、御載候とても、別段之唐山流と申ニ罷成候間、苦かるまじき哉と？」〔一五〕（中國語：「光國公深謀遠慮的事，記述於非常時期，特別在中國（學宫）做法和論述完成時辭任，難道不痛

苦嗎？」）

三是，那時，水戶藩第一大事是《大日本史》的編集。為此，必須籌集大量的資金，為節約藩之財力而建設學宮之事不可行。

由於存在這三個問題，當時德川光國命由朱舜水指導、木工們一起努力，專心製作大成殿、兩廡、門的模型。模型完成後，德川光國向朱舜水請教祭禮，即明朝的「釋奠禮」。緊接著，在江戶的駒籠別邸佯裝學宮殿堂，德川光國和藩儒們等學習者隨朱舜水學習了明朝的釋奠儀禮。

在德川光國時，了斷了水戶藩建設學宮之念想。那期間，朱舜水著《學宮圖說》，這重要的學宮建築專著得以傳世。因此，朱舜水實現了向日本傳授中國學宮建築的目的。

（二）《學宮圖說》出版前的日本學校與孔廟建築

從江戶時代初期的資料中看到，在《學宮圖說》出版之前，江戶德川幕府與尾張德川家先後建造孔廟。遺憾的是，那聖堂的樣式與朱舜水《學宮圖說》的樣式完全不同。

例如：在寛永九年（一六三二），林羅山在上野忍岡邸內營造了孔子廟。元祿四年（一六九一），五代將軍德川綱吉將林家宅邸內的孔子廟移築至現地。水戶藩儒中村顧言稱：「文恭指図にて、御家ニ聖堂木形有之。候段ハ世間存候事御座候。昌平坂之堂ハ、上野之堂を模、紛無之候。右之堂、「敬源様」之時、聖堂之形無之ニ付、如何樣之堂ニ御作リ可被成哉？御詮議有之、『三才図絵』ニ『黄帝合宮之図』有之、堂之形見事ニ候とて、是ニ御極被成候由、物語承申候。昌平坂之御建立之節、此堂方形、御詮議無之候段、遺憾之至御座候。」[一六]（中國語：「因有朱舜水樣圖，德川家有聖堂模型，其做法是世上已知之事。昌平坂的聖堂，模仿上野聖堂，無法度而有混淆。右邊的聖堂，「源敬樣」之時，聖堂之做法還未交付。而怎樣的聖堂可營造成功呢？考證是有的，《三才圖繪》中有《皇帝合宮之圖》，堂的形式雖巧，也是被誤認為成功徵兆的緣故，傳說典故有述說。昌平坂聖堂建立之節儉，此堂方形，經考證沒有法度跡象，遺憾之至。」）

另外，元祿四年（一六九一），在外神田臺建造了孔子廟。研究者倉員正江稱：「周知の如く德川綱吉の命により元禄四年（一六九一）に外神田台に聖堂が造営され、同十六年（一七〇三）の大火—俗に「水户様火事」—で焼失、翌宝永元年に再建されるが、ちょうどこの時期のことで、話題に上ったものであろう」〔一七〕。（中國語：「衆所周知，如由德川綱吉之命，元祿四年（一六九一），在外神田臺營造了聖堂。在元祿十六年（一七〇三）的大火俗稱「水戶様火事」中燒毁。來年，寶永元年重建。正好是這時期的事情，在話題上了。」）

然而，三百年以降，在日本各地與朱舜水《學宫圖説》相同的學宫在哪里還有殘存呢？為此，筆者從二〇一三年四月開始的八個月間，帶著這個問題，赴日本的長崎縣、佐賀縣、茨城縣、福島縣、栃木縣、東京都、岡山縣、山口縣訪問，考察了八座古代學校（孔廟）。

首先，這八座現存的學宫中，栃木足利學校、岡山閑谷學校、長崎中島聖堂的建造年代比《學宫圖説》出版年代要早。比如，首先，關於栃木足利學校的創建年代存有諸説。而歷史上明確的是室町時代永享四年（一四三二），上杉憲実任足利的領主後，自身盡力，設立了庠主制度，學校盛況空前。在江户時代前期與中期，兩度迎來繁榮期。學校的大成殿是寬文八年，德川幕府四代將軍家綱時期之建造物，相傳，是模仿中國明代的孔廟建成的。

中島聖堂是正保四年（一六四七），因由馬場三郎左衛門捐助了新築經費，儒學者向井元升在長崎縣東上町設立了孔子廟與學舍，當時稱「立山書院」。之後，萬治二年（一六五九），因明王朝滅亡，朱舜水亡命日本長崎。這是當時朱舜水所見到的書院。後來，立山書院因寬文三年（一六六三）的市内大火延及，全部被燒毁。正德元年（一七一一），移築至長崎中島川沿岸。那時改稱「中島聖堂」。

岡山閑谷學校是寬文十年（一六七〇）創建。藩主池田光政稱：「此地適合讀書、做學問。」作為藩主其命重臣津田永忠負責建設學校。學校孔廟的諸建築是研究了中國的文廟制度而配置。大成殿平面方形，三間，單層，歇山頂鋪設以瓦，建在龜腹狀的礎石之上。貞享元年（一六八四）完成。

這三座學校的建設時期比《學宫圖説》出版年代要早，那時日本的學宫建築的講堂、門等的樣式是原來日本建築的樣式。這些樣式現在在日本國内各地依然能見到。學校中的孔子廟在營造時的本意是仿造中國的孔子廟。但實際中見到，這三座學校與孔子廟的營造方法、樣式等，很多地方存在異樣。

（三）《學宮圖說》出版後的日本學校與孔廟建築

東京湯島聖堂（寬政十一年開始大規模再建之物）、佐賀多久聖廟、長州藩明倫館、会津藩日新館、水戶藩弘道館等的建築年代比《學宮圖說》出版的年代要遲。

首先，湯島聖堂是元祿四年（一六九一），五代將軍德川綱吉將林家宅邸內的孔子廟移現地，並將「先聖殿」改稱「大成殿」，擴大、整頓了孔子廟的規模，官學學府從此開始。寬政十一年（一七九九）開始，將軍德川家齊推行實施了「寬政改革」。那時的設計，參考了朱舜水為德川光國製作的大成殿、兩廡、門的模型而製圖。

須藤敏夫《近世日本釋奠的研究》中發表史料稱：「八年（寬政），丙辰十二年二十二日，參政攝津守掘田正敦坐於朝堂，傳命大學頭林衡曰：曩者廟殿罹災，因循歷年未復故貌，將以近歲大加鼎建，舊制或不櫝禮意，宜加審議以備規制。林衡退與諸儒議，乃據投化明人朱之瑜（字魯璵、號舜水）制明制孔廟衣樣（之瑜嘗為水戶源義公制大成殿及門兩廡木樣，藏在其府，詳於《廟圖誌》）諸加鼎新。」[一八]

多久聖廟是在元祿十二年（一六九九），佐賀多久四代領主多久茂文，考慮到教育對治理多久的必要性，創建了學問所（後之東原庠舍）。又在寶永五年（一七〇八），多久茂文為了培育「敬」之心而營造了多久聖廟。

明倫館是享保三年（一七一八），萩藩六代藩主毛利吉元在萩城三之丸創建（占地九百四十坪）。在嘉永二年（一八四九），隨著十四代藩主毛利敬親的「藩政改革」移築至萩城下江向。

日新館是寬政十年（一七九八），由会津藩家老田中玄宰的建議而規劃。享和三年（一八〇三），会津藩的御用商人須田新九郎捐贈了新築經費，建成了会津若松城之西鄰的占地東西約一百二十間，南北六十間的日新館之校舍。

弘道館是天保十年（一八三九）開始，由第九代水戶藩主德川齊昭親自指揮實施，歷時兩年四個月，在天保十二年（一八四九）七月完成。

從這五座學宮見到，首先是湯島聖堂，寬政十一年（一七九九）將軍德川家齊時建造之物，設計的情形參考了朱舜水為德川光國製作的大成殿、兩廡、門的模型。原來的聖堂的建築物杏壇門、兩廡、大成殿等，現在全部無存。在大正關東大震災遺存的是兩座江戶末期的建築物，是寶永元年（一七〇四）四月建造的入德門與水屋。入德門是木結構，懸山頂，鋪設以瓦，式樣為平家建。水屋是木結構，懸山頂，鋪設以瓦。這兩座建築物的樣式、紋飾、尺寸、營造方法等與《學宮圖說》比較，存在著許多不同之處。昭和十年（一九三五）四月竣工的杏壇門，平面長方形，五開間，單層，歇山頂。這是模仿《學宮圖說》中的「戟門」之物。另外，兩廡是東廡、西廡各五間並列，懸山頂。這是模仿《學宮圖說》中的「兩廡」之物。但是，《學宮圖說》中的「兩廡」東西並列各十二間。而大成殿，長方形，五間，單層，歇山頂。大成殿的屋面正脊左右端有吻獸，這是模仿朱舜水《學宮圖說》中的「大成殿」之物。

佐賀多久聖廟的本堂、頖水、中橋、中門等與朱舜水《學宮圖說》比較，式樣、紋飾、尺寸、營造方法等全然不同，其大成殿的建築樣式是日本禪宗樣佛堂形式。

日新館的大成殿與戟門，是朱舜水《學宮圖說》中的大成殿與戟門的模仿物。但是，椽子、隔扇、柱礎等與朱舜水《學宮圖說》圖樣形式比較存在出入。

明倫館的觀德門、正門（南門）、聖堂等，是從佛寺移築之物。有備館是日本近代建築的樣式。

然而，茨城舊弘道館是水戶藩的藩校，遺憾的是，這學宮的樣式、紋飾、尺寸、營造方法等，與《學宮圖說》比較，絕大部分存在出入。學校中大成殿的花頭窗、蔀戶的樣式在朱舜水《學宮圖說》中沒有，這是江戶時代的日本建築的樣式。此外，朱舜水《學宮圖說》中的大成殿是五間，弘道館的大成殿是三間。而大成殿的內長枋子、腰枋子、椽子、隔扇、柱礎等，與朱舜水《學宮圖說》圖樣形制比較存在出入。

（四）、現存古學校建築與《學宮圖說》相背的原因之思考

現在，在日本各地所見學宮，樣式、尺寸、營造方法等與《學宮圖說》相背。這裏主要存在四個原因。

第一是，當時《學宮圖說》出版是水戶藩的一個機密。

比如：水戶藩儒中村顧言稱：「愚意ニ存侯、拙者之狹き心にハ、堂之形、書簡式秘事成儀、流布之段、ちと惜ク存候

計二御座候。」〔一九〕（中國語：「我理解意圖，在我狹窄的思考中，聖堂的形制，以書簡形式秘密形成法式。稍微可惜的是（此書）流傳的情形，僅僅是了解。」）

第二是，在日本各地學校與聖堂的大規模營造之時，朱舜水與德川光國以及製作模型的木工們已經亡故一二百年。專門的營造技術大部分已經失傳。因此，現存大成殿等的營造方法、樣式存在出入。

第三是，雖然《學宮圖說》現存於世，但因為此書閱讀和理解較難，在普通的木工們中，懂得此事的人幾乎沒有。

第四是，中國與日本的風俗習慣等存在著不同之處。例如：明代中國的學生們能穿鞋進入講堂，而日本的師生進入講堂時則禁止穿鞋。因此，日本的講堂在寬闊的空間鋪設了榻榻米。因為那樣，日本的講堂建築的樣式，與當地古代建築相似。

在這些學宮中，湯島聖堂、日新館、弘道館的大成殿是模仿《學宮圖說》。那三座大成殿柱礎的樣式存在出入。主要的原因是覆蓮華的詳圖在《學宮圖說》中沒有。其實，在朱舜水所作的原圖中是有覆蓮華的詳圖（大樣圖）的。現在，《學宮圖說》之原圖已經在東京玉川大學教育博物館發現，其中就有詳圖。

出於那種種情況，江戶時代以降，在日本各地，沒有與朱舜水《學宮圖說》完全相同的學宮和大成殿的遺存物。

三、結論

《學宮圖說》是朱舜水學宮建築的重要學術著作，是古代中國人的九部建築專著中的一部。在書中，有許多江戶時代的古語、中國建築專業的詞彙和江南松江府方言。更重要的是還有十分嚴格的學宮禮儀、建築制度。另外，朱舜水對日本的生活環境十分了解。在此基礎上，為了防震，朱舜水獨自思考，發明了專門用於學宮建築防震的「平震枋」。

當時，建設學宮是水戶藩主德川光國一個理想。遺憾的是，最後水戶藩了斷了建設學宮之念想。然而，朱舜水著成了《學宮圖說》。因此，朱舜水向日本傳授中國學宮建築的目的得以實現。

然而，由於當時《學宮圖說》出版事宜是水戶藩的一個機密。因此，在朱舜水《學宮圖說》出版的前後，日本各地的學宮的樣式、尺寸、營造方法等方面，都存在着出入。能夠證明史實的建築有實物遺存。

總之，筆者從現在的學術視角解讀《學宮圖說》，探索、分析關於朱舜水的明朝學宮建築的學問，從而了解了朱舜水非同尋常的想象力。誠然，筆者為了研究舜水學，為了中日學者們研究明末與江戶時代的孔廟建築文化，而解讀此書。與此同時，筆者也獲得了非常難得的深厚趣味。

【注釋】

〔一〕安積覺著《舜水朱氏談綺序》，朱舜水《舜水朱氏談綺》書林茨城多左衛門壽梓，神京書鋪柳枝軒茨城萬道藏版（寳永五年）。華東師範大學出版社，一九八八年八月。第六頁。

〔二〕朱舜水《舜水朱氏談綺》書林茨城多左衛門壽梓，神京書鋪柳枝軒茨城萬道藏版（寳永五年）。華東師範大學出版社，一九八八年八月，第二頁。

〔三〕朱舜水《朱舜水集》，中華書局，一九八一年八月，第八二二頁。明代中期午榮編《魯班經》，易金木譯著，華文出版社，二〇〇七年九月，第一一四頁。

〔四〕朱舜水《舜水朱氏談綺》書林茨城多左衛門壽梓，神京書鋪柳枝軒茨城萬道藏版（寳永五年）。華東師範大學出版社，一九八八年八月，第一三三頁。

〔五〕明代崇禎年間陳繼儒編集《松江府志》，中華文獻出版社（據日本所藏崇禎三年刻本影印），一九九年十月。

〔六〕朱舜水《舜水朱氏談綺》書林茨城多左衛門壽梓，神京書鋪柳枝軒茨城萬道藏版（寳永五年）。華東師範大學出版社，一九八八年八月，第二〇五頁。

〔七〕朱舜水《舜水朱氏談綺》書林茨城多左衛門壽梓，神京書鋪柳枝軒茨城萬道藏版（寳永五年）。華東師範大學出版社，一九八八年八月，第二〇五頁。

〔八〕朱舜水《舜水朱氏談綺》書林茨城多左衛門壽梓，神京書鋪柳枝軒茨城萬道藏版（寶永五年）。華東師范大學出版社，一九八八年八月，第一七二頁。

〔九〕朱舜水《舜水朱氏談綺》書林茨城多左衛門壽梓，神京書鋪柳枝軒茨城萬道藏版（寶永五年）。華東師范大學出版社，一九八八年八月，第二〇六頁。

〔一〇〕丹墀，宮殿前的塗以紅色的臺階稱丹墀。

〔一一〕朱舜水《舜水朱氏談綺》書林茨城多左衛門壽梓，神京書鋪柳枝軒茨城萬道藏版（寶永五年）。華東師范大學出版社，一九八八年八月，第二〇六頁。

〔一二〕宇佐美竜夫著《日本被害地震總覽》，東京大學出版會，二〇〇三年四月。

〔一三〕朱舜水《舜水朱氏談綺》書林茨城多左衛門壽梓，神京書鋪柳枝軒茨城萬道藏版（寶永五年）。華東師范大學出版社，一九八八年八月，第一四四頁。

〔一四〕北宋李誡編集《營造法式》（北宋宮廷建築嚴格的營造制度與方法（《營造法式注釋》（卷上）梁思成著，中國建築工業出版社，一九八三年九月）。明代中期午榮編《魯班經》（古代的建築的風水、營造制度、尺寸、方法以及室内傢具製作方法等。易金木譯著，華文出版社，二〇〇七年九月）。明代末期計成著作《園冶》（《奪天工》，明代江南蘇州一帶的園林營造方法。《園冶注釋》計成原著，陳植注譯，中國建築工業出版社，一九八八年五月第二版）。清代雍正十二年工部頒布《工程做法則例》（清代初期的宮廷建築嚴格的營造制度與方法。梁思成改著為《清式營造則例》，清華大學出版社出版社，二〇〇六年四月）。清代乾隆年間李斗著《工段營造錄》（清代建築營造制度與方法。上海科學技術出版社，一九八四年三月）。近代姚承祖編著《營造法源》（清代後期江南蘇州一帶的佛寺、神廟、民間建築的營造制度與方法。張至剛增補，劉敦楨校閲，建築工程出版社，一九五九年，中國建築工業出版社，一九八六年再版）。

〔一五〕京都大學文學部古文室藏『往復書案（京都御用書·修史二）』。

〔一六〕京都大學文學部古文室藏『往復書案（京都御用書·修史二）』。

〔一七〕倉員正江『「舜水朱氏談綺」編纂をめぐって――「大日本史編纂記錄」を資料として―』（《融合文化研究》第四號頁一四七）。

〔一八〕須藤敏夫『近世日本釈奠の研究』（京都：思文閣、二〇〇一年、頁九六）。

〔一九〕京都大學文學部古文室藏『往復書案（京都御用書・修史二）』。

朱舜水『学宮図説』訳注を論ずる

はじめに

江戸時代の初期、中国の儒学者朱舜水（一六〇〇―一六八二）が日本に亡命して二十三年があった、彼の主要な著作は『南安供役記』や『中原陽九述略』、『学宮図説』、『宗廟図説』、『太廟典禮議』〔一〕などがある。ただ、『学宮図説』は朱舜水の経世致用の実学の中で重要的な学宮建築学問である。

『学宮図説』は朱舜水が七十歳の時に中国の学宮建築の図を解釈し、日本水戸藩の学生や大工たちに記録させたものである。藩儒安積覚著『舜水朱氏談綺序』の中では「先生商権古今、著『学宮圖説』。公使梓人依図而造木梓、大居三十分之一、先生親指授之」〔二〕。朱舜水は学宮建築の作り方を伝授しながら、学宮建築の制度を紹介した。中国明の時代の学宮建築の制度と様式を水戸藩の藩主徳川光圀や藩儒たちは初めて知ったのである。

水戸藩の儒臣安積覚は、十三歳から儒学を勉強するため、十九年間、朱舜水から学んだ〔三〕。朱舜水の死後、安積覚は、徳川光圀の厳命により朱舜水の著作を整理し、編集した。その『学宮図説』の編集中に、大工の記録の原稿を全部集めて、宝永四年（一七〇七）、初稿一冊を完成させた。安積覚が初稿の前に七百字の序文を書き、その後朱舜水生誕一〇八年目に、新しい本が一冊出版され、書名は『舜水朱氏談綺』という。

一九八八年、上海で非常に有名な日本語の通訳で翻訳家の丁義忠先生は、「この本は江戸時代初期の文語で書かれているので、訳注は非常に難しいである」といった。現在『舜水朱氏談綺』は中日学術界公認の朱舜水の重要な学術著作である。『舜水朱氏談綺』巻中の『学宮図説』は、朱舜水が江戸時代の初期に日本の学生達に伝授する目的で中国の学校と孔子廟の建築法と造りの事を記録したものである。実は『学宮図説』は、朱舜水の経世致用の実学の中心であり、水戸学の中心でもある。残念ながら、現在、舜水学界を見てみると『学宮図説』が難しいため、一般の学者は『学宮図説』を研究するのを避けている

しかし、『学宮図説』は、朱舜水の重要な著作なので、筆者はこの本に深い興味を持った。従って筆者は二五年前から中国古代建築学を勉強して、古代建築の専門用語を多少理解した。それから筆者はこの本の訳注のために、二〇一三年四月から一年間、日本の福岡大学人文学部で石田先生に学び、江戸時代の日本語を学んだ。また、筆者はこの期間に色々な問題を抱いて、日本各地を訪問し、八か所の古代の学校（孔子廟）を視察し、重要な朱舜水の『学宮図説』について資料を発見し、収集した。

例えば、東京玉川大学教育博物館所蔵の朱舜水『学宮図説』の原図である。さらに、柳川市古文書館で『舜水朱氏談綺』の原書巻中の『学宮図説』を見い出し拝読して、写真を撮った。

そこで『学宮図説』を訳注する途中で、色々な問題を発見した。その中で重要な問題は二つである。第一は、朱舜水の経世致用的な学宮建築の学問について、第二は、『学宮図説』が出版された前後の日本の学宮建築を分析する事である。この二つの問題を順次討論することにする。

一、朱舜水の経世致用的な学宮建築の学問について

（一）朱舜水の学宮建築の学問の由来について

まず、朱舜水自身の学宮建築の学問の由来については、中日学術界の一つ問題の存在である。筆者はこの問題を考察して、ここで推論する。朱舜水の手元に宋時代と明時代の建築の専門の本がある。その書名は『営造法式』や『魯班經』と『闕里誌』という。おそらく、朱舜水はその本を読んでいたであろう。『学宮図説』を読んで見ると、その中には、宋時

代と明時代の建築の専門用語がある。ただ、建築についての寸尺の表述方法が『魯班經』と同じである。

例えば、『魯班經·正七架三間格』は「七架堂屋。大凡架造、合用前後柱高一丈二尺六寸、棟高一丈零六寸、中間用闊一丈四尺三寸、次闊一丈三尺六寸、段四尺八寸。地基闊窄、高低、深淺、随人意加減則為之。」〔四〕

『学宮図説·大成殿』は「堂總高五丈六尺四寸。古老錢ノ上ハヨリ、伏蓮華ノ下ハマテ。但丸桁上バヨリ總臺下バマテノ高サハ二丈五尺八寸ナリ。」〔五〕

しかし、『魯班經』は一般的な建築の造営の方法や建築学上の風水や部屋の中の家具の作り方の表述である。一方、『学宮図説』が中国の明朝の州府学宮建築の専門規制や造営方法の表述である。従って、この二冊本を読んでみると、『学宮図説』が『魯班經』より建築学上において専門的な程度は少々高度である。

ただ、明時代は中国の古代歴史の中で素晴しい時代である。その時には松江府と蘇州府の経済や文化などが全国でも最先端であった。朱舜水は松江府学宮で二十年間勉強した。明時代末期松江府学宮は、中国東南部一帯の一か所に存在した綺麗な学宮である。この学宮は元時代初期に作られ、明時代になると最高潮の繁栄期を迎えた。明時代の崇禎年間の陳繼儒編集『松江府志』は「元貞初、復行貢擧。知府張之翰卽魁星樓故址作新堂、因此貢擧、名之大成殿、後故有藏書閣。丙申、教授馬允中重建二俊堂于閣之西廡……庚寅、教授倪駿復新学金、撤櫺星門而易以石。於是、學始鉅麗」と書いている〔六〕。朱舜水はこの学宮で二十年間滞在した。学宮の建築修理の時に、彼は建築学の視点から興味を持って、様々な建築に関する学問を大工たちから教えて貰ったのであろう。ただ、ここで見てみると、彼は学宮の建築学問を学ぶと同時に一冊の原稿を記録していると考えている。

実は『学宮図説』の中には、たくさんの江戸時代の文語がある、また中国語の専門的な単語がある、日本語にないものを、朱舜水が独自の考えで中国の専門用語として記録した。その中国の専門用語の中に、中国の松江府方言がある。

例えば、『学宮図説』中の単語「伏蓮華」は中国建築の古典語である。宋時代以降の覆蓮模様で、宋時代『営造法式』の中で「仰覆蓮華」と「舗地蓮華」とは、礎石の上の蓮華の文様である。

また、唐様式の扉の上の貫は、『学宮図説』の中の「セン」と言う意味で、この単語の漢字は「川」である。現在、筆者の故里の松江一帯には大工の言葉でやはり「川」と言う表現がある。

これから考えると、朱舜水は、『営造法式』や『魯班經』などの経典を勉強し、いろいろな建築の学問をこの二冊の本から得たのであろう。同時に学宮を建てるに当たって、様々な建築に関する学問を大工たちから教えて貰った。この二つの要素は朱舜水の学宮建築の学問の由来を考える上で必要である。

（二）『学宮図説』の中における学宮の儀礼と建築の制度について

『学宮図説』の中にある儀礼の制度は十分厳しいものである。

例えば、『学宮図説』には「頖水、養老ノ禮ノ時バカリ、三老五更勿論、天子諸侯中橋、中門ヨリ出入ス。常ニハ誰ニテモ不通ナリ」がある〔七〕。（現代の日本語：頖水で、養老礼の時に限り、三老五更は勿論、天子、大名が中橋、中門より出入す。普段は何人とも通行不可なる。）

また『学宮図説』は「大門。中門ハ常ニハ不通、孔子ノ牲ヲ引キ入ル時バカリ通ル也。總シテハ東角西角門バカリ通ル事ナリ」〔八〕。（現代の日本語、大門。中門は普段は通行不可なる、孔子祭の牲を引き入る時に限り通行可となる。常時には東角と西角門が限り通行ことなる。）

『学宮図説』の中の古代の学宮建築は多数であるが、この建築の等位制度も厳しいものである。

例えば、まず、『学宮図説』、「總圍百七拾間、四方」、「凡地方一里、四方ヲ地取シテ」〔九〕。ここを読んでみると、その学宮用地の面積は約二十五萬平方メートル（縦五百メートル，横五百メートル）限り、この等位は中国明時代中期以降、府、州の学宮に相当する。しかし、一般的な県の学宮用地の面積は府、州学宮に比較してその半分以下である。

例えば、今上海市崇明県の明時代の学宮用地の面積は約十二萬平方メートル（縦一四五メートル，横八〇メートル）である。

次は、『学宮図説』中で学宮図を見てみると、朱舜水が紹介した学宮の建物配置は「左廟右学」の制度である。「左廟右学」の制度は、唐時代からのもので、『周礼』中に「尚左」の制度がある。この「左祖」の制度は明の時代中期以降、全国的に各地の学宮は全部同じである、左部に大成殿が配置されている。

また、『学宮図説』の中で重要な建築の丹墀の尺寸規制は十分に厳しいものである〔一〇〕。例えば、『学宮図説』は「本堂丹墀深三尺、明倫堂丹墀二尺、啓聖宮一尺五寸」〔一一〕。ここを見てみると、本堂、明倫堂、啓聖宮の丹墀の寸尺は全然違うことが分かる、この三か所の建築は、本堂の等位が最高で、啓聖宮の等位が下である。

（三）朱舜水の日本における見聞について

その時、朱舜水の日本での生活は十年間に渡り、日本の生活環境に十分に慣れました。朱舜水は日本の焼きものも好んだ。例えば『学宮図説』「但瓦ノ厚サ一寸八分程、瀬戸焼ノ如ク焼ヘシ」。瀬戸焼は、江戸時代の日本一の焼物である。当時の瀬戸焼は特別の技術が必要だった。朱舜水は学宮建築の学問を教える時に、日本の瀬戸焼を選択して教えた。

また、日本は地震多発の国である。朱舜水の来日の初期には大地震が多く発生した。例えば、「一六六二年六月六日（寛文二年五月一日）、寛文近江・若狭地震、-M71/4〜7.6、死者数千人。京都の大仏殿小破。小浜で城の櫓・多門・石垣・藏の破壞。

一六六二年十月三一日（寛文二年九月二〇日）、外所地震（日向大隅地震）、-M71/2〜73/4、死者多数。

一六六四年（尚質王一七年）琉球鳥島で地震、死者があり、海底火山の噴火、津波があった。

一六六六年二月一日（寛文五年一二月二七日）越後高田地震-M63/4前後、死者一四〇〇―一五〇〇人。

一六七〇年六月二二日（寛文一〇年五月五日）越後村上地震-M63/4前後、死者一三人、江戸も有感。

一六七一年二月二七日（寛文一一年一月一八日）紀伊水道沖地震-M7.3、畿内、山陽道、南海道で強震、南海道に小津波。」〔一二〕

『学宮図説』を読んでみると、防震のために、朱舜水が独自に考えて、防震専用の「平震貫」を発明したことが分かる。『学宮図説』には「右ノ平震貫ノ厚サニテ幅廣ク有之、故ニ柱穴平震貫其儘通シ用ユレハ柱ノ弱リニ成ルヲ以テ平震貫、又木細ニ付ケ柱穴二所ニ、穿臍入違テ付柱キワニコミセン竪サスヘシ」がある〔一三〕。「平震貫」は防震貫の意、宋時代の『営造法式』の中にない、現代日本語の中にもない。作りの方法は「穿臍入違」で、穿臍入違とは古語で、中国建築の古典語中にない、そして現代日本語中に「穿臍」もなし、「入違」がある、意味は一方がそこに来た時に、他方がそこから出て行く。「穿臍入違」は「平震貫」を作る時に建築の柱の途中の左右両方に横防震貫を入れて、耐震化のためである。それにより地震突発の際、学宮建築は安全であると考えられる。

とにかく、『学宮図説』は朱舜水の学宮建築の専門的な学問の表現である。朱舜水『学宮図説』は中国人の歴史建築の専門著作の九冊の中の一冊である。別の八冊の著作は、①春秋・戦国時代の斉国人の著作『考工記』（西周・東周時代の建築の基本的な造営の規制と方法）、②北宋時代の李誡編集『営造法式』（北宋時代の宮廷建築の厳しの造営の規制と方法）、③元時代の薛景石編著『梓人遺制』（元時代の建築の造営の規制と方法）、④明時代中期の午栄編『魯班經』（古代の建築の風水や造営の規制、寸尺、方法及び部屋の家具作る方法など）、⑤明時代末期の計成の著作『園冶』（『奪天工』）、明時代の江南蘇州一帯の庭園の専門的な造営の方法）、⑥清時代の雍正十二年の工部頒布『工程做法則例』（清時代初期の宮廷建築の厳しの造営の規制と方法）、⑦清時代の乾隆年間の李斗著『工段営造錄』（清時代の建築の造営の規制と方法）、⑧近代の姚承祖の編著『営造法源』である（清時代後期の江南蘇州一帯の仏寺や神社や民間の建築の造営の規制と方法）〔一四〕。

二、『学宮図説』が出版された前後の日本の学校建築を分析する

（一）学宮を建てることは徳川光圀の夢の一つである

当時に於いて学宮を建てることは水戸藩主徳川光圀の夢の一つであったが。しかし、現実の中で問題が三つ存在する。一つ目は、水戸藩の地位は幕府の下であること。その時に、徳川幕府によって聖堂を建てることが計画中であった。水戸藩は礼儀を重んじるため、造営は不可であった。

二つ目は、その時に、朱舜水の年齢は七十二歳であったこと。ただ、德川光圀は『大日本史』を編集中であったため、また健康のため退位を考えていた。

例えば、水戸藩儒頤言が「義公御遠慮之儀ハ、御載候とても、別段之唐山流と申ニ罷成候間、苦かるまじき哉と?」[一五]

三つ目は、その時に水戸藩第一の仕事は『大日本史』の編集であったこと。そのためには大量の金を使う必要があり、藩の財力を節約するために学宮を建てることが不可能であった。

こうして、問題が三つ存在するため、当時に於いて徳川光圀の命により朱舜水の指導の下、大工たちと一緒に努力して、大成殿や両廡、門の模型を作ることに専念した。完成後、徳川光圀が朱舜水から教えて貰った祭礼として明朝の『釈奠』がある。さらに、仮り学宮殿堂を江戸の駒籠の別邸に設け、朱舜水により徳川光圀や藩儒たちなどの学習者が明朝の釈奠儀礼を学習した。

徳川光圀時代には水戸藩の学宮を建てることを断念せざるを得なかった。その中で、朱舜水は『学宮図説』を著した。この重要的な学宮建築の本が世上に存在している。それに因って朱舜水は日本へ中国の学宮建築を伝授するという目的を実現した。

(二)『学宮図説』が出版される前の日本の学校建築

江戸時代初期の資料を見ると、『学宮図説』が出版される前に、江戸徳川幕府と尾張徳川家が相続いで聖堂を作った。残念ながら、この聖堂の様式と朱舜水『学宮図説』による様式は全然違う。例えば、寛永九年(一六三二)には林羅山の上野忍岡邸内に孔子廟を造営した。元祿三(一六九〇)年、五代将軍徳川綱吉が林家宅邸内の孔子廟を現在地に移築している。水戸藩儒中村顧言は「文恭指図にて、御家ニ聖堂木形有之。候段ハ世間存候事御座候。昌平坂之堂ハ、上野之堂を模、紛無之候。右之堂、「敬源様」之時、聖堂之形無之ニ付、如何様之堂ニ御作リ可被成哉?御詮議有之、『三才図会』ニ「黄帝合宮」之図有之、堂之形見事ニ候とて、是ニ御極被成候由、物語承申候。昌平坂之御建立之節、此堂方形、御詮議無之候段、遺憾之至御座候。」(一六)。も一つは元禄四年(一六九一)に外神田台に聖堂が造営された。研究者倉員正江は「周知の如く徳川綱吉の命により、元禄四年(一六九一)に外神田台に聖堂が造営され、同十六年(一七〇三)の大火ー俗に「水戸様火事」ーで焼失、翌宝永元年に再建されるが、ちょうどこの時期のことで、話題に上ったものであろう」(一七)。けれども、三百年以降、日本各地で朱舜水『学宮図説』と同じ学宮がどこに殘存してあるのか?従って筆者は二〇一三年四月から八か月間この問題を抱いて、日本の長崎県や佐賀県、茨城県、福島県、栃木県、東京都、岡山県、山口県に訪問し、八か所古代の学校(孔子廟)を視察した。

まず、この八か所の学宮中に現存している栃木足利学校や岡山閑谷学校、長崎中島聖堂などが建てられた年代は『学宮図説』が出版された年代より早い。

例えば、栃木足利学校の創建年代については諸説あり。そして、歴史上明らかになるのは、室町時代の永享四年(一四三二)、上杉憲実が足利の領主になって自らに尽力し、痒主制度を設け、学校を盛り上げた。江戸時代前期から中期に二度目の繁栄を迎えた。学校の大成殿は寛文八年、徳川幕府四代将軍家綱の時に造営されたもので、中国明時代の聖廟を模したものと伝えられている。

中島聖堂は、正保四年(一六四七)、馬場三郎左衞門が新築経費を寄付したため、儒学者向井元升が長崎県東上町に孔子廟と学舎を設立し、これを「立山書院」と称した。その後万治二年(一六五九)に、明王朝が滅亡したため、朱舜水が日本の長崎に亡命した。この書院は朱舜水が見た当時そのまま存在している。後は、立山書院は、寛文三年(一六六三)の市内大火により類焼した。正徳元年(一七一一)、長崎中島川沿岸に移築された。その時「中島聖堂」と呼ばれている。

岡山閑谷学校は、寛文十年(一六七〇)に創建された。藩主池田光政が「この地は読書·学問するによし」として、重臣津田永忠にその建設を命じたのである。学校の聖廟の諸建築は中国の文廟の制を研究し配置したものと思われる。大成殿は、方三間、単層、入母屋造りの本瓦葺きで、亀腹状の礎石の上建てられている。貞享元年（一六八四）完成された。

この三か所の学校の建設時期は、『学宮図説』が出版された年代より早い、その時日本的に学宮建築の講堂や門などの様式は、元日本建築の様式がある。これは日本国内の各地に現在も見られる。学校の中の孔子廟の造営時の本意は中国の孔子廟に模したもので、実際に見てみると、この三か所の学校の孔子廟の造営方法や様式などが違うところ多数存在している。

（三）『学宮図説』が出版された後の日本の学校と聖廟建築について

東京湯島聖堂（寛政一一年から大規模再建のもの）や佐賀多久聖廟、長州藩明倫館、会津藩日新館、水戸藩弘道館などの建築年代は『学宮図説』出版時の年代より遅い。

湯島聖堂は、元祿三（一六九〇）年、五代将軍徳川綱吉が林家宅邸内の孔子廟を現在地に移し、先聖殿を大成殿と改称して孔子廟の規模を拡大・整頓し、官学の府としたのが始まりである。寛政十一年（一七九九）から将軍徳川家斉によって「寛政改革」が実施されている。その時の設計は、かつて朱舜水が徳川光圀のために製作した大成殿や兩廡、門の模型を参考にして製図された。須藤敏夫『近世日本釈奠の研究』の中には掲載史料が「八年丙辰十二年二十二日、參政攝津守掘田正敦、坐於朝堂、傳命大學頭林衡曰、曩者廟殿罹災、因循歴年未復故貌、將以近歳大加鼎建、舊制或不櫃禮意、宜加審議以備規制、林衡退與諸儒議、乃據投化明人朱之瑜（字魯璵、號舜水）製明制孔廟衣樣、（之瑜嘗為水戸源義公製大成殿及門兩廡木樣、藏在其府、詳於廟圖誌）諸加鼎新。」（一八）

多久聖廟は、元禄十二年（一六九九）に、佐賀多久四代領主多久茂文は、多久を治めるためには教育が必要と考え、学問所（後の東原庠舎）を創建した。また、宝永五年（一七〇八）に、多久茂文が、「敬」の心を育むために多久聖廟を造営している。

明倫館は、享保三年（一七一八）、萩藩六代藩主毛利吉元が萩城三の丸追廻し筋に創建（敷地九四〇坪）。嘉永二年（一八四九）には、十四代藩主毛利敬親が藩政改革に伴い萩城下江向へ移築されている。

日新館は、寛政十年（一七九八）に、会津藩家老田中玄宰の進言により計画される。享和三年（一八〇三）、会津藩の御用商人であった須田新九郎が新築経費を寄付したため、会津若松城の西鄰の東西約一二〇間、南北およそ六〇間の敷地に日新館の校舎が完成した。

弘道館は、天保十年（一八三九）から第九代水戸藩主徳川齊昭の指揮のもとに実施され、二年四か月かかって天保十二年（一八四一）七月に完成した。

この五か所の学宮を見てみると、まず、湯島聖堂は、寛政十一年（一七九九）の将軍徳川家斉の時作られたもので、設計は、かつて朱舜水が徳川光圀のために製作した大成殿や兩廡、門の模型を参考にして製図された。聖堂の建築物は、杏壇門、兩廡、大成殿などは、現在、全く残っていない。

大正関東大震災に遺い、殘った二か所の江戸末期の建物は、宝永元年（一七〇四）四月建造の入徳門と水屋である。入徳門は、木造、瓦葺き、平家建、切妻造り。水屋は、木造、瓦葺き、切妻造り。その二か所建物の割様や文様、寸尺、造営方法などは『学宮図説』と比較すると、大部分違うところが存在している。

昭和十年（一九三五）四月竣工の杏壇門は、長方五間、単層、入母屋造り。これは『学宮図説』中の「戟門」に模したものである。また、両廡は、東廡、西廡に各々五間並列し、切妻造り。これは朱舜水『学宮図説』中の「両廡」を模したものである。しかし、『学宮図説』中の「両廡」は東西に各々十二間並列している。そして、大成殿は、長方五間、単層、入母屋造り。大成殿の屋根大棟の左右先に鬼狱頭があり、これは朱舜水『学宮図説』中の「大成殿」を模したものである。

佐賀多久聖廟の本堂、頖水、中橋、中門などと朱舜水『学宮図説』とは、割様や文様や寸尺や造営方法などが全然違う、大成殿の建築様式は日本の禅宗様仏堂形式である。

日新館の大成殿は、朱舜水『学宮図説』中の大成殿と戟門などを模したものである。しかし、垂木、桟唐戸、礎盤などが朱舜水『学宮図説』に製図されているものと相違した形で存在している。

明倫館は、観徳門や、正門（南門）、聖堂などを仏寺から移築したものである。有備館は日本の近世建築の様式である。

そして、茨城旧弘道館は水戸藩校であり、残念ながら、この学校の割様や文様、寸尺、造営方法などは『学宮図説』と比較すると、大部分違うところ存在している。学校中の大成殿の花頭窓、蔀戸の様式は朱舜水『学宮図説』中に無い。これは江戸時代の日本の建築の様式である。また、朱舜水『学宮図説』中の大成殿は五間で、弘道館の大成殿は三間である。そして、大成殿の内法長押や腰長押、垂木、桟唐戸、礎盤などが朱舜水『学宮図説』に製図されているものと相違した形で存在している。

（三）現存古学校建築と『学宮図説』の相違の原因を考える

現在、日本の各地で見られる学宮は、その様式や寸尺、造営方法などが『学宮図説』と違っている。これは主要の原因が四つ存在する。

一つ目は、当時に於いて『学宮図説』を出版するのは水戸藩の一つの機密であったと考えられる。例えば、水戸藩儒中村顧言が「愚意ニ存候、拙者之狭き心ニハ、堂之形、書簡式秘事成儀、流布之段、ちと惜ク存候計ニ御座候。」[一九]。

二つ目は、日本各地に学校と聖堂を大規模造営する時に、朱舜水と徳川光圀及び模型を作った大工たちが亡くなって一百—二百年になった。造営専門の技術の大部分失伝されていた。従って現存する大成殿などは、造営方法と様式に違いがある。

三つ目は、『学宮図説』が現存している、しかし、この本を読み解くことが難しいため普通の大工たちの中で理解する人は、ほとんどいなかった。

四つ目は、中国と日本の風俗や習慣などが違いが存在している。例えば、明時代に中国で学生たちは、講堂に土足でそのままで入ることができた。一方、日本の人々は講堂に入る時、土足禁止であった。従って、日本の講堂には広い空間で畳を設けている。それに因って日本の講堂建築の様式は、昔の当地の建築に似ているようだ。

その中には、湯島聖堂や日新館、弘道館の大成殿が『学宮図説』を模したものである。その三か所の大成殿の礎盤の様式は違うところ存在している。主要な原因は伏蓮華の詳図が『学宮図説』中に無い。実は朱舜水作るの原図には伏蓮華の詳図がある。現在、その原図が発見され、これは東京玉川大学教育博物館所藏されている。

それにより、江戸時代以降日本各地で朱舜水『学宮図説』と同じ学校と大成殿が残存しているものは全く見ること無い。

結　論

『学宮図説』は朱舜水の学宮建築の重要な学術著作である、中国の人の歴史的な建築専門の著作の内九冊の中の一冊である。その中に多数の江戸時代の文語や、中国語の建築専門的な単語、中国の江南松江府方言がある。更に読み解くと学宮の礼儀、建築の制度は十分に厳しいものであったこと分かる。また、朱舜水が日本の生活環境を十分に理解した。その上で、防震のために、朱舜水が独自に考えて、学宮建築の防震専用の「平震貫」を発明したことが分かる。

当時に於いて学宮を建てることは水戸藩主徳川光圀の夢の一つであったが、ただ、残念ながら、最後に水戸藩の学宮を建てることを断念せざるを得なかった。しかし、朱舜水は『学宮図説』を著した。それに因って朱舜水は日本へ中国の学宮の建築を伝授するという目的を実現した。

そして、当時に於いて『学宮図説』を出版することは水戸藩の一つの機密である。従って朱舜水『学宮図説』を出版した前後には、日本各地の学宮の様式や寸尺や造営方法などはこれと違うということが存在である。証明される建築が残っている。

とにかく、筆者は現在の学術的角度から『学宮図説』を読んでみると、朱舜水の明朝の学宮に関する学問の探求と智識で分析して構築したことは彼の素晴らしい構想力に因っていることが分かる。従って、中国と日本の学者たちによる明の時代の末期と江戸時代の文化研究のために、また舜水学研究のために、この本を訳注して、筆者にとって、大変興味深い重要な事柄を得ることができた。

【注釈】

〔一〕安積覚著『舜水朱氏談綺序』、朱舜水著『舜水朱氏談綺』書林茨城多左衛門壽梓、神京書舗柳枝軒茨城万道藏版（寳永五年）。華東師範大学出版社、一九八八年八月。頁六。

〔二〕朱舜水著『舜水朱氏談綺』書林茨城多左衛門壽梓、神京書舗柳枝軒茨城万道藏版（寳永五年）。華東師範大学出版社、一九八八年八月。頁二。

〔三〕朱舜水著『朱舜水集』中華書局、一九八一年八月。頁八二二。

〔四〕明時代の午栄編『魯班經』（易金木訳注）、華文出版社、二〇〇七年九月。頁一一四。

〔五〕朱舜水著『舜水朱氏談綺』書林茨城多左衛門壽梓、神京書舗柳枝軒茨城万道藏版（寳永五年）。華東師範大学出版社、一九八八年八月。頁一三三。

〔六〕明時代の崇禎年間の陳繼儒編集『松江府志』中華文出版社、一九九一年一月。

〔七〕朱舜水著『舜水朱氏談綺』書林茨城多左衛門壽梓、神京書舗柳枝軒茨城万道藏版（寳永五年）。華東師範大学出版社、一九八八年八月。頁二〇五。

〔八〕朱舜水著『舜水朱氏談綺』書林茨城多左衛門壽梓、神京書舗柳枝軒茨城万道藏版（寳永五年）。華東師範大学出版社、一九八八年八月。頁二〇五。

〔九〕朱舜水著『舜水朱氏談綺』書林茨城多左衛門壽梓、神京書舗柳枝軒茨城万道藏版（寳永五年）。華東師範大学出版社、一九八八年八月。頁一七二。

〔一〇〕朱舜水著『舜水朱氏談綺』書林茨城多左衛門壽梓、神京書舗柳枝軒茨城万道藏版（寳永五年）。華東師范大学出版社、一九八八年八月。頁二〇六。

〔一一〕丹墀、宮殿前の赤涂りの階段は丹墀という。

〔一二〕宇佐美竜夫著『日本被害地震総覧』東京大学出版会、二〇〇三年四月。

〔一三〕朱舜水著『舜水朱氏談綺』書林茨城多左衛門壽梓、神京書舗柳枝軒茨城万道藏版（寳永五年）。華東師范大学出版社、一九八八年八月。頁一四四。

〔一四〕宋時代の李誡編集『営造法式』（『営造法式注釈』（巻上）梁思成著、中国建築工業出版社、一九八三年九月）。明時代の午栄編集『魯班経』（易金木訳注）、華文出版社、二〇〇七年九月。明時代の計成著『園冶』（『園冶注釈』（計成原著、陳植注釈）、中国建築工業出版社、一九八八年五月第二版）。清時代雍正十二年の工部頒布『工程做法則例』（梁思成著『清式営造則例』、清华大学出版社出版社、二〇〇六年四月）。清時代乾隆年間の李斗著『工段営造録』、上海科学技術出版社、一九八四年三月。近代の姚承祖原著『営造法源』（張至剛增補、劉敦楨校閲、建築工程出版社、一九五九年）、中国建築工業出版社、一九八六年再版。

〔一五〕京都大学文学部古文室所藏の『往復書案（京都御用書·修史二）』。

〔一六〕京都大学文学部古文室所藏の『往復書案（京都御用書·修史二）』。

〔一七〕倉員正江『「舜水朱氏談綺」編纂をめぐって―「大日本史編纂記録」を資料として―』（『融合文化研究』第四号頁一四七）。

〔一八〕須藤敏夫『近世日本釈奠の研究』（京都、思文閣、二〇〇一年）、頁九六。

〔一九〕京都大学文学部古文室所藏の『往復書案（京都御用書·修史二）』。

經考察的日本古學校與孔廟

一、栃木足利學校

足利學校位於現在的栃木縣足利市。關於足利學校的創建年代，有奈良時代的國學遺制說、平安時代的小野篁說、鎌倉時代的足利義兼說、室町時代的上杉憲實說等諸說。然而，歷史明確的說法是，室町時代永亨四年（一四三二），上杉憲實作為足利的領主之後自身盡力，設立了庠主制度，學校發展興盛。那成果是北起奧羽、南至琉球，有從全國各地來校學習的學生。教育的中心是儒學，易學也非常出名，還教授兵學、醫學。那時的學校，為儒學與佛學合一，免學費，學生入學的同時加入僧籍。

鎌倉建長寺住持玉隱永璵在長享元年（一四八七）的詩文中讚美稱：「在足利學校裏，雲集了來自各地的學生。激勵學問，由此感化，撼動山野。人們也以口頌漢詩為能事。足利是極為風雅之一都會。」

享祿年間，由於火災而一時衰微。後來，足利學校再度興盛，迎來了學生數三千人記錄之盛況。這時的足利學校，利用了寺院的建築物，在本堂設置了孔子廟。進入江戶時代，成為足利近郊的人們學習的鄉學。從江戶時代前期至中期，迎來兩次繁榮。

到了明治五年（一八七二），廢止了學校。大正十年（一九二一），足利學校屬地與孔子廟、學校門等現存建築物指定為國之史跡，從此得到保護。

足利學校入德門，為木結構，鋪設以瓦，懸山頂，平家建樣式。為天保十一年（一八四〇）建造物。現在的建築物是由原來的裏門移築。（圖一）

學校門為木結構，鋪設以瓦，懸山頂，平家建樣式。寬文八年（一六六八）創建。作為足利學校的象徵，江戶、明治、大正、昭和、平成歷代繼承。（圖二）

在學校的北側，有寬文八年（一六六八）創建的孔子廟。大成殿的前面有杏壇門。杏壇門為木結構，鋪設以瓦，懸山頂，平家建樣式。在明治二十五年（一八九二），由街市大火火星延及，屋面及門扉燒毀。明治三十年（一八九七）再建。（圖三）

大成殿是寬文八年，德川幕府四代將軍家綱時期的建造物，相傳是模仿中國明代的孔廟之物。大成殿為五開間，木結構，鋪設以瓦，重檐，歇山頂。從這大成殿看到，中國的明代孔廟的樣式留存很少。然而，那其中日本建築的樣式則有留存。在殿內供奉的木造鎏金孔子像，稱之為是日本最古的孔子像。（圖四）

學校的方丈與庫裏，是模仿江戶時代的建築樣式。建物的屋面全部葺以萱草。方丈是作為學生聽課、學習，學校的儀式、會客席位使用的場所。庫裏是學校的厨房、食堂等日常生活的地方。（圖五）

學校的方丈與庫裏的南面與北面，有南庭園與北庭園。在兩庭園，池與築山採用了築山皋水式庭園風格，這是模仿禪宗佛寺的庭園。而南庭園的堆山與東京小石川後樂園的小廬山有些相似。在南庭園，能看到仿佛是群鶴嬉戲于水際；在北庭園，能看到好像是龜遊弋于水間。（圖六、七）

學校有收藏庫。庫中藏有古代的典籍等。珍貴的典籍是宋代的漢籍、元明時期的朝鮮本、日本的古寫本等一萬七千冊。其中，指定為國寶的是南宋明州刻本《文選》、南宋明州刻本《禮記正義》、南宋明州刻本《尚書正義》、南宋明州刻本《周易注疏》十三卷十三冊等計四類一百六十三卷七十七冊。另外，指定為國家重要文物的是宋代刻本《周禮》十二卷二冊、室町寫本《周易傳》六卷三冊、室町寫本《周易》十卷五冊、室町寫本《古文孝經》一卷一冊、宋代刻本《附釋音毛詩注疏》二十一卷三十冊、宋代刻本《附釋音春秋左傳注疏》六十卷二十五冊、室町寫本《論語義疏》十卷十冊、宋代刻本《唐書》一〇九卷二十二冊等。

大正十年（一九二一），足利學校被指定為國家重要文化財。

圖一

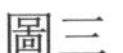

圖三

圖二

圖五

圖四

圖六

圖七

圖八

圖九

圖一〇

圖一一

圖一二

圖一三

圖一四

圖一五

圖一六

圖一七

圖一八

二、岡山閑谷學校

閑谷學校，位於現在的岡山縣備前市閑谷。寬文十年（一六七〇）創建。被稱為天下三賢侯之一的藩主池田光政説「此地讀書、做學問很好」。命令重臣津田永忠建設（學校）。初次建成了堅固壯麗的講堂建築物。光政死後，元禄十四年（一七〇一），二代藩主綱政主政。（圖八）

學校的正門前，有稱之為「泮池」的寬一米，長一百米的水池，架設有一座石橋。這是作為藩校象徵的設計思路。（圖九）正門，中式門的門扉在開閉時，有好似鶴鳴之聲，故被稱之為「鶴鳴門」。屋面為懸山式，鋪設以備前燒瓦。門的兩邊備有花頭窗的附屬屋。閑谷學校的建築物之屋脊，有守護神「魚龍吻」的僅此門而已。（圖十）

從正門左右開始有石塀。這石塀繞學校的屬地一周，全長達七百六十五米。元禄十四年（一七〇一）築造。

正面方位，有祭祀孔子的聖廟，聖廟的前面，有由中國孔子林的種子培育的一對楷木。聖廟為孔子廟，又稱為「西御堂」，是儒學的中心建造物。聖廟建築是研究中國的文廟制度而配置之物。（圖一一）

本殿大成殿，平面方形，三開間，單層，歇山頂式鋪設以瓦，建在龜腹狀礎石上面。完成于貞享元年（一六八四），是閑谷學校最古的建築物。大成殿的內部，在最深處置以朱漆的八角聖龕，奉納孔子像。孔子像是高一三六釐米的金銅制倚座像，由當時的大儒中村惕齋鑄造。（圖一二、一三）大成殿方面，有中庭、文庫、廚屋等建築物與系牲石。

孔子廟側有講堂。講堂是歇山頂式鋪設以瓦的大屋面。大屋面上面，塗抹油漆的椽子上鋪設、固定預製的薄木板，其上面使用備前燒瓦，是複雜手工製造的一種式樣，檐口安裝的陶管等，是應對雨水的萬全之策。從花頭窗（火燈窗）進入的明亮光線反射到地板，十根櫸木圓柱從江戶時代保存至今。（圖一四、一五）

講堂之側有習藝齋和茶室，習藝齋是以課程安排作為教室使用的場所。茶室是老師和學生休息室。有爐子、沖水處。爐緣上刻「斯爐中炭火之外不許薪火」。學生們忠實遵守此規定，天花板上沒有煤煙痕跡。（圖一六）

習藝齋的西側有文庫與火除山。文庫是學校收藏書籍等的收藏處，為土藏造之建築物。（圖一七）

火除山是在砌築的高大石牆上面大量的堆土而成的小山丘。在那西側有學校建築群，因為這是茅屋建築，有火災隱患。火除山是守護學校的大量的茅屋建築的防火壁。

閑谷學校原來的芳烈祠稱「東御堂」，為祀祭創建者池田光政之靈于貞享元年（一六八六）建立。明治八年，成為合祀池田輝政、利隆的閑谷神社。現在，僅供奉光政的金銅制倚座像。（圖一八）

在閑谷學校中，有孔子廟，又有神社。這是江戶時代的學校建學精神的「神儒一致」的體現。又稱之為「文武一致」。在閑谷學校孔子廟，於每年秋十月第四星期四，舉行祭祀孔子的傳統儀式「釋菜」。那時，也進行有關參列的一般公共募捐，可以參拜、觀摩金色燦爛的孔子像。

昭和十三年（一九三八），講堂、孔子廟、石塀、閑谷神社社殿，指定為國寶。昭和二十五年（一九五〇），由於制定《文化財保護法》，從前的國寶，成為國之重要文化財。

閑谷學校被譽為（現存古學校中）是世界最古老的以平民為對象的學校建築。

三、東京湯島聖堂

湯島聖堂位於現在的東京都文京區湯島御茶之水。湯島聖堂原來在上野，是幕府儒臣林羅山的官邸內設置的孔子廟，其中，有祭祀孔子的「先聖殿」。元祿四年（一六九一），五代將軍德川綱吉將林家宅邸內的孔子廟移築至現在地，先聖殿改稱為大成殿，作為孔子廟的規模擴大、整頓，開始作為官學的學府。那時開始，這大成殿與附屬的建築物被總稱為「聖堂」。然而，那大成殿的樣式為方形，是模仿中國明代《三才圖綜》中的皇帝合宮圖之物。

這以後，寬政九年（一七九七），十一代將軍德川家齊時進一步擴大規模開設為「昌平坂學問所」，作為嚴整官學威容。昌平坂學問所的教育的內容有「儒學講授」、「仰高門日講」、「儒學考試」等。

寬政十一年（一七九九）開始，由將軍德川家齊實施「寬政改革」。那時的設計時是參考朱舜水為德川光國製作的大成殿、兩廡、門的模型而製圖。聖堂的建築物有仰高門、入德門、水屋、杏壇門、兩廡、大成殿、座敷、稽古所、神農廟、儒員官邸、寮、馬場與射場等。另外，至此全部建築構造的表面，主要塗以黑漆，局部施以綠、青、朱等彩色漆。

大正十二年（一九二三）九月一日，因關東大地震，入德門、水屋殘存，那以外的建築物全部被燒毀。這是（現在聖堂）斯文會確立復興規劃，東京帝國大學的伊東忠太教授設計了大成殿等的圖紙，於昭和十年（一九三五）重建之物。復興聖堂的全部規模構造，在寬政九年當時的舊聖堂原基礎上，為了耐震、耐火而以鋼筋混凝土建造取代木結構。

湯島聖堂的仰高門，是鋼筋混凝土建造的平家建式樣，懸山頂。面積一〇點三七平方米。昭和十年（一九三五）四月竣工。（圖一九、二〇）

入德門，木結構，鋪設以瓦，懸山頂，平家建樣式。面積一四點一六平方米。寶永元年（一七〇四）四月建造。大正關東大地震殘存兩座建築物之一。（圖二一）

水屋，木結構，鋪設以瓦，懸山頂。大正關東大地震殘存兩座建築物之一。（圖二二）

杏壇門，面寬二〇米，進深四點七米，平面長方形，五開間，單層，歇山頂式，鋼筋混凝土建造。這是模仿《學宮圖說》中的「戟門」之物。（圖二三）

兩廡，東廡、西廡各五間，懸山頂，鋼筋混凝土建造。這是模仿《學宮圖說》中的「兩廡」之物。然而《學宮圖說》中的「兩廡」是東西各十二間。（圖二四）

大成殿，面寬二〇米，進深一四點二米，高一四點六米，平面長方形，五開間，單層，歇山頂式。大成殿屋面的正脊左右兩端有鬼犾頭，這是模仿《學宮圖說》中的「大成殿」之物。在殿內，最裏面的神龕（厨子）中有孔子像。供奉的孔子像是朱舜水在亡命日本時攜來之物，由大正天皇獻上，這是御賜的御物。在左右為供奉四配孟子、顏子、曾子、子思四賢人。（圖二五、二六、二七）

在湯島聖堂，江戶時代開始每年春與秋二次祭祀孔子的釋奠。現在是每年四月的第四星期日的上午開始，由神田神社神宮執掌行事。

四、長崎中島聖堂

中島聖堂位於現在的長崎縣的興福寺內。正保四年（一六四七），因馬場三郎左衛門捐助了新築經費，儒學者向井元升在長崎縣東上町設立了孔子廟與學舍，這被稱之為「立山書院」。此後，萬治二年（一六五九），因明王朝滅亡，朱舜水亡命日本長崎。當時，朱舜水還見到過此書院。

後來，立山書院由寬文三年（一六六三）的市內大火燒毁。正德元年（一七一一），易地長崎中島川沿岸重建。嶄新的靈星門、大學門、杏壇門、明倫門、大成殿、崇聖祠、輔仁堂、書庫等竣工。那時，被稱之為「中島聖堂」，在那裏的學習者很多。（圖二八）

到了明治時代，杏壇門與規模縮小的大成殿殘存。昭和三十四年（一九五九），為了保護而將此杏壇門與大成殿移築至長崎興福寺。

中島聖堂的杏壇門，為四柱門，單檐，鋪設以瓦，在左右有側門。因門扉之上匾額雕刻《大學》章句之「萬仞宮牆」（此書法家是清代光緒年間的朝廷駐長崎理事蔡軒），俗稱「大學門」。（圖二九）

規模縮小了的大成殿的尺寸，比之早年僅約三分之一，建築為一開間，木結構，單簷，鋪設以瓦，歇山頂式。（圖三〇、三一、三二）大成殿的天花板，是格天花之樣式，在天花上面，描繪有植物、花卉紋樣。（圖三三）大成殿的樣式與中國福建省的傳統建築樣式有些相似。其間，供奉有孔子、顏子、曾子、子思子、孟子等牌位。（圖三四）

大學門前的左右側，有三通古碑，碑名是《重修長崎至聖先師廟碑》、《重修崎陽先師孔子廟碑》、《長崎聖堂移築碑》。這些碑的內容是關於在清代光緒年間與昭和年間進行的中島聖堂的修理、移建等事項的記錄。這是中島聖堂的重要的歷史資料。

圖一九

圖二

圖二〇

圖二二

圖二一

圖二三

圖二七

圖二五

圖二六

圖二八

圖三〇

圖二九

萬世師表

圖三二

圖三四

圖三一

圖三三

圖三五

圖三六

五、佐賀多久聖廟

多久聖廟位於現在的佐賀縣多久市。元祿十二年（一六九九），佐賀多久四代領主多久茂文考慮到為了治理多久，教育很必要，故創建了學問所（後之東原庠舍）。又在寶永五年（一七〇八），多久茂文為了培育「敬」之心而營造了多久聖廟。（圖三五、三六）

多久聖廟大成殿的建築式樣，是日本的禪宗樣佛堂形式。（圖三七、三八）木結構，鋪設以瓦，歇山頂式。另外，茂文的「多久營造為四靈（麒麟、鳳凰、龍、龜）居住的理想之鄉」的想法，表現在聖廟的雕刻、彩繪等上面。雕刻、文飾表現了中國的氛圍與氣息。

有「中國式博風」、「本堂」、「室」三個部分。「中國式博風」，表示為神聖場所，并招引參拜者一起進入本堂。（圖三九、四〇）在「本堂」中，正面的壁上有傳說中在孔子誕生之際顯現的動物麒麟之雕刻，在天井的木板上面，取材描絵稱之為孔子誕生之夜從天飛舞而降臨家中的傳說之動物——龍。（圖四一）在最深處之「室」，星宿、龍、雲等之雕刻，聖龕、孔子像並施以各種文飾。在廟內，供奉孔子、顏子、曾子、子思子、孟子像。（圖四二）

多久聖廟是祭祀儒學之祖、學問之神孔子的廟宇。創建之後，每年春與秋舉行兩次祭祀孔子與四配的傳統儀式「釋菜」。

聖廟中保存有本堂、頖水、中橋、中門等，（圖四三、四四）是日本有數的孔子廟中最壯麗的。現存聖廟，被指定為國家重要文化財。

六、水戶藩弘道館

弘道館位於現在的茨城縣水戶市内三之丸地。天保十年（一八三九）开始，由第九代水户藩主德川齊昭的指挥建造。用兩年四個月，於天保十二年（一八四一）七月完工。當時的弘道館的占地面積約十八公頃（五萬八千坪），江戶時代的占地是長州藩萩的明倫館的約四倍，為占地面積最大的藩校。在十二年（一八四一）舉行了試開館式。在安政四年（一八五七）五月，舉行正式開館式。

受第二代水戶藩主德川光國開始編纂《大日本史》之影響，弘道館成為水戶學的舞臺。在「文武不歧」理念中，光國公的時代開始注重實學，實施多彩的教育内容。在八卦堂《弘道館記》之碑中《藤田東湖草案》有用漢文書寫的建學精神。即「神儒一致、忠孝一致、文武一致、學問事業一致、治教一致」的五個方針。作為學問的教育研究，當時廣泛盛行的人文科學、社會科學方向，關於自然科學醫學、天文學也初步施行。

學校的入學資格，是藩士的子弟，孩子們在藩校入學之前，先在城下的私塾作學問的基礎，在那裏接受基礎教育。再由家塾的老師將學生的入學希望向藩校申請報告，由藩校確定入學方法與日期時間。入學那天，由私塾老师率学生入學。

在江戶時代末期，在弘道館中有正門、孔子廟、鹿島神社、正廳、文館、武館、醫學館、寮等。（圖四五）

昭和二十年（一九四五）八月一日開始，因兩日不明的水戶空襲，僅弘道館的至善堂、大門殘存，除此以外的建築物被全部燒毀。由此，國有化的貴重藏書也被全部燒毀。

現在，弘道館好似植物園，有數百年樹齡的銀杏樹、古楓樹、古茶花樹、古櫻樹、楷樹等。（圖四六、四七、四八、四九、五〇）另外，根據德川齊昭的意向在設立初始就種植了許多梅樹，《種梅記》之碑有記載。在齊昭的漢詩《於弘道館賞梅花》中有「千株之梅」之句。現在，在弘道館裏，梅樹約種植有六十品種八百株，成為了梅之名所。

弘道館裏保存有正門、正廳、至善堂、孔子廟、八卦堂、弘道館記碑等。

弘道館裏，南面有正門、正廳、至善堂。古時正門與水戶城的大手門位置相對，進入弘道館的正門，有碩大的門廳稱為學校御殿的正廳，那右手邊中間的位置是至善堂，為諸公子雅集、讀書、會讀場所，和學問、武藝的教職員的辦公室等建築物。明治維新之際，慶應四年（一八六八）四月，謹慎中的德川慶喜，由江戶開城的合意事項引退移往水戶，進入弘道館的至善堂。

正廳的屋面，是正廳玄關左右側面歇山頂式作法，正廳的背面與至善堂是寄脊造，全部鋪設以瓦，以筒瓦組成的大屋脊之碩大，顯示了地方特色。另外，在門廳的檐下，有柿葺之下屋檐之特徵。（圖五一）

弘道館孔子廟，在昭和二十年（一九四五）八月的水戶空襲中燒毀，僅戟門與左右墻壁殘存。昭和四十五年（一九七〇），按原樣復原。孔子廟的戟門，木結構，單檐，鋪設以瓦，懸山頂式，平家造。大成殿，為木結構，鋪設以瓦，歇山頂式。立面三開間，單檐，面積約三五平方米。天花板為棋格式，地面為泥地。戟門與大成殿的屋面正脊的左右有魚龍吻，這是模仿朱舜水《學宮圖說》之物。大成殿的花頭窗、蔀戶的樣式，在朱舜水《學宮圖說》中沒有，這是江戶時代的日本的樣式。然而內法長押木、腰長押木、椽子、隔扇、柱礎等，與朱舜水《學宮圖說》圖樣形制存在着不同。（圖五二、五三、五四、五五）

在弘道館孔子廟西側有弘道館記碑、八卦堂。《弘道館記》的內容是由德川齊昭裁定。那碑的石材是在水戶藩轄地的真弓山出產的稱之為「寒冰石」的大理石。那時，弘道館記碑落成後為了避風雨而覆以堂稱「八卦堂」。（圖五六）這是模仿德川光國在小石川後樂園建造的八卦堂。昭和二十年（一九四五）八月，在水戶空襲中八卦堂被燒毀。昭和二十八年（一九五三），依原样复原。平成二十三年（二〇一一）三月十一日，因東日本大地震弘道館記碑遭到了很大的破壞。在平成二十五年（二〇一三），進行並完成了弘道館記碑的修復工程。

昭和三十九年（一九六四），弘道館的正門、正廳的至善堂，被指定為國家重要文化遺產。

七、会津藩日新館

日新館位於現在的福島縣會津若松市河東町南高野宇高塚山。寬政十年（一七九八），由會津藩家老田中玄宰的建議而規劃。享和三年（一八〇三），因會津藩的御用商人須田新九郎贊助了新築經費，建成了會津若松城的西鄰的占地東西約一二〇間，南北約六十間的日新館的校舍。成为在当时日本全国屈指可数的藩校。（圖五七）當時的會津藩的上級藩士的子弟，十歲入學日新館。到十五歲歸屬於素讀所（小學），學習禮法、書學、武術等。素讀所學習成績優秀者，獲講釋所（大學）的入學認可，那裏的優秀者，准許去江戶、他藩遊學。日新館是培育稱之為「不可之事不可」的會津藩魂學問的殿堂。在幕末，「白虎隊」最初有許多優秀人才輩出。

遺憾的是，慶應四年（一八六八）戊辰，因戰爭校舍被燒毀。昭和六十二年（一九八七）三月，作為會津藩校日新館在會津若松市河東町全部復原並開館。復原後的「會津藩校日新館」具備了雄壯的木結構建築的美麗與溫暖。

現在，在日新館裏有大成殿、戟門、南門、東門、西門、大學、東塾、西塾、弓道場、弓道體驗場、水練場、水馬池、木馬場、武道場、炮術場、天文臺等。天文臺、水練場、水馬池等為幕末的遺跡。（圖五八、五九、六〇、六一）

大成殿，是模仿朱舜水《學宮圖說》中的大成殿與戟門等之物。木結構，鋪設以瓦，歇山頂，長方五間，單層。地面為泥地。在大成殿屋面正脊的左右有鬼犾頭（吻獸），這是模仿朱舜水《學宮圖說》之物。然而，椽子、門、柱礎等與朱舜水《學宮圖說》中圖樣形制存在不同。（圖六二）

在大成殿前，有泮池，池上架設三座石橋。這與朱舜水《學宮圖說》頖水、橋圖形制不相同。《學宮圖說》中的頖水橋有五座。（圖六三、六四）

在日新館大成殿的北側有庭園。這庭園是模仿日本室町時期的枯山水的造園的做法。這庭園的建造目的好像與朱舜水《學宮圖說》中的學校規劃中的庭園的宗旨相同。（圖六五）

西门之外，有八角堂。其間，作為祝賀日新館的開學，中國贈送了國寶級的康熙帝時代製作的文殊普賢菩薩鎮座。（圖

圖三七

圖三八

圖三九

圖四〇

圖四一

圖四二

圖四三

圖四四

圖四五

圖四六

圖四七

圖四八

圖五〇

圖四九

圖五一

圖五二

圖五三

圖五四

八、長州藩明倫館

明倫館位於現在的山口縣萩市江向。享保三年（一七一八），萩藩六代藩主毛利吉元在萩城三之丸創建（占地九四〇坪）。嘉永二年（一八四九），十四代藩主毛利敬親伴隨著藩政改革而移築萩城下江向（占地一五一八四坪，建築物總坪數一三二八坪，練兵場三〇二〇坪）。還帶有圖書館的功能。在當時，明倫館與水戶藩弘道館、岡山閑谷學校並稱，是日本三大學府之一。（圖六七、六八）

現在，明倫館為萩市立明倫小學校使用。有正門（南門）、聖賢堂、水練池、觀德門、石水盤（手水鉢）、有備館、《明倫館記》碑、《重建明倫館記》碑等。

正門是嘉永二年（一八四九），作為明倫館的正門建造物，從南面能看到明倫館的全部而名為「南門」，通稱為「表御門」。現在的門的形式是木結構，鋪設以瓦，懸山頂式，左右側附有四柱門。這座門是在明治十五年（一八八五），將西田町的作為本願寺山口別院萩分院的表門移築而來。在平成十五年（二〇〇三），接受了經費，一二二年失修的建築在當初的位置修復。（圖六九）

觀德門是從前聖廟前面的門，是聖廟的中心門。在明倫館的中心，明治十三年（一八八一），作為北古萩之海潮寺之堂移築為聖堂。那前面有稱之為觀德門的門左右側附有四柱門。（圖七〇）觀德門的後面之側，有石水盤（手水鉢）。

現在，觀德門之後面有有備館。這是於保永三年（一七一八）創立的明倫館劍道場往新明倫館移築建成之物。有備館，為木結構，鋪設以瓦，歇山頂式，單層平屋建築，面寬三七點八米、進深一〇點八米的南北向長方形建物。昭和二十四年（一九四九）七月，由《史跡名勝天然紀念物保護法》指定作為史跡。為了保護和修理，在昭和四十四年（一九六九）至昭和四十五年（一九七〇）進行了半落架修理。（圖七一）

有備館是藩士的練武之地，及從他藩來的劍道的修行者比試場，還保留有「他國修行者引請場」匾。阪本龍馬也在文久二年（一八七五）一月，來到萩藩，在此進行了劍術比試。（圖七二）

在明倫館的北面是水練池。水練池是四周用玄武岩的切石砌築，東西三九點五米，南北一五點五米，深一點五米的池。藩政時代，在這裏進行游泳術與水中騎馬，防火用水也利用之。現在，在東側與南側設置了延伸到池水的石階，在舊圖中，有從東側的中央騎馬容易進入池中的斜坡。

在水練池的岸邊有聖賢堂。聖賢堂是大正七年（一九一八）營造完成的建築物，裏面供奉孔子等牌位。牌位是孔子、孟子、顏回、曾子、子思五人，文字是江戶的林大學頭帶回的信篤的書法，在萩雕刻之物。原來聖廟那些牌位在聖龕之中安置。現在，牌位移存校館資料室。（圖七三、七四）

在正門的東側，有《明倫館記》碑與《重建明倫館記》碑等。龜趺的上面建立這兩通玄武岩的石碑上面，記錄了館設立之趣旨、館之規模、館之教育方針。（圖七五）

昭和四年（一九二九）十二月十七日，明倫館被指定為國之史跡。

【注釋】

《日本古學校與孔子廟》的部分文字參考以下書籍：

［一］史跡足利學校事務所編《足利學校》。

［二］公益財團法人特別史跡閑谷學校顯彰保存會編《閑谷學校》。

［三］公益財團人斯文會編《湯島聖堂》。

［四］財團法人《孔子之里》、多久市觀光協會編《多久聖堂》。

［五］長崎興福寺事務所編《東明山興福寺》。

圖五五

圖五六

圖五七

圖五八

圖五九

圖六〇

圖六二

圖六四

圖六一

圖六三

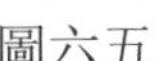

圖六五

圖六六

圖六七

（上）圖六八、（下）圖七二

圖六九

圖七〇

圖七一

圖七三

圖七四

圖七五

［六］公益財團法人德川博物館、弘道館事務所編《弘道館》。
［七］公益財團法人德川博物館、弘道館事務所編《孔子廟》。
［八］會津藩校日新館事務所編《會津藩校日新館》。
［九］萩市立明倫小學校編《關於校内史跡等》。
［一〇］朱舜水著《舜水朱氏談綺》（原立花家藏）、傳習館文庫、對國、一七—一—二。

調査済日本の古学校と聖堂

栃木足利学校

足利学校は、現在の栃木県足利市にある。足利学校の創建年代については、奈良時代の国学の遺制説や平安時代の小野篁説、鎌倉時代の足利義兼説、室町時代の上杉憲実説など諸説があり。そして、歴史上明らかになるのは、室町時代の永享四年（一四三二）、上杉憲実が足利の領主になって自ら尽力し、痒主制度を設けて、学校を盛り上げた。その成果があって、北は奥羽、南は流球に至る全国から来学生徒が集まった。教育の中心は儒学であったが、易学においても非常に高名であり、また兵学、医学も教えた。当時学校は、儒学と仏教の「儒仏混合」となった。学費は無料、学生は入学すると同時に僧籍に入った。鎌倉建長住持の玉隠永璵は、長享元年（一四八七）の詩文の中で「足利の学校には、諸国から学徒が集まり学問に励み、それで感化されて、野山に働く、人々も漢詩を口ずさみつつ仕事にいそしみ、足利はまことに風雅の一都会である」と讃美している。

享禄年間には、火災で一時的に衰微した。後に足利学校は再興され、学生数は三〇〇〇人と記録される盛況を迎えた。この頃の足利学校本体は、寺院の建物を利用し、本堂に孔子廟が設けられていた。

江戸時代に入ると、足利近郊の人々が学ぶ郷学として栄え、江戸時代前期から中期に二度目の繁栄を迎えた。

明治五年（一八七二）に至って廃校された。大正十年（一九二一）、足利学校の敷地と孔子廟や学校門などの現在する建物は国の史跡に指定され、保存がはかられることになた。

足利学校入徳門は木造、瓦葺き、平家建、切妻造り。天保十一年（一八四〇）に建造されたものである。現在の建物は裏門を移築したものといわれている。

学校門は木造、瓦葺き、平家建、切妻造り。寛文八年（一六六八）創建された。足利学校の象徴として江戸、明治、大正、昭和、平成へと継承されている。

学校の北側に、寛文八年（一六六八）創建された孔子廟がある。大成殿の前に杏壇門があり、杏壇門は木造、瓦葺き、平家建、切妻造り。明治二十五年（一八九二）に、町の大火の飛び火により屋根や門扉が焼け、同三〇年代に再建された。

大成殿は寛文八年、徳川幕府四代将軍家綱の時に造営されたもので、中国明時代の聖廟を模したものと伝えられている。大成殿は五間、木造、瓦葺き、二重屋根、入母屋造り。この大成殿を見てみると、中国の明時代の聖廟の様式が少し存在している。ただ、その中で日本建築の様式も存在している。殿内に祀られる木造鎏金孔子像は、日本最古の孔子像と称される。

学校の方丈と庫裡は、江戸時代の建築様式を模したものである。建物の屋根は萱草葺きで、全て造営された。方丈は、学生の講義や学習、学校行事、接客のための座敷として使用されたところである。庫裡は、学校の台所で、食堂など日常生活が行われたところである。

学校の方丈と庫裡の南面と北面に、南庭園と北庭園がある。両庭園には池と築山からなる築山皋水式庭園がある。これは禅宗仏寺の庭園を模したもので、そして、南庭園の築山は東京小石川後楽園の小廬山と少々似ているように思える。南庭園は鶴がはばたくように見える入り組んだ水際、北庭園は亀のように見える水際となっている。

学校の収藏庫がある。収藏庫の中には古代の典籍などが収藏された。珍貴な典籍は宋時代の漢籍のほか、元、明、朝鮮本や日本の古写本などの典籍が一七〇〇〇冊ある。その中で、指定された国宝は南宋明州刻本『文選』、南宋明州刻本『礼記正義』、南宋明州刻本『尚書正義』、南宋明州刻本『周易注疏』一三巻一三冊など計四類一六三巻七七冊がある。ただ、指定された国の重要文化財は宋時代刻本『周礼』一二巻二冊、室町写本『周易伝』六巻三冊、室町写本『周易』一〇巻五冊、室町写本『古文孝経』一巻一冊、宋時代の刻本『附釈音毛詩注疏』二一巻三〇冊、宋時代の刻本『附釈音春秋左伝注疏』六〇巻二五冊、室町写本『論語義疏』一〇巻一〇冊、宋時代の刻本『唐書』一〇九巻二二冊などがある。

大正十年（一九二一）に、足利学校が国の重要文化財に指定された。

岡山閑谷学校

閑谷学校は、現在の岡山県備前市閑谷にある。寛文十年（一六七〇）に創建された。天下の三賢侯の一人とよばれる藩主池田光政が「この地は読書·学問するよし」として、重臣津田永忠にその建設を命じたのであった。講堂をはじめとする堅固で壮麗な建築物が完成した。光政死後、元禄十四年（一七〇一）、二代目藩主綱政のころのことである。

学校の正門の前に泮池とも呼ばれる、幅一メートル、長さ一〇〇メートルをこえる池が造られ一か所に石橋が架けられている。これは藩校の象徴として設けられたと思われる。

正門桟唐戸の門扉を開閉するとき鶴が鳴く声に似た音がするところから「鶴鳴門」と呼ばれた。屋根は切妻造り、備前焼本瓦葺きで、門の両袖に化頭窓をもつ附属屋を備えている。閑谷学校の建築物の棟で守り神の鯱をのせるのはこの門だけである。

正門左右から石塀がある。この石塀が学校の敷地を一周し、全長七六五メートルに達する。元禄十四年に築造された。

正面奥に孔子をまつる聖廟があり、聖廟の前に中国にある孔子林の種から育てた一対の楷の木がある。聖廟は孔子廟または西御堂ともいい、儒学の中心をなす建造物である。聖廟の諸建築は中国の文廟の制を研究し配置したものと思われる。本殿にあたる大成殿は、方三間、単層、入母屋造りの本瓦葺で亀腹状の礎石の上に建てられている。完成は貞享元年（一六八四）で、閑谷学校では最も古い建物である。大成殿の内部は、中央奥に朱塗りの八角聖龕が置かれ、孔子像が納められている。孔子像は高さ一三六センチの金銅制倚座像で、当時の碩儒中村惕齋によって鋳造されたものである。大成殿のほか、中庭、文庫、厨屋などの建物と繫牲石がある。

聖廟の脇に講堂があり、講堂は入母屋造りで錣葺き大屋根である。一旦こけら葺きの大屋根をつくった上に、垂木ごとに漆をかけた一枚板を張り、その上に備前焼瓦をのせるといった手の込んだ造りで、軒先の陶管なども含めて雨水に対する万全の対策がとられている。花頭窓（火灯窓）からの明かりを反射している床も、十本の欅の丸柱も、江戸時代から今にいたるまで保存されている。

講堂の脇に習芸斎や飲室があり、習芸斎は課業規則に教室として使用されたものである。飲室は、師匠·生徒の休憩室である。炉や流し場がある。炉縁には「斯炉中炭火之外不許薪火」と刻まれている。生徒たちはこのきまりを忠実に守ったようで、天井は少しも媒んでいない。

習芸斎の西側に文庫と火除山がである。文庫は学校所蔵の書籍等を所蔵する土藏造の建物がある。

火除山は、高く築いた石垣の上に大量の盛土をした小丘である。その西側には学校群房の建物があり、これは茅葺の建物であるため火災の心配もあった。火除山は学校の大量の茅葺の建物を守る防火壁である。

閑谷学校はもと芳烈祠または東御堂といい、創建者池田光政の霊を祀るため貞享元年（一六八六）に建てられた。明治八年、池田輝政·利隆の合祀して閑谷神社となり、現在は金銅制倚座像の光政像だけが祀られている。

閑谷学校中には、孔子廟があり、更に神社もある。これは江戸時代の学校建学精神の「神儒一致」を表現するものである。または「文武一致」という。

閑谷学校孔子廟には、毎年秋十月第四土曜日に孔子様を祀る伝統行事「釈菜」を開催した。その時、参列については一般公募もされている。金色燦然と煇く孔子像を参拝観できる。

昭和十三年（一九三八）、講堂、聖廟、石塀、閑谷神社社殿が国宝に指定された。昭和二十五年（一九五〇）、文化財保護法制定により、従前の国宝が国の重要文化財となった。

閑谷学校は、（現存する中で）庶民を対象とした、学校建築物としては世界最古のものと言われる。

東京湯島聖堂

湯島聖堂は、現在の東京都文京区湯島御茶ノ水にある。湯島聖堂は、もと上野忍ケ岡にあった幕府儒臣・林罗山の邸内に孔子廟を設けられた、そのなかには、孔子を祀る「先聖殿」がある。元祿三年（一六九〇）、五代将軍徳川綱吉が林家宅邸内の孔子廟を現在地に移し、先聖殿を大成殿と改称して孔子廟の規模を拡大・整頓し、官学の府としたのが始まりである。この時から、この大成殿と附属の建造物を総称して「聖堂」と呼ぶようになった。しかしながら、その大成殿の様式は方形で、中国明時代の『三才図絵』中にある皇帝合宮図を模したものである。

この後、寛政九年（一七九七），十一代将軍徳川家斉のとき、更に規模を拡大し「昌平坂学問所」をとして開設、官学としての威容も整った。昌平坂学問所の教育の内容は、「儒学講義」や「仰高門日講」、「儒学試験」などである。

寛政十一年（一七九九）から将軍徳川家斉によって「寛政改革」が実施されている。その時の設計は、かつて朱舜水が徳川光圀のために製作した大成殿や兩廡、門の模型が参考にして製図された。聖堂の建築物は、仰高門や入徳門、水屋、杏壇門、兩廡、大成殿、座敷、稽古所、神農廟、儒員官邸、寮、馬場と射場などである。また、これまで全ての建築構造の表面は、朱・綠・青・朱漆などで彩色されていたが、それを黑漆塗りとした。

大正十二年（一九二三）九月一日関東大震災により、入徳門や水屋を殘し、それ以外の建造物が全て焼失した。これを斯文会が復興計画を立て、東京帝国大学の伊東忠太教授が大成殿などの図を設計して、昭和十年（一九三五）に再建したものである。復興聖堂の規模構造すべて寛政九年当時の旧聖堂に基づき、木造であったものを耐震耐火のため鉄筋コンクリート造とした。

湯島聖堂の仰高門は、鉄筋コンクリート造の平家建、切妻造り。延面積一〇點三七平方メートル、昭和十年（一九三五）四月竣工。

入徳門は、木造、瓦葺き、平家建、切妻造り。延面積一四點一六平方メートル。宝永元年（一七〇四）四月建造。大正関東大震災に遺い、残った二か所の建物の内の一つである。

水屋は、木造、瓦葺き、切妻造り。大正関東大震災に遺い、残った二か所の建物の内の一つである。

杏壇門は、間口二〇メートル、奥行四點七メートル、長方五間、単層、入母屋造り、鉄筋コンクリート造とした。これは『学宮図説』中の「戟門」に模したものである。

両廡は、東廡、西廡に各々五間並んでいる、切妻造り、鉄筋コンクリート造とした。これは朱舜水『学宮図説』中の「両廡」を模したものである。しかし、『学宮図説』中の「両廡」は東西に各々十二間んでいる。

大成殿は、間口二〇メートル、奥行一四點二メートル、高さ一四點六メートル、長方五間、単層、入母屋造り。大成殿の屋根大棟の左右先に鬼犾頭があり、これは朱舜水『学宮図説』中の「大成殿」を模したものである。殿内には、中央の神龕（厨子）に孔子像がある。祀られる孔子像は、朱舜水亡命時に携えて来たものを大正天皇に献上されていたが、これを御下賜された御物である。左右には四配として孟子·顔子·曾子·子思の四賢人を祀る。

湯島聖堂には、江戸時代から毎年春と秋二回孔子様を祀る釈奠がある。現在では毎年四月の第四日曜日の午前から、神田神社神宮により執り行われている。

長崎中島聖堂

中島聖堂は、現在の長崎県の興福寺にある。正保四年（一六四七）、馬場三郎左衞門が新築経費を寄付したため、儒学者向井元升が長崎県東上町に孔子廟と学舎を設立し、これを「立山書院」と称した。その後万治二年（一六五九）に、明王朝が滅亡したため、朱舜水が日本長崎に亡命した。この書院は朱舜水が見た当時そのまま存在している。

後は、立山書院は、寛文三年（一六六三）の市内大火により、類焼した。正徳元年（一七一一）、長崎中島川沿岸に移転再建された、新しい欞星門や大学門、杏壇門、明倫門、大成殿、崇聖祠、輔仁堂、書庫などを竣成した。その時「中島聖堂」と呼ばれる、そこで多くの学者が学んだ。

明治時代になり、杏壇門と規模を縮小した大成殿を残すのみとなり、昭和三十四年（一九五九）、保存のためにその杏壇門と大成殿が長崎興福寺に移築された。

中島聖堂の杏壇門は、四脚門、単層桟、瓦葺きで、左右に脇門をもち、門扉の上に『大学』章句の「萬仞宮墻」（この書道家は清時代の光緒年間の清国の駐長崎理事蔡軒氏）扁額が彫られているため、俗に「大学門」とよばれる。

規模を縮小した大成殿の寸尺は昔に比べ約三分の一が存在で、建築物は一間、木造、単層、瓦葺き、入母屋造り。大成殿の天井は、格天井の様式で、天井には、植物や花の模様の絵が描かれる。その様式は中国福建省の伝統建築物の様式と少々似ているように思える。その中に、孔子や顔子、曾子、子思子、孟子などの位牌が安置されている。

大学門の前の左右脇には、三基古碑があり、碑名は『重修長崎至聖先師廟碑』や『重修崎陽先師孔子廟碑』、『長崎聖堂移築碑』である、その碑の内容は清時代光緒年間と昭和年間に行なわれた中島聖堂の修理や移築などについて記録されている。それは、中島聖堂の重要な歴史資料である。

佐賀多久聖廟

多久聖廟は、現在の佐賀県多久市にある。元禄十二年（一六九九）に、佐賀多久四代領主多久茂文は、多久を治めるためには教育が必要と考え、学問所（後の東原痒舍）を創建した。また、宝永五年（一七〇八）に、多久茂文が、「敬」の心を育むために多久聖廟を造営している。

多久聖廟大成殿の建築様式は、日本の禅宗様仏堂形式である。木造、瓦葺、入母屋造り。また、茂文の「多久を四靈（麒麟、鳳凰、龍、亀）の住む理想郷にしたい」という思いが、聖廟の彫刻や絵などに表れる。彫刻や文様で中国的な雰囲気を表わしている。

「唐破風」や「本堂」、「室」の三つの部分からなる。「唐破風」は、参拝客を慶び招き入れるとともに、聖なる場所であることを示している。「本堂」には、正面上壁に孔子誕生の際に現れたという伝説の動物麒麟の彫刻があり、天井には孔子誕生の夜聖に天から舞い降り家を取り巻いたという伝説の動物龍の絵が描かれる。一番奥の「室」には、星宿や龍、雲などの彫刻のほか、聖龕や孔子像にも様様な文様が施されている。廟内には孔子や顏子、曾子、子思子、孟子の像が安置されている。

多久聖廟は儒学の祖で学問の神様ともいえる孔子様を祀る廟である。創建の後、毎年春と秋二回孔子様と四配を祀る伝統行事「釈菜」を開催している。

現存する聖廟としては、国の重要文化財に指定されている。聖廟の中で本堂や頖水、中橋、中門などが保存されている、日本の数ある孔子廟の中で最も壯麗といわれる。

水戸藩弘道館

弘道館は、現在の茨城市県水戸市内三の丸地にある。天保十年（一八三九）から第九代水戸藩主徳川齊昭の指揮のもとに実施され、二年四か月かかって天保十二年（一八四一）七月に完成した。当時の弘道館の敷地面積は、約一八ヘクタール（五八〇〇〇坪）江戸時代の敷地としては長州藩萩の明倫館の約四倍と最大のものであった。天保十二年（一八四一）に仮開館式が擧行され、安政四年（一八五七）五月に本開館式が擧行された。

第二代水戸藩主の德川光圀が編纂を始めた『大日本史』の影響を受けた水戸学の舞台ともなった。「文武不歧」を理念に、光圀公の時代からの実学を重んじた多彩な教育内容が実施された。八卦堂『弘道館記』の碑には『藤田東湖草案』の建学精神が漢文で書かれている。「神儒一致、忠孝一致、文武一致、学問事業一致、治教一致」と言う、五つの方針が示されている。学問の教育研究としては、当時広く行われていた人文科学、社会科学のほかにも、医学や天文学をはじめとする自然科学についても行われていた。

学校への入学資格は、藩士の子弟であるが、子供たちは、藩校入学に先だって、城下の塾で学問の基礎を学んだ。そこである程度の教育を受けると、家塾の先生が塾生のうちの入学希望者を藩校に申告し、それに対して登館すべき日時が指定されて、その日は塾の先生が塾生を率いて登館した。

江戸時代末期には、弘道館中に正門や孔子廟、鹿島神社、正廳、文館、武館、医学館、寮などがである。

昭和二十年（一九四五）八月一日から二日未明にかけての水戸空襲により、弘道館の至善堂·大門を残し、それ以外の建造物は全て焼失し、それにより国有化された貴重な藏書は全て焼失した。

現在、弘道館は植物園に似ている、樹齢数百年の銀杏樹や古楓樹、古茶花樹、古櫻樹、楷の樹などがある。また、徳川齊昭の意向により設立当初から多くの梅樹が植えられ、その由来が『種梅記』の碑に記されている。齊昭の漢詩『弘道館に梅花を賞す』には「千本の梅がある」とある。現在弘道館には梅樹約六〇品種八〇〇本が植えられており、梅の名所となっている。

現在弘道館には、孔子廟や弘道館記碑·八卦堂、正門·正廳·至善堂などが保存されている。

弘道館には、南の方に正門·正庁·至善堂がある。昔の水戸城の正門である大手門と相対する位置にある弘道館の正門を入ると、大きな玄関のある学校御殿といわれる正庁と、その右手奥に位置する至善堂、諸公子が集まって読書をする会読の場や、学問·武芸の教職員の詰所などの建物がある。明治維新の際、慶応四年（一八六八）四月、謹慎中の徳川慶喜は江戸開城の合意事項に沿って水戸に引き移り、弘道館の至善堂に入った。

正庁の屋根は、正庁の玄関左右側面を入母屋造とし、正庁の背面と至善堂は寄棟で、すべて瓦葺きで、輪違瓦が組み込まれた大棟の大きいことが地方色を示している。また、玄関の軒下には、柿葺の下屋根がついているのが特徴である。

弘道館孔子廟は、昭和二十年（一九四五）八月の水戸空襲で戟門と左右土塀を殘して焼失した。昭和四十五年（一九七〇）に元の様式に復元された。孔子廟の戟門は木造、瓦葺き、平家建、切妻造り。大成殿は木造、瓦葺き、入母屋造り、立面は三間、単層、面積約三五平方メートル。天井は格天井、床は土間となっている。戟門と大成殿の屋根大棟の左右に鬼狱頭があり、これは朱舜水『学宮図説』に模したものである。大成殿の花頭窓、蔀戸の様式は朱舜水『学宮図説』中に無し、これは江戸時代の日本の様式である。しかし、内法長押や腰長押、垂木、桟唐戸、礎盤などが朱舜水『学宮図説』に製図されているものと相違した形で存在している。

弘道館孔子廟西側に弘道館記碑・八卦堂がある。『弘道館記』の内容は徳川齊昭によって裁定された。その碑の石材は水戸藩領内の真弓山で産出する寒冰石と呼ばれる大理石である。その時に弘道館記碑を風雨から守るために建てられた覆堂が八卦堂であった。これは徳川光圀が小石川後楽園に建てた八卦堂を模したものである。昭和二十年(一九四五)八月の水戸空襲で八卦堂が焼失した。昭和二十八年(一九五三)に元の様式に復元された。平成二十三年(二〇一一)三月一一日、東日本大震災により、弘道館記碑は大きな被害に遭ったが、平成二十五年(二〇一三)に、弘道館記碑の修復工事を行い、復元して完成した。

弘道館の正門や正廳・至善堂は、昭和三十九年(一九六四)に、国の重要文化財に指定された。

会津藩日新館

日新館は、現在の福島県会津若松市河東町南高野宇の高塚山にある。寛政十年(一七九八)に、会津藩家老田中玄宰の進言により、計画される。享和三年(一八〇三)、会津藩の御用商人であった須田新九郎が新築経費を寄付したため、会津若松城の西鄰の東西約一二〇間、南北およそ六〇間の敷地に日新館の校舎が完成した。当時に於ては、日本全国有数の藩校となった。当時の会津藩の上級藩士の子弟は十歳になると日新館に入学する。一五歳まで素読所(小学)に属し、礼法、書学、武術などを学んだ。素読所を修了した成績優秀者は、講釈所(大学)への入学が認められ、そこでも優秀な者には江戸や他藩への遊学が許される。「ならぬことはならぬ」と言う会津藩魂を育んだ学問の殿堂である。幕末には「白虎隊」をはじめとする多くの優秀な人材を輩出した。

残念ながら、慶応四年（一八六八）、戊辰戦争により、校舎は焼失した。昭和六十二年（一九八七）三月に、会津藩校日新館として会津若松市河東町に完全復元、開館した。復元された「会津藩校日新館」は壮大な木造建築の美しさと温もりを備えている。

現在、日新館には大成殿、戟門、南門、東門、西門、大学、東塾、西塾、弓道場、弓道体験場、水練場、水馬池、木馬場、武道場、砲術場、天文台などがある。天文台や水練場、水馬池などは、幕末の遺跡である。

大成殿は、朱舜水『学宮図説』中の大成殿と戟門などを模したものである。木造、瓦葺き、入母屋造り、長方五間、単層。床は土間となっている。大成殿の屋根大棟の左右に鬼狖頭があり、これは朱舜水『学宮図説』に模したものである。しかし、垂木、桟唐戸、礎盤などが朱舜水『学宮図説』に製図されているものと相違した形で存在している。

大成殿前に、泮池とも呼ばれる。池が造られ三か所に石橋が架けられている。これは、朱舜水『学宮図説』に製図されている頖水や橋と相違した形で存在している。『学宮図説』中の頖水橋は、五か所にかけられていた。

日新館には大成殿の北側に庭園があり、この庭園は日本室町時期の枯山水の作庭の作法を模したものである。この庭園の目的と朱舜水『学宮図説』中の学校計画の中の庭の主旨とは同じだそうだ。

西門の外に、八角堂があり、その中で日新館の開学の祝いとして、中国より贈られた康熙帝時代の国宝級の文殊普賢菩薩が鎮座している。

長州藩明倫館

明倫館は、現在の山口県萩市江向にある。享保三年（一七一八）に、萩藩六代藩主毛利吉元が萩城三の丸追廻し筋に創建（敷地九四〇坪）。嘉永二年（一八四九）には、十四代藩主毛利敬親が藩政改革に伴い萩城下江向へ移転（敷地一五一八四坪、建物総坪数一三二八坪、練兵場三〇二〇坪）。図書館としての機能も持っていた。当時に於いて明倫館は、水戸藩弘道館、岡山閑谷学校と並び、日本三大学府の一つであった。

現在、明倫館は、萩市立明倫小学校の敷地となっており、正門（南門）、聖賢堂、水練池、観徳門や石水盤（手水鉢）、有備館、『明倫館記』碑、『重建明倫館記』碑などがある。

正門は嘉永二年（一八四九）に、明倫館の正門として建てられたもので、明倫館全体から見て南にあたることから南門と名付けられたが、通称は表御門と呼ばれていた。現在の門の形式は木造、瓦葺き、切妻造りで、左右脇付の四脚門である。この門は明治十五年（一八八五）に西田町の本願寺山口別院萩分院の表門として移築されていたが、平成十五年（二〇〇三）に寄付を受け、一二二年ぶりに建築当初の位置に復することになる。

明倫館の北面には、水練池がある。水練池は、周囲を玄武岩の切石で築いた、東西三九點五メートル、南北一五點五メートル、深さ一點五メートルの池である。藩政時代、ここで遊泳術並びに水中騎馬が行われ、防火用水にも利用されていた。現在、東側と南側に池に降りる石段が設けられているが、古図では東側の中央から騎馬で池に降りやすいように斜面になっている。

水練池のそばに、聖賢堂がある。聖賢堂は、大正七年（一九一八）に、造営された建物で、中には孔子などの木主（位牌）が祀られている。木主は、孔子、孟子、顔回、曾子、子思の五人のもので、文字は、江戸の林大学頭信篤の書いたものを持ち帰り、萩で彫刻したものである。元は、聖廟ではそれぞれ木主が厨子の中に安置されていた。木主は現在、校館資料室に移してある。

観徳門は昔の聖廟の前にあった門で、聖廟の中心門となる。明倫館の中心に、明治十三年（一八八一）に北古萩の海潮寺の堂として移築された聖堂がある。その前に観徳門という門がある。門の形式は木造、瓦葺き、切妻造りで、左右脇付の四脚門がある。観徳門の反対側に石水盤（手水鉢）がある。

現在、観徳門の後に有備館がある。これは、保永三年（一七一八）に創立の明倫館剣道場を新明倫館に移築建したものである。有備館は、木造、瓦葺き、入母屋造り、単層平屋建で、桁行三七點八メートル、梁間一〇點八メートルの南北に長い建物である。昭和二十四年（一九四九）七月、史跡名勝天然記念物保護法により史跡として指定されている。保存修理のため昭和四十四年（一九六九）から昭和四十五年（一九七〇）にかけて半解体修理した。

有備館は、藩士の練武のほか、他国からの剣道の修行者との試合場、すなわち「他国修行者引請場」でもあった。坂本龍馬も、文久二年（一八七五）一月に萩に来ており、ここで剣術の試合をしたといわれている。

正門の東側には、『明倫館記』碑と『重建明倫館記』碑などがある。亀趺の上に建てられているこの二基の玄武岩の石碑には、館設立の趣旨、館の規模、館の教育方針が記されている。

明倫館は、昭和四年（一九二九）一二月一七日、国の史跡に指定されている。

【注釈】

『調査済日本の古学校と聖堂』の一部文字は以下に書類を参考にされている、次のとうりである。

［一］史跡足利学校事務所編集『足利学校』。

［二］公益財団法人特別史跡閑谷学校顯彰保存会編集『閑谷学校』。

［三］公益財団人斯文会編集『湯島聖堂』。

［四］財団法人「孔子の里」、多久市観光協会編集『多久聖堂』。

［五］長崎興福寺事務所編集『東明山興福寺』。

［六］公益財団法人徳川ミュージアム、弘道館事務所編集『弘道館』。

［七］公益財団法人徳川ミュージアム、弘道館事務所編集『孔子廟』。

［八］會津藩校日新館事務所編集『會津藩校日新館』。

［九］萩市立明倫小学校編集『校内にある史跡等について』。

［一〇］朱舜水著『舜水朱氏談綺』（元立花家所藏）、伝習館文庫、対国、一七一一二。

學宮圖說譯注題識

某與林君相識有年矣。今將出版舜水研究文集《學宮圖說譯注》，囑某為文，無可托也。

一

某謂林君為博學家也。聽其言是也，觀其行亦然。奮足所涉：凡古建、園林、古民居、古民俗而不能一一；妙腕所點：凡陶瓷、古硯、織繡、書法、詩畫而莫可羅列。凡此種種領域，筆者皆苦於朦然而不得置噱一詞。

此君主掌之《雲間文博》，更是風騷獨領。其曰「雲間」，實已漫至海上矣。故吾雖曾譽之曰「經年說破雲間柳」，又何止於「雲間」之「柳」歟！

大約數年前，林君在央視相關節目，對天馬山的一座殘破寶塔，有一通款款演說，以至於朦然之筆者，順其理數，歷史、保護等亦能理喻一二，何其快哉！

自然，讓某真能走近林君者，竟然是其一釀酒法（要知道某實為一酒徒也！）。據稱此亦出自《舜水文集》，其名曰「洞庭春色」。（林君云亦可稱為「舜水酒」）現下尚未尋得生產廠家。願某多得年，可嘗其珍也！

二

林君近年又傾力朱氏舜水研究。

本次彼君選擇的竟然是舜水文集中最難啃的骨頭——《學宫圖説》。（信夫，彼肩號為「古建高級工程師」也！）為求真諦，彼君復毅然告女别妻，奮力揚帆東征經年。勇氣可勉也。

自然最先要撞破的是古日語這堵堅牆，更疊加古建築方面知識。當今可同時駕馭降服此二物者，舍林君其誰也！（不惟吾人，日人一如是也。）而待彼君勢如破竹，唯唯如小婦人，更何敢再曰點撥者也！不得與彼君言説，非徒筆者，得與者，天下也鳳毛麟角也夫哉。此惟聊以自慰者也。一笑。

歷來之舜水研究，多把《學宫圖説》當作一隻大老虎（筆者一如也），今一經林君説破，某終得可全讀（雖曰淺讀）舜水實學之全貌矣。（非往常獨朱子學、陽明學云云耳）從林君所指，某依順先入《舜水朱氏談綺》，漸而次達其中堂《學宫圖説》。先睹為快，豈非幸事哉。

謝林君之嚮導也。

三

以此為基準，林又東進西出，上溯下流，横穿列島，一覽彼方之學校、孔廟制式。壯哉斯行也！某也被連拖帶拉淺嘗了一次營造學。

説來林君所踏察者，某亦到過兩所，多久聖廟、東京湯島聖堂。多久聖廟規制自然較小，然麻雀雖小，五臟俱全；而湯島聖堂則複雜得多，林君多方考察了其與《學宫圖説》之委屈、糾葛。彼君又盤點了其他學宫，使筆者初次曉得《學宫圖説》在東瀛學宫營造界之影響，如還有日新館、弘道館等。

借林君一雙慧眼，某君得窺《學宫圖説》前後東瀛學校、孔廟規模面貌之一端，甚至於儒學在彼方傳播、演進狀況。

中日之間雖有近代甲子齟齬——戰爭、對立，然於數千年文化交流史，既有遣隋使、遣唐使這樣的淘金者，亦有鑒真、舜水如是之送寶者，甚而至於彼方竟有數處「徐福上陸處」。在煙波飄渺的大東海上，這個奉行拿來主義的民族，竟也以自己的方式繁衍生息下來。

四

某識舜水大名，大約在那旗海歌潮間歇之時吧。文革初定（林彪出逃，小平入幃），恍惚又回到可讀書，有書讀的風景中。扯來任公之《中國哲學史》知有明末二侏儒（三畸儒）之述。尤其是舜水，會盟諸君（包括魯迅），一讀便通，有如觸電云云（見該書注釋）。

入中哲史之門，倒也淡定下來。然一旦東渡，心境便大不同了。一日，某九州大學同學徐興慶拿來整理之《舜水文集》示下，某其時並無他念，讀罷奉還。徐君則不懈前行，終有達成。此可謂舜水學一傑也。

某九州大學八年畢業，挾篋西歸，便有接舜水先生回家的兩次學術研討會（一九九五年、二〇〇〇年）。其後則置之他顧矣。

浙江社科院錢明君，一則將舜水先生事蹟之介紹承繼光大，亦與余姚的人們一道將朱氏祠堂修葺一新，使吾輩心下安穩。此君可謂舜水學又一傑也。自然此君在陽明學研究方面有諸多貢獻，並因此獲九州大學文學博士，乃吾一同胞也。

如云徐、錢二君對舜水學在經學方面予以推進；則林君之《學宮圖說譯注》在實學方面對舜水學予以鑲合，如此才使得舜水學研究更加豐滿。故徐、錢、林為舜水學研究三傑。

李鳳全

二〇一四年五月二十一日

学宮図説訳注題言

林君と知り合って久しい。舜水に関する研究文集『学宮図説訳注』を出版するにあたり、序文を書くように頼まれたので、断るわけにはいかぬ。

一

林君は博学者なり。その言うことを聞き、行うことを見てよく分かる。彼の研究分野はいくつかの領域に跨っている。古建築、庭園、古代村落、古代民族から、陶磁器、古名硯、刺繍、書道、詩画まで挙げればきりがない。これらの諸領域において、私は不案内で口を挟む余地がない。

彼の編集している『雲間文博』はあらゆる他より抜きん出ている。「雲間」どころか、大海にまで覆ってきたほどだ。故に私は「経年説破雲間柳」をもって彼を褒めたことがある雲間の柳に留まらないだろう。

数年前、林君は中央テレビのある番組で、天馬山にある零落した宝塔について、プロの見識を示すコメントを述べた。門外漢の筆者まで、その理屈に従い、歴史、保護など少し分かるようになって、なんて快いことだろう！

林君と親しくなったきっかけは、彼のお酒の醸造法である。（実は私はお酒の嗜好者である）。この醸造法はまた『舜水朱氏談綺』に由来し、その名を「洞庭春色」という。（林さんは「舜水酒」と言ってもいい）現在、まだメーカーが見つかっていないが自ら春秋に富むことを願って、その珍味を楽しみにしている。

二

近年、林君は朱舜水の研究に明け暮れている。

今回、彼が選んだのは朱舜水文集の中でも難関である——『学宮図説』である。（ご存知か、彼の肩書きは「古代建築高級エンジニア」なり！）

真諦を求めんがために、彼は妻子をあとにして、数年間、蛍窓雪案の血のにじむ努力を重ねた。その勇気は賞賛すべきである！

言うまでもなく、日本語の文語という堅い壁を取り除かねばならぬ。それに古代建築の知識を加えねばならぬ。今現在、この両者を同時に操るものは、林君をおいてほかにはいないだろう！（我輩に限らず、日本人にとっても難しかろう。）彼が破竹の勢いで研究をなさり、私なんて、ただ婦人のごとく、唯々諾々と従い、もう彼を指導する資格もない。いや、私だけではない、それができる人は、極めて少ないだろう。ここまで来た林さんの業績を見て、私にとってこれ以上うれしいことはない。

今までの朱舜水の研究では、『学宮図説』を大きい虎と見なしていた。（筆者もそうである）林君の訳注により、舜水の実学の全貌を読む（大筋だけかもしれないが）ことができるようになった（今までの朱子学、陽明学だけではなくなった）。林君の勧めに従い、私は『舜水朱氏談綺』から始め、だんだんその中堂である『学宮図説』に入る。早速読ませていただいて、この上ない喜びである。

林君の案内に謝意を表す。

三

これを基準にし、林君は日本各地を歩み、列島を横断し、日本の学校、孔子廟の制式をご覧になった。この度の日本行は大したものである！おかげさまで私まで営造学について少し教わった。

林君の行った行き先の中で、私は、多久孔子廟、東京湯島聖堂の二箇所に行ったことがある。多久孔子廟は小さいがあるべきものがすべて揃っている。それに対して、東京湯島聖堂は複雑である。林君はいくつの角度からそれと「学宮図説」との関わりを考察した。また日新館、弘道館などの学宮をも考察した。それで東瀛の営造界における『学宮図説』の影響が分かった。

林君の鋭い眼識のおかげで、私は、『学宮図説』の前後、東瀛の学校、孔子廟の風貌の一端を見ることができたばかりか、彼方における儒学の伝播、進化の様子を伺うことができた。

中日の間に日清戦争のような齟齬があったが、数千年に渡る文化交流史の中で、遣隋使、遣唐使のようなゴールドラッシュの時代もあれば、鑑真、舜水のような宝物を日本に届けた使者もある。彼方において、「徐福の上陸地」が数箇所もある。青い波のうねる東海で、この良いとこ取り主義を信仰する民族は、自分なりの生き方で歩んできた。

四

舜水の御高名を伺ったのは文化大革命の終焉の時だったろう。文化大革命の嵐が収まり（林彪は亡命し、鄧小平は実権を握った）、再び読書が可能で、読みたい本がある時代に戻ったような気がした。梁啓超の『中国哲学史』を捲って、明末の二つの儒学者（三大儒者ともいう）のことが分かった。そのうち、特に舜水、日本に行ったことのある中国近代の大家たち（梁啓超、康有為、魯迅、李大釗）は、舜水の著作を読んで、電流が体に流される如く云々（この本の注釈により）。

中国哲学史のことが少し分かるにつれて、だんだん落ち着いてきた。しかし、東瀛に行くともなると、心境がぐるりと変わった。ある日、九州大学の同級生である徐興慶さんが整理した『舜水文集』を見せてくれた。ざっと目を通しただけで返した。徐君はその後もたゆまず歩み続け、ついに成果を成し遂げた。彼を朱舜水学の豪傑の一人と言ってもよいだろう。

私は八年間在学し九州大学を卒業して、祖国に帰った。その後、朱舜水先生を故郷に迎えた二回のシンポジウムがあってからというもの（一九九五年、二〇〇〇年）、何もせずに過ごしてきた。浙江省社会学研究院の銭明君は、朱舜水の事跡を広く紹介したばかりでなく、余姚の人々とともに朱氏の祠堂を新しく修繕し、吾輩たちを安心させてくれた。彼は朱舜水学のもう一人の豪傑だと思う。陽明学においても、銭明君は幾多の貢献があり、それをもって九州大学の文学博士号を獲得した。彼もまた九大の後輩の一人である。

経学方面における徐さんと銭さん二人の舜水学への推進に加え、林君の『学宮図説訳註』は実学方面で舜水学の研究を推し進め、舜水学研究の内実を充実させた。故に徐さん、銭さん、林さんは舜水学研究の三傑である。

李鳳全上海にて

二〇一四年五月二十一日

後記

《學宮圖説譯注》行將出版，此乃我波瀾萬丈之人生中的大事。《學宮圖説》譯注之事原本是我的一個美好的夢想。遺憾的是當《學宮圖説譯注》出版之際，方行先生已駕鶴十四年，他不可能看到這本新書了。為此，我覺得愧疚難耐。

二十五年前，上海市文物管理委員會常務副主任方行先生，親自與松江縣人民政府商談，由市文物管理委員會、松江縣人民政府共同出資，選擇在松江方塔公園内的明代建築蘭瑞堂建立「明朱舜水紀念堂」。一天，從方行先生處得到了新書《朱氏舜水談綺》。方行先生對我説：「朱舜水《朱氏舜水談綺》中的《學宮圖説》是非常重要的學術著作。然此書是以江戸時代日本古語寫成，翻譯十分困難，上海著名的日本語翻譯家丁義忠先生也認為很難。你現在正年輕，學習日語十分必要。」那以後，我被雜事所累，一再拖延，學習日本語之事難成。因此，我心存懸念。

然而，我對有關朱舜水的學問懷有極大興趣，也有從事學術研究的機會。至今十一次訪問日本，學習朱舜水與日本文化，並且去加深對朱舜水學術的理解。二〇〇八年十一月開始，在中國人民大學孔子研究院長張立文先生、北京外國語大學社會科學哲學院長陶秀璈先生的引導下，我持續參加了東亞國際學術會議。特別是在中日舜水學學術研討會之際，邊學習日本語；邊發表有關朱舜水研究的學術論文。二〇一三年春，為了《學宮圖説》譯注之事，由北京張、陶兩先生推舉，受福岡大學校長的邀請，成為福岡大學人文學部研究員。

現在，福岡發展成為了日本九州的經濟與文化之大都會。很久很久之前，傳説秦朝的徐福在九州登陸。之後，漢朝的文化從中國傳入。能証明兩國交流的漢朝之金印被發現。唐代以降，唐朝的人們在今天的唐津登陸，故而地名稱之為「からつ」。現在的福岡縣糸島市二丈町有地名「唐船」。南宋時，在佛教文化的領域裏，日本的名僧們前往南宋留學，歸國後接二連三在博多開山。在飲食文化的領域裏，各種各樣的食物在博多登陸。例如，茶、烏龍麵、蕎麥麵、拉麵、饅頭等等。明末，因清軍進攻而使明朝廷瓦解。那時，有許多文人東渡日本，其中，最著名的人物是儒家學者朱舜水，他的登陸場所在九州長崎的出島附近。因此，九州是古代中日文化交流的發祥地。

在歷史文化都會福岡的地域裏，福岡大學是座特别美觀整潔的大學。在那裏，由人文學部的石田教授指導，我開始學習日本古語，並進行對《學宫圖説》的譯注。二〇一三年秋，完成了一冊《學宫圖説譯注》的初稿。由此，寫作了《朱舜水〈學宫圖説〉譯注餘論》之論文。在那期間，還考察了日本之本州與九州的八所江户時代的學校、孔子廟，查閲了相關資料。

因《學宫圖説》的現代語譯注的完成，此書的出版實現了中日兩國的朱舜水學研究者們的夙願。然而，對於《學宫圖説譯注》中存在的繆誤，欲借助專家們的聰明智慧，敬請發表高見和建議。

在《學宫圖説》譯注之際，承蒙中國人民大學、北京外國語大學、福岡大學，在朱舜水學術研究領域的特别賜與。此外，松江區組織人才管理機構與文廣局人才管理的幹部們，給予我在福岡大學人文學部研究員之事的關懷。因此，表示非常的感謝。

在《學宫圖説譯注》中，承蒙德川博物館、玉川大學教育博物館、柳川古文書館、福岡縣傳習館高等學校等四所機構，特别賜贈了重要的研究資料和多方面的幫助。對此，我表示由衷的感謝。

在《學宫圖説》譯注的過程中，我得到了衆人的指導和帮助。重要的人物是張立文教授、陶秀璈教授、楊源教授、衛藤卓也校長、梶原良則部長、石田和夫教授、疋田啓佑教授、李鳳全博士、楊本明博士、華曉會教授、德川齊正理事長、德川眞木館長、大西枝珠館長、柿﨑博孝教授、横山英眞館長、田渕義樹副館長、白石直樹先生、廣松賢悟先生、成吉文惠老師、眞木勝文老師、小林弘子老師、余延玲老師、青木ふみか老師、高建華老師、小喬嘉男先生等。在此，向諸位表示誠摯的感謝。

在《學宫圖説譯注》出版之際，向上海古籍出版社以及編輯們表達出自心底的感謝。

林曉明於福岡大學研究會館

二〇一四年八月廿八日

後記

間も無く『学宮図説訳注』を出版することができる。これは私の波瀾万丈な人生の中で一番大事なことである。元々は『学宮図説』を訳注することが私の一つの美しい夢である。残念ながら『学宮図説訳注』を出版するに当たり、方行先生が他界され十四年になり、この新しい本を彼は見ることができない。このため私は慙愧に堪えない。

今から二十五年前に、上海市の文化財管理委員会の常務副主任方行先生は自ら松江県人民政府と相談し、市の文化財管理委員会と松江県人民政府は共に出資し、松江の方塔公園の内に、明時代よりある蘭瑞堂という建物を選んで「明の朱舜水記念堂」を建立した。ある日、新しい本『朱氏舜水談綺』を方行先生から貰った。その時、方行先生が「朱舜水の『朱氏舜水談綺』中の『学宮図説』は非常に重要な学術著作である。そして、この本は江戸時代日本の古語で書かれているので、翻訳のことは非常に困難である。上海の有名な日本語の翻訳家の丁義忠先生もできなかった。あなたは、まだ若いので、今から日本語を勉強することが十分必要である」といった。その後私は雑事に追われて延び延びとなり、日本語を勉強することができなかったので、私の心に懸念を感じていた。

しかしながら、私は朱舜水の学問について、とても興味を持っており、その学術を研究する機会がある。今までの十一回の日本訪問では、朱舜水と日本文化の勉強、並びに朱舜水の学術に対する理解を深めてきた。二〇〇八年十一月から中国人民大学孔子研究院長張立文先生や北京外国語大学社会科学哲学院長陶秀璈先生から指導を受けた私は、東アジアの国際研究会に参加し続けている。特に中日の朱舜水の研究に関する学術研究会の際、日本語を勉強しながら朱舜水に関する論文を発表している。それから『学宮図説』訳注のため二〇一三年の春に、北京の張・陶の両先生推挙によって福岡大学学長より御招待を受けて、福岡大学人文学部研究員になった。

現在、福岡は日本および九州の経済と文化の発展した大都会になった。昔々九州は秦朝の徐福の上陸地だと伝えられている。その後、漢朝の文化が中国から伝わってくる。両国の交流を証明する漢の金印が発見された。唐時代以降、唐人たちは今日の唐津に上陸し、因ってその地名は「からつ」と言う。今の福岡県糸島市二丈町にある地名は「唐船」である。南宋時代、仏教文化の分野では、日本の名僧たちが南宋に留学し、帰国後次々博多で開山した。飲食文化の分野では、色々な食べ物が博多に上陸した。例えば、御茶やうどん、そば、ラーメン、饅頭など。明時代末期、満州兵の侵攻によって明朝廷が崩壊している。その際、多くの知識人たちが日本に渡り、その中で一番著名な人物は儒学者朱舜水である。彼の上陸場所は九州の長崎の出島の近くである。そういうことで九州は、古代の中日文化交流の発祥地になった。

歴史と文化の都市福岡で、福岡大学は、特に綺麗な大学で、そこで人文学部の石田先生の指示で私は、日本古語の勉強を始め、同時に『学宮図説』訳注のことを進めた。二〇一三年の秋に、『学宮図説訳注』の初稿一冊が完成した。それにより『朱舜水「学宮図説」訳注を論ずる』の論文を作成した。その間に、日本の本州と九州内で八か所の江戸時代の学校や孔子廟を訪問し、関係資料を調査した。

この本の出版によって、『学宮図説』の現代語訳注が成されているので、中日両国の朱舜水の研究に関する研究者たちの宿願が叶った。しかし比較すると『学宮図説訳注』の中で相違点が存在しているので、専門家たちの高明な智恵をお借りしたく、意見発表を頂きたい。

『学宮図説』訳注をするに際して、中国人民大学・北京外国語大学・福岡大学の三か所の大学から朱舜水の研究に関する学術分野で暖かいご支持を頂き、また、私に対して福岡大学人文学部研究員の件で上海市松江区組織人材管理機構と文化局の人材管理幹部方々からも関心を頂き、非常に感謝する。

『学宮図説訳注』においても徳川ミュージアム、玉川大学教育博物館、柳川古文書館、福岡県伝習館高等学校の四つの施設には各別の配慮を頂いた。多岐に渡り私は心から謝意を表したい。

『学宮図説』訳注の過程で多くの方々から御指導や御支援を頂いた。大変お世話になった。その方々は張立文教授や陶

秀璈教授、楊源教授、齋藤卓也大学長、梶原良則部長、石田和夫教授、疋田啟佑教授、李鳳全博士、楊本明博士、華暁会教授、徳川斉正理事長、徳川真木館長、大西枝珠館長、柿﨑博孝教授、横山英眞館長、田渕義樹副館長、白石直樹先生、廣松賢悟先生、成吉文惠先生、眞木勝文先生、小林弘子先生、余延玲先生、青木ふみか先生、高建華先生、小橋嘉男先生である。ここに御礼申し上げる。

『学宮図説訳注』出版に際し、上海古籍出版社の方々に心よりお礼申し上げる。

林暁明福岡大学セミナーハウスにて

二〇一四年八月廿八日